"十四五"国家重点出版物出版规划项目·重大出版工程

中国学科及前沿领域2035发展战略丛书

学术引领系列

国家科学思想库

中国高超声速航空发动机2035发展战略

"中国学科及前沿领域发展战略研究（2021—2035）"项目组

科学出版社

北　京

内 容 简 介

进入 21 世纪以来，高超声速航空发动机技术得到国际上的高度重视，我国也开展了积极探索，取得了重要进展。《中国高超声速航空发动机 2035 发展战略》主要介绍高超声速航空发动机的定义与内涵、科学意义和战略价值，从涡轮冲压组合高超声速航空发动机、涡轮／火箭基组合循环高超声速航空发动机、空气涡轮火箭高超声速航空发动机、强预冷高超声速航空发动机等方面介绍高超声速航空发动机的发展现状与趋势，凝练出高超声速航空发动机的关键科学问题、关键技术问题与发展方向，并提出高超声速航空发动机领域发展的相关政策建议。

本书为相关领域战略与管理专家、科技工作者、企业研发人员及高校师生提供了研究指引，为科研管理部门提供了决策参考，也是社会公众了解高超声速航空发动机发展现状及趋势的重要读本。

图书在版编目（CIP）数据

中国高超声速航空发动机 2035 发展战略／"中国学科及前沿领域发展战略研究（2021—2035）"项目组编 . —北京：科学出版社，2023.8
（中国学科及前沿领域 2035 发展战略丛书）
ISBN 978-7-03-075572-8

Ⅰ.①中…　Ⅱ.①中…　Ⅲ.①高超音速飞行－航空发动机－发展战略－研究－中国　Ⅳ.① V23

中国国家版本馆 CIP 数据核字（2023）第 087479 号

丛书策划：侯俊琳　朱萍萍
责任编辑：张　莉　李　娜／责任校对：韩　杨
责任印制：师艳茹／封面设计：有道文化

科 学 出 版 社 出版
北京东黄城根北街 16 号
邮政编码：100717
http://www.sciencep.com

中国科学院印刷厂 印刷
科学出版社发行　各地新华书店经销
*

2023 年 8 月第　一　版　开本：720×1000　1/16
2023 年 8 月第一次印刷　印张：23 3/4
字数：401 000

定价：198.00元

（如有印装质量问题，我社负责调换）

"中国学科及前沿领域发展战略研究（2021—2035）"

联合领导小组

组　长　常　进　李静海

副组长　包信和　韩　宇

成　员　高鸿钧　张　涛　裴　钢　朱日祥　郭　雷

　　　　　杨　卫　王笃金　杨永峰　王　岩　姚玉鹏

　　　　　董国轩　杨俊林　徐岩英　于　晟　王岐东

　　　　　刘　克　刘作仪　孙瑞娟　陈拥军

联合工作组

组　长　杨永峰　姚玉鹏

成　员　范英杰　孙　粒　刘益宏　王佳佳　马　强

　　　　　马新勇　王　勇　缪　航　彭晴晴

《中国高超声速航空发动机 2035 发展战略》

战略研究组

组　长　李应红

成　员　（以姓氏笔画为序）

王永明　王华明　王振国　王海峰　方岱宁　乐嘉陵
包为民　朱俊强　刘小勇　刘永泉　孙　军　李建榕
杨　伟　何国强　何雅玲　宋迎东　陈　光　陈懋章
姜宗林　姜培学　宣益民　祝学军　徐建中　郭万林
唐志共　凌文辉　陶　智　韩杰才　雷友锋　谭永华

秘　书　组

组　长　吴　云

成　员　（以姓氏笔画为序）

王奉明　王　博　韦宝禧　尤延铖　朱呈祥　刘国柱
李　丹　李光熙　杨顺华　何卫锋　邹正平　张义宁
陈雪峰　赵庆军　赵　巍　南向谊　胥蕊娜　秦　飞
鲍　文　谭慧俊

总　　序

　　党的二十大胜利召开，吹响了以中国式现代化全面推进中华民族伟大复兴的前进号角。习近平总书记强调"教育、科技、人才是全面建设社会主义现代化国家的基础性、战略性支撑"[①]，明确要求到 2035 年要建成教育强国、科技强国、人才强国。新时代新征程对科技界提出了更高的要求。当前，世界科学技术发展日新月异，不断开辟新的认知疆域，并成为带动经济社会发展的核心变量，新一轮科技革命和产业变革正处于蓄势跃迁、快速迭代的关键阶段。开展面向 2035 年的中国学科及前沿领域发展战略研究，紧扣国家战略需求，研判科技发展大势，擘画战略、锚定方向，找准学科发展路径与方向，找准科技创新的主攻方向和突破口，对于实现全面建成社会主义现代化"两步走"战略目标具有重要意义。

　　当前，应对全球性重大挑战和转变科学研究范式是当代科学的时代特征之一。为此，各国政府不断调整和完善科技创新战略与政策，强化战略科技力量部署，支持科技前沿态势研判，加强重点领域研发投入，并积极培育战略新兴产业，从而保证国际竞争实力。

　　擘画战略、锚定方向是抢抓科技革命先机的必然之策。当前，新一轮科技革命蓬勃兴起，科学发展呈现相互渗透和重新会聚的趋

[①] 习近平. 高举中国特色社会主义伟大旗帜 为全面建设社会主义现代化国家而团结奋斗——在中国共产党第二十次全国代表大会上的报告. 北京：人民出版社，2022：33.

势，在科学逐渐分化与系统持续整合的反复过程中，新的学科增长点不断产生，并且衍生出一系列新兴交叉学科和前沿领域。随着知识生产的不断积累和新兴交叉学科的相继涌现，学科体系和布局也在动态调整，构建符合知识体系逻辑结构并促进知识与应用融通的协调可持续发展的学科体系尤为重要。

擘画战略、锚定方向是我国科技事业不断取得历史性成就的成功经验。科技创新一直是党和国家治国理政的核心内容。特别是党的十八大以来，以习近平同志为核心的党中央明确了我国建成世界科技强国的"三步走"路线图，实施了《国家创新驱动发展战略纲要》，持续加强原始创新，并将着力点放在解决关键核心技术背后的科学问题上。习近平总书记深刻指出："基础研究是整个科学体系的源头。要瞄准世界科技前沿，抓住大趋势，下好'先手棋'，打好基础、储备长远，甘于坐冷板凳，勇于做栽树人、挖井人，实现前瞻性基础研究、引领性原创成果重大突破，夯实世界科技强国建设的根基。"②

作为国家在科学技术方面最高咨询机构的中国科学院和国家支持基础研究主渠道的国家自然科学基金委员会（简称自然科学基金委），在夯实学科基础、加强学科建设、引领科学研究发展方面担负着重要的责任。早在新中国成立初期，中国科学院学部即组织全国有关专家研究编制了《1956—1967年科学技术发展远景规划》。该规划的实施，实现了"两弹一星"研制等一系列重大突破，为新中国逐步形成科学技术研究体系奠定了基础。自然科学基金委自成立以来，通过学科发展战略研究，服务于科学基金的资助与管理，不断夯实国家知识基础，增进基础研究面向国家需求的能力。2009年，自然科学基金委和中国科学院联合启动了"2011—2020年中国学科发展战略研究"。

---

② 习近平. 努力成为世界主要科学中心和创新高地 [EB/OL]. (2021-03-15). http://www.qstheory.cn/dukan/qs/2021-03/15/c_1127209130.htm[2022-03-22].

2012 年，双方形成联合开展学科发展战略研究的常态化机制，持续研判科技发展态势，为我国科技创新领域的方向选择提供科学思想、路径选择和跨越的蓝图。

联合开展"中国学科及前沿领域发展战略研究（2021—2035）"，是中国科学院和自然科学基金委落实新时代"两步走"战略的具体实践。我们面向 2035 年国家发展目标，结合科技发展新特征，进行了系统设计，从三个方面组织研究工作：一是总论研究，对面向 2035 年的中国学科及前沿领域发展进行了概括和论述，内容包括学科的历史演进及其发展的驱动力、前沿领域的发展特征及其与社会的关联、学科与前沿领域的区别和联系、世界科学发展的整体态势，并汇总了各个学科及前沿领域的发展趋势、关键科学问题和重点方向；二是自然科学基础学科研究，主要针对科学基金资助体系中的重点学科开展战略研究，内容包括学科的科学意义与战略价值、发展规律与研究特点、发展现状与发展态势、发展思路与发展方向、资助机制与政策建议等；三是前沿领域研究，针对尚未形成学科规模、不具备明确学科属性的前沿交叉、新兴和关键核心技术领域开展战略研究，内容包括相关领域的战略价值、关键科学问题与核心技术问题、我国在相关领域的研究基础与条件、我国在相关领域的发展思路与政策建议等。

三年多来，400 多位院士、3000 多位专家，围绕总论、数学等 18 个学科和量子物质与应用等 19 个前沿领域问题，坚持突出前瞻布局、补齐发展短板、坚定创新自信、统筹分工协作的原则，开展了深入全面的战略研究工作，取得了一批重要成果，也形成了共识性结论。一是国家战略需求和技术要素成为当前学科及前沿领域发展的主要驱动力之一。有组织的科学研究及源于技术的广泛带动效应，实质化地推动了学科前沿的演进，夯实了科技发展的基础，促进了人才的培养，并衍生出更多新的学科生长点。二是学科及前沿领域的发展促进深层次交叉融通。学科及前沿领域的发展越来越呈现出多学科相互渗透的发展态势。某一类学科领域采用的研究策略和技术体系所产生的基础理论与方法论成果，可以作为共同的知识基础适用于不同学科领域的多个研究方向。三是科研范式正在经历深刻变革。解决系统性复杂问题成为当前科学发展的主要目标，导致相应的研究内容、方法和范畴等的改变，形成科学研究的多层次、多尺度、动态化的基本特征。数据驱动的科研模式有力地推动了新时代科研范式的变革。四是科学与社会的互动更加密切。发展学科及前沿领域愈加重要，与此同时，"互联网+"正在改变科学交流生态，并且重塑了科学的边界，开放获取、开放科学、公众科学等都使得越来越多的非专业人士有机会参与到科学活动中来。

"中国学科及前沿领域发展战略研究（2021—2035）"系列成果以"中国学科及前沿领域2035发展战略丛书"的形式出版，纳入"国家科学思想库－学术引领系列"陆续出版。希望本丛书的出版，能够为科技界、产业界的专家学者和技术人员提供研究指引，为科研管理部门提供决策参考，为科学基金深化改革、"十四五"发展规划实施、国家科学政策制定提供有力支撑。

在本丛书即将付梓之际，我们衷心感谢为学科及前沿领域发展战略研究付出心血的院士专家，感谢在咨询、审读和管理支撑服务方面付出辛劳的同志，感谢参与项目组织和管理工作的中国科学院学部的丁仲礼、秦大河、王恩哥、朱道本、陈宜瑜、傅伯杰、李树深、李婷、苏荣辉、石兵、李鹏飞、钱莹洁、薛淮、冯霞，自然科学基金委的王长锐、韩智勇、邹立尧、冯雪莲、黎明、张兆田、杨列勋、高阵雨。学科及前沿领域发展战略研究是一项长期、系统的工作，对学科及前沿领域发展趋势的研判，对关键科学问题的凝练，对发展思路及方向的把握，对战略布局的谋划等，都需要一个不断深化、积累、完善的过程。我们由衷地希望更多院士专家参与到未来的学科及前沿领域发展战略研究中来，汇聚专家智慧，不断提升凝练科学问题的能力，为推动科研范式变革，促进基础研究高质量发展，把科技的命脉牢牢掌握在自己手中，服务支撑我国高水平科技自立自强和建设世界科技强国夯实根基做出更大贡献。

"中国学科及前沿领域发展战略研究（2021—2035）"

联合领导小组

2023 年 3 月

前　言

　　纵观国际上高超声速航空发动机的发展，其研发难度和进度大大超出预期，呈现多目标约束、多学科/多系统耦合、多技术路线、螺旋式上升的研究特点。与传统的航空涡轮发动机相比，高超声速航空发动机的工作速域拓宽了一倍以上，空域更广、参数性能更高，大大超出了涡轮发动机的工作范围；与 21 世纪初取得技术突破的高超声速超燃冲压发动机相比，其工作速域也拓宽了一倍以上，并可以实现多次重复、长寿命使用。高超声速航空发动机已经成为航空发动机领域的技术制高点与国际竞争热点。因此，制定系统的高超声速航空发动机技术发展战略，具有重大的科学意义和紧迫的现实意义。

　　在此背景下，国家自然科学基金委员会和中国科学院在"中国学科及前沿领域发展战略研究（2021—2035）"中专门安排了前沿领域项目"中国高超声速航空发动机发展战略研究（2021—2035）"，集中了来自高校、科研院所和工业部门从事相关研究的近百位科技人员，形成了老中青相结合、经验丰富和充满活力的编写队伍，成立了战略研究组和秘书组，在充分调研分析的基础上，通过学术交流和专业论坛讨论，形成了相应方向的研究成果，经过多次咨询研讨，于 2021 年 12 月完成了书稿。

　　本书共五章。第一章分析高超声速航空发动机的科学意义与战

略价值。第二章主要从涡轮冲压组合高超声速航空发动机、涡轮 /
火箭基组合循环高超声速航空发动机、空气涡轮火箭高超声速航空
发动机、强预冷高超声速航空发动机几个方面论述高超声速航空发
动机技术的发展现状与趋势。第三章从宽工作速域、长寿命使用、
高推力重量比、高比冲约束条件下的热力循环、流动燃烧组织、热
质传递、轻质高温材料、制造形性调控、结构损伤演化、一体化控
制等方面论述高超声速航空发动机的关键科学问题；从热力循环分
析与优化设计，材料、结构与热防护，工艺、制造与检测，试验测
试，重复使用与可靠性等方面论述高超声速航空发动机的关键技术
问题。第四章从发展布局、政策建议和配套措施三个方面论述高超
声速航空发动机技术领域发展的相关政策建议。第五章为总结与
展望。

参加本书编写和咨询的专家学者非常多，本书仅列出了主要贡
献者的名单，还有很多学者在研究过程中提供了资料、参与了讨论，
在此一并表示衷心的感谢。

高超声速航空发动机技术涉及范围广、学科多，国际上对相关
技术进展的报道有限，书中难免有疏漏和不妥之处，敬请读者批评
指正。

李应红

《中国高超声速航空发动机 2035 发展战略》

战略研究组组长

2023 年 8 月 7 日

摘　　要

一、本领域的基本内涵、科学意义与战略价值

（一）基本内涵

作为高超声速飞机的动力装置，高超声速航空发动机具有多项核心能力：一是能支持高超声速飞机实现水平起降；二是飞行包线更广，升限大于 25 km，最大飞行马赫数不低于 5；三是寿命长，能长时间重复使用。

常规的涡轮发动机和冲压发动机的飞行马赫数范围有限，涡轮发动机的飞行马赫数一般是 0～2.5，冲压发动机的起动马赫数一般大于 3。为实现高超声速航空发动机从零速到高超声速吸气式推进的技术需求，需要将传统动力（如涡轮发动机、冲压发动机和火箭发动机等）进行有机融合。增材制造、轻质高温材料、强预冷、等离子体调控、对转冲压、爆震燃烧等新兴技术成熟度的提高，有望进一步提升高超声速航空发动机的性能。

（二）科学意义

作为航空发动机领域的技术制高点和国际热点，高超声速航空发动机是一个极其复杂的系统，具体涉及材料、制造与强度、热力、气动、燃烧、控制、传热等多个学科，需要突破极端热、宽空域、

宽速域、重复使用等技术难点。

开展高超声速航空发动机基础研究，具有重要的科学意义。一是可以揭示航空发动机设计和制造领域涉及的机理，如宽工作速域、长寿命使用、高推力重量比、高比冲约束条件下的热力循环、流动燃烧组织、热质传递、轻质高温材料、制造形性调控、结构损伤演化、一体化控制等；二是催生交叉学科的新方向，如极端条件下流－热－固－化耦合能质传递学、复杂超高温结构力－热－声－氧耦合失效学等；三是推动研究范式的变革，从传统航空发动机先性能设计后强度评估的弱耦合、解耦研究范式，上升到高超声速航空发动机极端条件下的多物理场强耦合研究范式。

（三）战略价值

航空发动机是工业皇冠上的"明珠"，高超声速航空发动机更是"明珠"中的极品，对高超声速飞机的研发具有决定性作用，是一个国家综合国力的体现。另外，作为一种吸气式动力装置，高超声速航空发动机可以作为空天飞机、可重复使用航天运载系统等的一级动力支撑其发展。

世界各国和地区都在抓紧研究高超声速航空发动机，并为此投入了大量的人力、物力和财力，旨在抢占技术制高点，形成巨大的技术不对称优势，但是一直久攻不克，研发进度难以匹配预期。可以预见的是，一旦高超声速航空发动机技术取得突破，将会催生多个领域的重大变革，如空天装备和民用航空。

由于研究起步较晚、投入力度不足、技术积累较弱、技术力量相对分散，我国在高超声速航空发动机技术领域与国际先进水平存在较大差距。为迎头赶上国际先进水平，支撑世界科技强国和航空航天强国建设，需要在系统梳理现状、统筹规划发展等方面下足功夫。

二、本领域的研究特点、发展规律和发展趋势

（一）研究特点

一是多目标约束，使得技术难度非常大。既要在宽广的飞行包线内提供稳定强劲推力，并能长期可靠工作，又要满足多次重复使用的要求，还要实现较大的推力重量比。

二是多学科／多系统耦合，试验和数值仿真难度都很大，从系统工程的角度研究透彻十分困难。高超声速航空发动机不仅涉及材料、结构、强度与极端气动热力等学科之间的紧密耦合，还存在发动机内部不同系统及发动机与飞行器的紧密耦合。

三是多技术路线，目前由于技术路线不明晰，尚未收敛，多条技术路线正在齐头并进。

（二）发展规律

1. 技术难度超出预期，组合方案曲折前进

与传统的航空涡轮发动机21世纪初取得技术突破的高超声速超燃冲压发动机相比，高超声速航空发动机的工作速域拓宽了一倍以上。飞行马赫数每增加1，发动机的研发难度和周期都将大幅增加。涡轮机组合动力是目前高超声速航空发动机发展的主要技术途径，但是仍然存在较多的技术难题。涡轮冲压组合发动机面临模态转换"推力鸿沟"等重大技术障碍。火箭增推和射流预冷等技术虽然能有效解决"推力鸿沟"问题，但是存在热防护困难、比冲低、结构复杂等难题。在高速涡轮发动机、超燃冲压发动机技术快速进步的背景下，美国加大了涡轮冲压组合高超声速航空发动机的研发力度，加快推进了技术成熟和工程发展，但依然面临很大的难度。

1966年服役的美国SR-71"黑鸟"（Blackbird）侦察机最大飞行速度为3.2倍声速，并且由于载荷小、效能差，已经退出现役；预计

2030 年左右服役的 SR-72 "黑鸟"之子，最大飞行速度为 6 倍声速，从公开资料来看，发动机依然面临很大的技术不确定性。由于高超声速航空发动机的研发难度和进度大大超出预期，所以很多相关的重大研究计划被迫终止。每个国家在涡轮发动机、火箭发动机、冲压发动机、预冷技术等方面的研发基础不一样，因此其选择的技术路线和主攻方向也有明显差异。

2. 新兴技术不断涌现，新的材料工艺助推发展

鉴于强预冷技术对高温来流的冷却作用，英国对其进行了大量的设计和试验探索，并且得到了英国政府、欧洲空间局（European Space Agency，ESA）、美国空军研究实验室（Air Force Research Laboratory，AFRL）、美国国防部高级研究计划局（Defense Advanced Research Projects Agency，DARPA）等机构的研发经费支持，以及英国航空航天系统公司（British Aerospace Systems，BAE）、罗尔斯－罗伊斯（Rolls-Royce）公司（以下简称罗罗公司）、波音（Boeing）公司等的资金和技术支持。研究结果初步展现了强预冷高超声速航空发动机推力重量比高、比冲高的性能优势。我国科学家提出了对转冲压压气机的原创性方案，利用转子相对旋转制造了超声速气流，建立低熵增激波系统实现了高效增压与高通流，大幅减少了压缩系统的尺寸和重量，并拓宽了压气机流量适应性，颠覆了传统轴流压气机气流折转的增压原理，有望显著提升高超声速航空发动机的推进效能。爆震燃烧采用近似等容燃烧代替原有布雷顿循环（Brayton cycle）中的等压燃烧，循环方式的改变有望显著提升高超声速航空发动机的推进效能。等离子体点火助燃通过高能量强穿透大火核、油气活化和流场调控，有望显著拓宽冲压发动机的工作速域并提升其性能。智能增材制造具备设计、制造、性能一体化，加速设计迭代，多尺度轻质化结构减重等优点，是我国高超声速航空发动机发展的机遇和快车道。轻质高温材料是高超声速航空发动机的主要结构材料，对提高其推力重量

比，确保宽温域、高速重载等极端条件下的服役安全至关重要。

3. 科学技术难题交织，基础研究必须先行

基础科学问题制约着技术瓶颈的突破。例如，一体化热力循环和轻质高强材料结构制造一体化是提高推力重量比的重要源头；低动压、低总温条件下的高效燃烧组织机理与方法是拓宽冲压发动机下限马赫数的重要源头；宽速域高通流叶轮机械内流组织机理与方法、耐高温机械系统设计方法是拓宽涡轮发动机工作速域的重要源头。必须花大力气推进基础研究，只有在对基础问题系统深入认识的前提下，才能追求高的技术指标和研发速度。

（三）发展趋势

不同形式发动机的简单叠加、分段使用会引发加速能力弱、燃油经济性差、推力连续性差、阻力大和"死重"大的问题，必然无法成为主流方案。新颖热力循环与单项变革技术融合发展才是高超声速航空发动机技术的必由之路。为推动一体化宽域高效气动热力循环的发展，深入揭示各系统间的热功转化及参数耦合机制，必须从新概念、新工质、新材料等方面入手。爆震燃烧、对转冲压、等离子体调控、强预冷分别是提高热力循环效率、提升叶轮机械通流能力、拓宽冲压发动机工作速域、拓宽涡轮发动机工作速域的关键性技术，虽然取得了显著进展，但是仍需要大力发展。在新颖热力循环的牵引下，适度超前发展轻质高强材料与结构的设计和制造，有望提高高超声速航空发动机的推力重量比和寿命。

三、本领域的关键科学问题、关键技术问题、发展思路、发展目标和重要研究方向

（一）关键科学问题

高超声速航空发动机技术的关键科学问题是：宽飞行包线、高

可靠性和长寿命使用、高推力重量比约束条件下的燃烧流动组织、传热传质、热力学循环、轻质高温材料、制造形性调控、结构损伤演化、一体化控制机理。

在高超声速航空发动机热力循环、气动燃烧与控制机理方面，包括宽域高效耦合热功转换理论，以涡轮发动机、冲压发动机、火箭发动机为基本动力单元的新型热力循环构建方法，基于新型热力循环的高效热功转换机制；子系统级工作速域及推力拓展机制，子系统间的流量/压力匹配及速域/推力补偿模式与机理，多维度架构与综合性能寻优、双乘波飞机-发动机一体化、宽域高性能可调节进排气设计等气动优化理论；基于高效预冷的多工质强非线性热力系统能量耦合机理；低熵增进气道/叶轮机械耦合增压理论，熵产极小化激波增压理论与优化设计方法，常规及特殊工质叶轮机械新气动布局宽域做功原理，宽域高效叶轮机械设计与流场调控方法；宽速域高效燃烧组织机理与调控方法，宽适应性多模态燃烧组织方法，等离子体点火助燃机理与方法；高超声速航空发动机失稳判据及增稳理论，复杂流场智能感知与监测方法，子系统控制规律及全包线高精度鲁棒控制机制，发动机/飞行器协同控制机理与高效鲁棒协调控制方法等。

在高超声速航空发动机高效预冷、热防护与能量管理机理方面，包括极端热与复杂条件下的多尺度流动换热耦合理论，紧凑空间环境中大温差、强变物性、多尺度等条件下流动与换热的耦合机理及时空演化规律；超高温、大热流、强激波等条件下强变物性流体热质传递机理；高热流紧凑结构下强预冷快速高效传热机理，高效预冷与紧凑轻质预冷器设计方法；强耦合、非线性、高动态特征下多系统热/质交互作用机理与热惯量匹配机制，复杂热环境耦合传热传质机理及强扰动条件下的热防护调控机理和规律；先进热防护方法与耦合传热规律；超燃冲压发动机单独工作时的能源生成方法；

多场耦合条件下高热流有限冷源热防护、热管理一体化机理与精细化热结构设计方法，整机热量产生、收集传输、储存利用和排散的耦合机制，先进能量管理方法与系统动态调控方法，整机热/质实施优化分配和动态管理方法。

在高超声速航空发动机材料制造与结构强度一体化机理方面，包括轻质高强耐热复杂结构的设计与制造一体化理论，面向极端环境的多场多相多介质结构强度理论，材料/结构的损伤和失效模式及机理、多场多相多介质耦合力学模型；轻质耐热材料与复杂结构的一体化设计，典型结构的材料-结构-功能一体化设计与制造方法，多相合金材料小微尺度热动力学耦合机理及宏微观性能关联，难加工材料高温复杂冷却结构制造方法；基于增材制造微小熔池高温度强对流极端冶金条件和高温度梯度非平衡快速凝固条件的新型高性能合金设计与强韧化方法；基于多场多相多介质和面向极端环境的强度设计理论及方法，极端宽温域材料环境下材料制造一体化设计与制备方法，复杂高效冷却结构、结构拓扑先进制造方法。

（二）关键技术问题

高超声速航空发动机研制的关键技术问题是：如何将宽飞行包线高效热力循环映射成长寿命、高推力重量比的发动机。这不但涉及多个技术行业，如气动热力设计、预冷、热防护、材料、制造、试验等，还与强预冷高超声速航空发动机、空气涡轮火箭发动机、涡轮/火箭基组合循环发动机、涡轮冲压组合发动机等多种组合动力有关。总体来看，高超声速航空发动机研制是一个复杂的系统工程。

在热力循环设计分析与流动燃烧调控方面，包括飞机-发动机一体化、热力循环及部件匹配设计、极宽适应性流动控制与先进调节、宽范围多模态燃烧组织、等离子体点火助燃、模态转换策略及控制、燃油供给系统设计和控制、能量综合管理及系统优化、智能化控制诊断、高保真度数值模拟等技术。

在预冷与热防护方面，包括轻质高效高温预冷器、高功重比微通道换热、受限空间极端高热流高效冷却、超高热沉低结焦再生冷却、新型复合热防护、热结构传热快速评估、超低环境压力下高效换热等技术。

在材料与结构方面，包括多组元杂化耐极高温复合材料、超高温复合材料环境热障涂层、新型陶瓷基复合材料、高温高强韧钛基复合材料、超高温抗氧化难熔金属基复合材料、新型低密度耐更高温合金材料、耐高温隔热涂层材料、单相化多组元高性能热障涂层、超紧凑高温高效复合隔热材料、预冷换热器用抗氢脆高温合金、结构轻质化设计、先进润滑与密封材料、超高温可调结构密封元件、高温高压氦叶轮机动密封、高速高温轴承润滑脂、高热沉高能量燃料、氢燃料、绿色氧化剂等技术。

在工艺、制造与检测方面，包括陶瓷基复合材料结构件加工与连接、难变形材料薄壁复杂构件超塑成形、微小孔加工、精密电解加工工艺、难加工金属材料高速电弧加工、轻质高效预冷器制造工艺、复杂薄壁异形构件激光焊接工艺及质量控制、异种金属过渡接头微扩散连接、超大尺度异种材料增材制造、梯度复合材料增减材复合制造、一体化结构设计与增材制造、热防护涂层制备、大型关键薄壁零件变形控制及自适应制造、智能装配与精密检测等技术。

在试验测试与低成本飞行验证方面，包括大流量高焓燃烧加热、高焓纯净空气加热、大尺度发动机试验、变马赫数自由射流试验、变马赫数直连试验、模态转换试验、姿态瞬变多样流耦合宽域环境模拟、高温高压高速环境小扰动高精度试验测试、氦循环系统试验、低成本高超声速飞行验证等技术。

在重复使用与可靠性方面，包括可重复使用设计、高效轻质换热器结构可靠性评价及试验验证、陶瓷基复合材料高温环境性能预测与测试、非均质焊接接头高温力学响应及结构服役性能提升、关键件疲劳寿命评估、健康监测与智能诊断等技术。

（三）发展思路

关于高超声速航空发动机研制的总体发展思路：一是要高效、合理和科学地配置资源要素，这不仅需要在全局坚持统一领导、统筹规划、协调推进的原则，而且需要畅通管理链路，建立运作良好的分配机制；二是要加强顶层设计和发展规划，以目标为导向，重视基础研究领域，提高自主创新能力，大力推动高超声速飞机目标图像牵引与高超声速航空发动机技术的结合；三是要进行产学研结合，加快创新向产业转化的速度，一方面要提高国产软件的研制和数字仿真水平，另一方面要推动创新链和产业链的有序协同。

（四）发展目标

高超声速航空发动机技术的发展目标是多样的：一是要揭示高超声速动力领域的机理和规律，如热力循环、燃烧与流动的优化和控制，高效预冷、热防护与能量管理，轻质高温材料制造与结构强度一体化；二是要在涡轮冲压组合发动机、涡轮／火箭基组合循环发动机、空气涡轮火箭发动机、强预冷发动机实现突破的基础上，提出高超声速航空发动机的中国方案；三是要借助高超声速航空发动机的研制工作，全面提升我国的原始创新与工程研发能力，形成一系列配套的设计、制造、试验和仿真能力，为建设航空航天强国和世界科技强国提供重要支撑。

（五）重要研究方向

高超声速航空发动机技术的重要研究方向包括新型热力循环方式的构建、热防护和能量管理、先进材料与制造工艺，以及控制、测试和仿真技术。在新型热力循环方式的构建方面，对传统动力单元进行有机融合，并应用强预冷、等离子体调控、对转冲压、爆震燃烧等新兴技术，提高热力循环效率；在热防护和能量管理方面，建议重点发展先进热防护、能量管理方法与系统动态调控方法、紧凑空间环境中强各向异性多尺度流动与换热耦合机理、强变物性流体热质传递机理、多系统热/质交互作用机理与热惯量匹配机制等；在先进材料与制造工艺方面，建议大力发展轻质高温材料与制造技术、轻质高强结构的损伤失效模式与机理、材料-结构设计-功能-制造一体化技术、先进增材制造与智能制造技术、新型高性能合金设计与强韧化方法、精密成形与加工技术、高性能焊接及分析检测技术、高性能涂层制备及分析检测技术、高温轴承技术等；在控制、测试和仿真技术方面，建立优先发展模态转换策略与控制技术、多变量自适应控制技术、宽域高性能进排气技术、飞行平台与动力一体化技术、试验测试与仿真技术、低成本高超声速飞行验证技术等。

四、本领域未来发展的有效资助机制及政策建议

（一）建立高超声速航空发动机研发的新型举国体制

由于高超声速航空发动机的研发难度远超传统吸气式动力，涉及多个行业门类、多个学科交叉，因此必须调动全国资源才有望研制成功。要加强顶层设计，以项目为抓手，统筹推进基础研究、关键技术攻关和型号研发。加强产业链和创新链的协同作用，充分发挥企业和科研院所的作用，引导产业和创新的良性发展。

（二）设立高超声速航空发动机基础研究计划

高超声速航空发动机技术迄今尚未完全突破的一个重要原因是基础研究没有跟上，这是由缺乏系统布局造成的。只有从源头上搞

清机理、夯实基础，才能找准方向、行稳致远。建议在参考国际组合方案的基础上，结合本国的实际情况，提出具有中国特色的研究计划和方案。以我国学者提出的宽速域一体化循环高超声速航空发动机等创新构想为主体，进行研制任务的拆解与划分，全面提升我国的自主创新能力，为后续重大科技专项提供基础与支撑。建议加大对高超声速航空发动机科学技术的资助力度，引导和鼓励科研人员参与相关研究，贡献自己的智慧和力量。

（三）设立高超声速航空发动机技术预研计划

美国为保持其在航空动力领域的领先地位，设立了一系列研究计划，如综合高性能涡轮发动机技术（The Integrated High Performance Turbine Engine Technology，IHPTET）计划、通用可承担先进涡轮发动机（Versatile Affordable Advanced Turbine Engines，VAATE）计划、支持经济可承受任务能力的先进涡轮技术（Advanced Turbine Technologies for Affordable Mission-Capability，ATTAM）计划等，促进了关键技术的突破，极大地降低了技术风险。高超声速航空发动机方面更是如此，"猎鹰"组合循环发动机技术（Falcon Combined Cycle Engine Technology，FaCET）计划、高速涡轮发动机验证（High Speed Turbine Engine Diagnostics，HiSTED）计划、远程超声速涡轮发动机（Supersonic Turbine Engine for Long Range，STELR）计划、模态转换（Modal Transition, MoTr）计划和先进全速域发动机（Advance Full-Speed Range Engine，AFRE）计划的实施，直接催生了SR-72高超声速航空发动机的研发。建议设立与高超声速航空发动机相关的技术预研计划，并将其列为"两机"（航空发动机和燃气轮机）重大专项接续实施计划的重点内容。研究须围绕热力循环分析设计与流动燃烧调控，材料、结构与热防护，工艺、制造与检测，试验与测试，重复使用与可靠性技术等内容开展，利用前期相关计划的研究成果支撑型号研发。

（四）设立空天动力国家实验室

由于缺乏国家层面专门的基础研究机构的统一领导，所以我国创新链存在一定短板，研究力量比较薄弱。建议借鉴国外成功经验，瞄准未来发展方向，建立空天动力国家实验室，在基础研究领域充分发挥其引领作用。

在高超声速航空发动机研发方面，空天动力国家实验室需要发挥的职能主要包括：一是站在国家层面提前布局未来发展趋势，对重大技术方案进行评估；二是坚持补齐发展短板和加大基础研究的深度与广度，在基础研究、前沿技术和集成验证方面进行重点突破；三是促进产学研相结合，加快创新能力的转换运用；四是由国家统一保管技术成果，方便进行交流、转化和推广。

（五）加强高超声速航空发动机试验设施建设

高超声速航空发动机面临的工作环境非常恶劣，试验条件很难得到满足。另外，对高超声速航空发动机在多场耦合作用下的机理规律尚未完全掌握，使得结构设计面临较大问题，安全性、可靠性和使用寿命无法得到保证。发达国家在发动机的研制过程中，十分重视试验的作用，在此理念下建立了比较完善的试验设施。

为提升高超声速航空发动机研制领域的试验条件，建议从国家层面进行总体规划和布局，依托科研院所和工业部门建设并进行统一管理。一是要建立多种试验台系统，包括高超声速航空发动机直连试验台、闭式循环系统试验台、高落压比喷管试验研究的模型试验台、全尺寸紧凑快速强换热器试验台、结构服役安全试验台；二是要加强对试验器、试验舱和风洞等试验装置的投入，包括连续可变马赫数组合进气道模态转换试验器、高超声速航空发动机热防护及热管理试验器、超临界燃料流动与燃烧特性试验器、变马赫数过程模态转换高空模拟试验舱、大尺度变马赫数过程模态转换自由射流风洞等。此外，建议对现有高空模拟试车台及其配套设施进行必要的升级，以提高其试验能力。

高超声速航空发动机的工作环境非常恶劣，对部件和系统的安全性提出了严苛的挑战。为提高其安全性能，必须加强结构服役安全方面的研究。建议建立具备模拟复杂多场耦合作用条件的试验台，如金属燃烧与热防护试验台、空地一致性试验台和发动机部件多场耦合试验台等，全面提升高超声速航空发动机结构服役安全方面的试验能力。

（六）构建低成本高超声速航空发动机飞行试验台

由于飞行条件的复杂性，现有试验条件无法完全还原真实高超声速航空发动机的工作条件，建立飞行试验台是推动高超声速航空发动机技术走向工程化应用的必由之路。为降低建设成本，建议建立低成本飞行试验台，利用更为真实的飞行参数对高超声速航空发动机进行测试评估，在此基础上进行改进升级。

（七）加强高超声速航空发动机数字孪生、数值仿真和支撑软件建设

随着仿真技术的进步，部分仿真结果与某些试验结果比较契合，具备替代试验的能力。高超声速航空发动机试验难度大，多场耦合作用明显，试验在揭示机理和优化方案上比较有限。建议推动高超声速航空发动机数字孪生的发展，提高数值仿真能力，提高国产支撑软件的地位，扶持相关产业发展。

（八）建立高超声速航空发动机知识产权保护共享机制

目前，高超声速航空发动机存在多条技术路径，为鼓励在自主创新的同时更好地形成合力，必须加强对知识产权的保护。建议吸

收国外先进经验与成熟做法，设置国家级协调机构，既能综合管理相关的研究成果，又能很好地保护不同单位的知识产权，从而推动知识产权保护共享机制的建立和完善。

（九）加强高超声速航空发动机人才培养和国际合作

建议提高高超声速航空发动机相关人才培养的优先级，增加该方向的研究生招生指标。制订关于高超声速航空发动机的科普工作计划，吸引青年才俊加入高超声速航空发动机研究领域。建立中国高超声速学术联盟，推动企业和科研院所人才联合培养机制的建立。加强国际合作，促进学习交流。

Abstract

1. The Scientific Significance and Strategic Value

(1) Basic Connotation

The hypersonic aero-engine has a lot of core capabilities as the power plant of hypersonic aircraft. First, it can support hypersonic aircraft to achieve horizontal take-off and landing; second, the flight envelope is wider, the ceiling is greater than 25 km, and the maximum flight Mach number is not less than 5; third, the long service life and reuse.

Due to the limited of conventional turbine engines and ramjets, generally the Mach number of the turbine engine is 0-2.5, the ramjet engine is greater than 3. In order to match the requirement of hypersonic air-breathing propulsion, it is necessary to organically integrate traditional power such as turbine engines, ramjets and rocket engines. With the technical improvement of the additive manufacturing, lightweight high-temperature materials, strong pre-cooling, plasma control, counter-rotating stamping, and detonation combustion, it is expected to further improve the performance of hypersonic aero-engines.

(2) Scientific Significance

As the technical commanding height and international hot spot in the field of aero-engine, hypersonic aero-engine is an extremely complex system, which involves multiple disciplines like materials, manufacturing and strength, heating power, aerodynamics, combustion, control, heat transfer and so on. It is necessary to break through technical difficulties such as "extreme heat, wide airspace speed domain, and reuse".

It is of great scientific significance to carry out basic research on hypersonic aero-engines. First, it can reveal the mechanisms involved in aero-engine design and manufacturing, such as wide working speed range, long service life, high thrust-to-weight ratio, thermodynamic cycle under the constraint of high specific impulse, flow combustion organization, heat and mass transfer, lightweight high-temperature materials, manufacturing shape control, structural damage evolution, integrated control, etc. Second, it can promote new directions of interdisciplinary, such as fluid-heat-solid-solidification coupled energy-mass transfer under extreme conditions, complex ultra-high temperature structural force-thermal-acoustic-oxygen coupling failure, etc. Third, it can promote the change of research paradigm, from the weak coupling and decoupling research to the multi-physics strong coupling research paradigm under extreme conditions of hypersonic aero-engines.

(3) Strategic Value

Aero-engines are the "pearl" in the crown of industry, and hypersonic aero-engines are the best among the pearls. The hypersonic aero-engine plays a decisive role in the research and development of hypersonic aircraft, and it is also the embodiment of a country's comprehensive national strength. In addition, as an air-breathing power unit, it can support the development of aerospace plane, reusable space launch systems, etc.

The countries invest a lot of manpower, material, and financial resources in the study of hypersonic aero-engines, aiming to seize the commanding heights of technology and form a huge technological asymmetric advantage, but there're a lot of difficulties and the research and development progress can not match the expectations. It is foreseeable that once the technology achieves a breakthrough, it will lead to major changes in many fields, such as aerospace equipment and civil aviation.

Because of the late start, insufficient investment, weak technological accumulation, and relatively scattered technical force, there is a big gap with the international advanced level in the field of hypersonic aero-engine technology. In order to catch up with the international advanced level and support the construction of the aerospace power, it is necessary to systematically sort out the status quo and make overall planning and development.

2. Research Characteristics, Development Law, and Development Trends

(1) Research Characteristics

First, it is the multi-objective constraint, which makes the technology difficult. It also needs to meet the following requirements: providing stable and strong thrust within a wide flight envelope, reliability, reuse and achieving a large thrust-to-weight ratio.

Second, it is very difficult to study thoroughly from the perspective of system engineering since it's the multi-disciplinary/multi-system coupling Hypersonic aero-engine involves not only the tight coupling between disciplines such as materials, structure, strength, and extreme aerodynamics, but also the tight coupling between different systems inside the engine and the aircraft.

Third, it is the multi-technical route. Multiple programs are simultaneously advancing since the hypersonic aero-engines have not yet converged to a recognized feasible technical route.

(2) Development Law

First, the technical difficulty of developing hypersonic aero-engines has exceeded expectations. Compared with the hypersonic scramjet engine, the working speed range of the hypersonic aero-engine is more than doubled. With every 1 increase in flight Ma, the difficulty and cycle of engine research will increase significantly. Turbine-based combined power is the main technical approach for the development of hypersonic aero-engines, but there are still many technical difficulties. The turbo-ramjet engine faces major technical obstacles such as the mode transition "thrust gap". Although technologies such as rocket boosting and jet pre-cooling can effectively solve the "thrust gap" problem, there are problems such as difficult thermal protection, low specific impulse, and complex structure. In the context of the rapid progress of high-speed turbine engine and scramjet engine technologies, the United States increased the research and development of turbo-ramjet combined hypersonic aero-engines, and accelerated the maturity of technology and engineering development, but there're still a lot of difficulties.

The maximum flight speed of the SR-71 Blackbird in 1966 was 3.2 times sound velocity. Due to its small load and poor efficiency, it has since been out of service. It is expected that the SR-72 Son of Blackbird is to be in service around 2030, which will have a maximum flight speed of 6 times sound velocity. Public data suggest that the engine still faces great technical uncertainty. Due to the difficulty and progress of the research and development of hypersonic aero-engines exceeding expectations, most of the relevant major research projects were terminated due to technical difficulties. Each country has different research and development foundations based on turbine engines, rocket engines, ramjets, and pre-cooling technology. Therefore, the selected technical routes and primary directions also differ significantly.

Second, in view of the cooling effect of strong precooling technology on high temperature incoming flow, the United Kingdom has carried out a lot of design and experimental exploration, and has received research and development funding support from the British government, ESA, AFRL, DARPA and other institutions, as well as financial and technical support from companies such as BAE Systems, Rolls-Royce, and Boeing. The research results show the performance advantages of strong precooled hypersonic aero-engine with a high thrust-to-weight ratio and high specific impulse. Scientists of China have proposed an original plan for a contra-rotating ram compressor, which uses the relative rotation of the rotor to create supersonic airflow, establishes a low-entropy shock wave system to achieve high-efficiency pressurization and high-pass flow, subverts the supercharging principle of traditional axial compressor airflow turning, greatly reduces the size and weight of the compression system, and broadens the adaptability of the compressor flow. It is expected to significantly improve the propulsion efficiency of hypersonic aero-engines. The detonation combustion adopts approximately constant volume combustion to replace the isobaric combustion in the original Brayton cycle, and the change in the cycle mode is expected to significantly improve the propulsion efficiency of hypersonic aero-engines. Plasma ignition and combustion is expected to significantly broaden the working speed range and improve the performance of ramjets through high energy and strong penetration of large fire cores, oil and gas activation and flow field regulation. Intelligent additive manufacturing has the advantages of "design-manufacturing-performance" integration, accelerated design iteration, and multi-scale lightweight structure weight reduction. Lightweight high-temperature materials are the main structural materials of hypersonic aero-engines, which are essential to improve the thrust-to-weight ratio, and ensure service safety under extreme conditions like wide temperature range, high speed and heavy load.

Third, basic science restricts the breakthrough of technical bottlenecks. For example, the integrated thermal cycle and the integrated method of lightweight and high-strength material structure manufacturing are the sources of improving the thrust-to-weight ratio. The mechanism and method of high-efficiency combustion structure under low dynamic pressure and temperature are important sources of broadening the lower limit of Mach number of ramjets. The internal flow organization mechanism and method of high-pass flow impeller machinery in wide speed range and the design method of high temperature resistance mechanical system are the important sources of broadening the working speed range of turbine engine. It is necessary to make great efforts to promote basic research.

(3) Development Trends

The simple superposition and segmented use of different types of engines can't become the mainstream solution since it can cause problems such as weak acceleration ability, poor fuel economy, poor thrust continuity, high resistance, and "dead weight". The fusion development of novel thermal cycle and single transformative technology is the only way for hypersonic aero-engine technology. We should study the new concepts, new working fluids, and new materials in order to promote the development of an integrated wide-area high-efficiency aero-thermodynamic cycle, and to deeply reveal the thermal-power conversion and parameter coupling mechanisms between systems. The key technologies to improve the thermal cycle efficiency, mechanical flow capacity of the impeller, working speed range of the ramjet engine, and broaden the working speed range of the turbine engine are Detonation combustion, counter-rotating ramming, plasma control, and strong pre-cooling. Although there has been some progress, we still need to pay more effort for it. It is expected to improve the thrust-to-weight ratio and life of hypersonic aero-engines with the development of lightweight and high-strength materials and structures.

3. Key Scientific Issues, Development Ideas, Goals, and Important Research Directions

(1) Key Scientific Issues

The key technology issues of hypersonic aero-engines are as following: wide flight envelope, high reliability and long service life, combustion flow organization under the constraint of high thrust-to-weight ratio, heat and mass transfer, thermodynamic cycle, lightweight high-temperature materials, manufacturing shape, etc.

For the hypersonic aero-engine thermal cycle, aerodynamic combustion, and control mechanism, the key technology issues include efficient coupled wide-domain and thermal power conversion theory, new thermal cycle construction method based on the turbine engines, ramjet engines, and rocket engines as the basic power unit, and efficient thermal power conversion mechanism based on new thermal cycle; the subsystem-level working speed domain and thrust expansion mechanism, flow/pressure matching and speed domain/thrust compensation modes between subsystems, aerodynamic optimization theories for multi-dimensional architecture and comprehensive performance optimization, and integration for aircraft and engines of dual waverider, wide domain and high performance adjustable intake and exhaust design; the energy coupling mechanism for the multi-working fluid and strong nonlinear thermodynamic system based on the high-efficiency pre-cooling; the low entropy increase inlet/turbomachinery coupling pressure charging theory, entropy generation minimization shock wave pressure gain theory and optimization design methods, the work principle of new aerodynamic layouts of the turbomachinery with conventional and special working media, wide fieldwork principle, wide domain efficient turbomachinery design and flow field control method; the wide speed-range high-efficiency combustion organization mechanism and control methods, wide-adaptive multi-modal combustion organization methods, mechanisms and methods for the plasma ignition-assisted combustion; hypersonic aeroengine instability criteria and stabilization theory, complex flow field intelligent perception and monitoring methods, subsystem control law and full-envelope high-precision robust control mechanism, engine/aircraft cooperative control mechanism and high-efficiency robust coordinated control method, are all important issues that need to be addressed.

For the high-efficiency pre-cooling, thermal protection and energy management mechanism of hypersonic aero-engines, the key technology issues include the coupling theory of multi-scale flow and heat transfer under extreme heat and complex conditions, the coupling mechanism and the laws of temporal and spatial evolution for the flow and heat transfer under large temperature differences, strong changes in physical properties, and multiple scales in a compact space environment, the heat and mass transfer mechanism of fluids with highly variable physical properties under ultra-high temperatures, large heat flows, and strong shock waves, fast and high-efficiency heat transfer mechanism for strong pre-cooling under the high-heat-flow compact structure and the pre-cooling design method with high-efficiency pre-cooling and compact lightweight, the thermal/mass interaction mechanism and thermal inertia matching mechanism for multiple systems under strong coupling, nonlinear and highly dynamic characteristics, and coupled heat mass transfer mechanism in complex thermal environments and regulation mechanism and laws of thermal protection under strong disturbance, advanced thermal protection methods and coupled heat transfer laws, energy generation method of scramjet working alone; under the condition of multi-field coupling, the integrated mechanism and refined thermal structure design method of high-heat flux and limited cold source thermal protection and thermal management, the coupling mechanism of heat generation, collection, transmission, storage, utilization, and dissipation of the entire machine system, advanced heat management methods and system dynamic control methods, the entire system with heat/mass implementation optimization distribution and dynamic management methods.

For the integration mechanism for the material fabrication and structural strength in hypersonic aeroengines, the key technology issues include integration theory for the design and fabrication of lightweight, high-strength, heat-resistant, and complex structures, multi-field/multi-phase/multi-media structure strength theory in extreme environments, damage and failure modes and mechanisms of the material/structure, and multi-field/multi-phase/multi-media coupling mechanical model; the integrated design of light heat-resistant materials and complex structures, the integrated design and manufacturing method for the material-structure-function of typical structures, the coupling mechanism and the correlation between macro- and micro-properties of small micro-scale thermodynamics of multi-phase alloy materials, and the manufacturing method of high-temperature complex cooling structures of difficult to process materials; new high-performance alloy design and strengthening and toughening methods based on high temperatures, strong convection, extreme metallurgical conditions, and high-temperature gradient unbalanced rapid solidification conditions for additive manufacturing micro-melting pool; the strength design theory and method based on multi-field, multi-phase, and multi-media and facing extreme environments, the integrated design and preparation method for material manufacturing under extremely wide temperature fields, advanced manufacturing methods for complex and high-efficiency cooling structural and structural topology.

(2) Key Technologies

The core technical problem in the development of hypersonic aero-engines is how to map the high-efficiency thermal cycle of the wide flight envelope to the engine with long life and high thrust-to-weight ratio. It not only involves many technical industries, such as aero-thermal design, pre-cooling, thermal protection, materials, manufacturing, experiments, etc., but also is related to strong pre-cooling hypersonic engines, air-turbine rocket engines, turbo ramjet combined engines, turbo ramjet combined engines etc.

For the thermal cycle design analysis and flow combustion control, the key technology issues include aircraft/engine integration, thermal cycle and component matching design, extremely wide adaptive flow control and advanced adjustment, wide range multi-modal combustion organization, plasma ignition-assisted combustion, mode conversion strategy and control, fuel supply system design and control, energy integrated management and system optimization, intelligent control diagnosis, high fidelity numerical simulations, and other technology.

Pre-cooling and thermal protection aspects include lightweight and high-efficiency high-temperature pre-cooling heat exchanger, high-power-to-weight ratio microchannel heat transfer, high-efficiency cooling for extreme high-heat flux in confined space, super-high heat sink and low coking regeneration cooling, new combined thermal protection, heat transfer rapid evaluation of thermal structures, and high-efficiency heat transfer under ultra-low environmental pressure.

Material and structure aspects include extremely high-temperature resistant composite materials with multi-component hybridization, ultra-high temperature composite environmental barrier coatings, new ceramic matrix composites, high-temperature high-strength and high-toughness titanium matrix composites, ultra-high temperature oxidation resistant refractory metal matrix composites, new low-density and high-temperature resistant alloy materials, high-temperature resistant insulation coating materials, single-phase multi-component high-performance thermal barrier coatings, ultra-compact high-temperature and high-efficiency composite thermal insulation material, hydrogen embrittlement resistance high-temperature alloy for pre-cooling heat exchangers, lightweight design of structures, advanced lubrication and sealing materials, ultra-high temperature adjustable structural sealing elements, high-temperature and high-pressure helium turbomachinery motive seals, ultra-high-speed high-temperature and long-life grease-lubricated ball bearings, high heat sinks and high energy fuels, hydrogen fuels, green oxidizers, and other technologies.

Process, fabrication, and inspection aspects include the processing and joining of ceramic matrix composite structures, the superplastic formation of thin-walled complex components from difficult-to-form materials, micro-hole processing, precision electrochemical machining processing, high-speed arc machining of hard-to-machining metal materials, manufacturing processes for light-weight and high-efficiency pre-coolers, laser welding processes and quality control of complex thin-walled special-shaped components, micro-diffusion connections for dissimilar metal transition joints, additive manufacturing for extra-large scale dissimilar materials, additive and reduced material composite manufacturing for gradient composite structure, integrated structure design and additive manufacturing, preparation of thermal protection coatings, deformation control and adaptive manufacturing of large key thin-walled components, intelligent assembly and precision detection, and other technologies.

Experimental testing and low-cost flight validation aspects include large-flow high-enthalpy combustion heating, high-enthalpy pure air heating, large-scale engine testing, variable Mach number free jet testing, variable Mach number direct connection testing, mode transition testing, simulations of attitude transient multiple flow coupling wide-domain environments, small-disturbance and high-precision experimental testing under high-temperature, high-pressure and high-speed environments, helium circulation system testing, low-cost hypersonic flight verification, and other technologies.

Reuse and reliability aspects include reusable design, structural reliability evaluations and test verifications of high-efficiency light-weight heat exchangers, performance predictions and testing of ceramic matrix composites under the high-temperature environment, improvements to high-temperature mechanical responses and structural service performances of inhomogeneous welded joints, fatigue life assessment of key components, health monitoring and intelligent diagnosis, and other technologies.

(3) Development Ideas

The development ideas of hypersonic aero-engines are as following. First, allocate resource elements efficiently, reasonably, and scientifically, which requires not only the principles of unified leadership, overall planning, and coordinated advancement, but also smooth management links and good distribution mechanisms. Second, strengthen design and development. We need to pay attention to basic research fields, improve independent innovation capability, and promote the combination of hypersonic aircraft target image traction and hypersonic aero-engine technology. Third, carry out the combination of industry, academia, and research to speed up the transformation of innovation into industry. On the one hand, it is necessary to improve the level of domestic software development and digital simulation, and on the other hand, it is necessary to promote the orderly coordination of the innovation chain and the industrial chain.

(4) Development Goals

The development goals of hypersonic aero-engine technology are diverse. The first is to reveal the mechanisms and laws of hypersonic power, such as the optimization and control of thermal cycle, combustion and flow, high-efficiency pre-cooling, thermal protection and energy management, integration of lightweight high-temperature material manufacturing and structural strength. The second is to propose a Chinese plan for hypersonic aero-engines on the basis of breakthroughs in turbo ramjet combined engines, air-turbine rocket engines, and strong pre-cooling engines. The third is to enhance capabilities of original innovation and engineering research and development, and improve design, manufacturing, testing, and simulation capabilities, which will provide support for building aerospace power country.

(5) Important Research Directions

The important research directions of hypersonic aero-engine technology include the construction of new thermodynamic cycle methods, thermal protection and energy management, advanced materials and manufacturing processes, control, testing and simulation. In order to improve the thermal cycle efficiency, it's necessary to integrate traditional power units, and apply emerging technologies such as strong pre-cooling, plasma control, counter-rotating stamping, and detonation combustion. For the thermal protection and energy management, it is recommended to focus on the development of advanced thermal protection, energy management and system dynamic control methods, coupling mechanisms of strong anisotropic multi-scale flow and heat transfer in a compact space environment, heat and mass transfer mechanism of strongly variable physical properties, multi-system heat/mass interaction mechanism and matching mechanism with thermal inertia, etc. For the advanced materials and manufacturing processes, it is recommended to develop the following technologies, such as lightweight high-temperature materials and manufacturing technologies, the failure modes and mechanisms of lightweight and high-strength structures, multifunctional manufacturing integration technology, advanced additive manufacturing and intelligent manufacturing technology, new high-performance alloy design and toughening methods, precision forming and processing technologies, high-performance welding and analysis detection technology, coating preparation and analysis and detection technology, high temperature bearing technology, etc. For the control, testing and simulations, we need to establish priority development of modal shift strategies and control technologies, develop the following technologies: multi-variable adaptive control technology, wide-range high-performance intake and exhaust technique, flight platform and power integration technology, experiment testing and simulation technology, low-cost hypersonic flight verification technology, etc.

4. Effective Funding Mechanism and Policy Recommendations for Future Development

(1) Establish A New National Research System of Hypersonic Aero Engines

It is necessary to mobilize the resources of the whole country to develop the hypersonic aero-engines, since it's far more difficult than traditional air-breathing power, and involves multiple industry categories and disciplines. We should promote the basic research of key technology, model research, and development based on the project; strengthen the synergy between the industrial chain and the innovation chain, utilize the capabilities of enterprises and research institutes, and guide the virtuous development of industry and innovation.

(2) Establish Basic Research Plans

One important reason why hypersonic aero-engine technology has not been fully broken through so far is that basic research has not kept up, which is caused by the lack of system layout. The solution is that only by figuring out the mechanism from the source and consolidating the foundation can we find the right direction and make steady progress. It is recommended to put forward Chinese research plans and schemes based on the international portfolio scheme and the actual situation in China. Conducting the dismantling and division of development tasks with the main body of the innovative concepts such as wide speed domain integrated cycle hypersonic aero-engine proposed by our scholars, enhances China's independent innovation capability comprehensively and provides foundation and support for subsequent major science and technology special projects. It is recommended to increase funding for hypersonic aero-engine science and technology, guide and encourage researchers to participate in related research and contribute their wisdom and strength.

(3) Establish Pre-research Plan

The United States has established a series of research programs to maintain its leadership in the field of aerodynamics, such as IHPTET program, VAATE program, ATTAM program, etc,which facilitate breakthroughs in key technologies and greatly reduce technology risks. This is especially true for hypersonic aircraft engines, with the implementation of the FaCET program, HiSTED program, STELR program, MoTr program and AFRE program, which directly led to the development of the SR-72 hypersonic aircraft engine. It is proposed to establish a technology pre-research program related to hypersonic aero-engines and make it a key element of the successive implementation plans of the "two aircraft" major special projects. The research needs to focus on thermal cycle analysis design and flow combustion regulation, materials, structure and thermal protection, process, manufacturing and inspection, experiment and testing, reuse and reliability technology, etc., and develop the new model with the research results of the previous related programs.

(4) Establish Aerospace Power National Laboratory

There are shortcomings in the innovation chain, and research strength is weak due to the lack of unified leadership of specialized basic research institutions at the national level. It's recommended to learn from foreign successful experience, aim at the future development direction, establish the National Laboratory of Aerospace Power, and play its leading role in the field of basic research.

The main functions to be performed by the National Laboratory of Aerospace Power in hypersonic aero-engine development should include the following aspects. First, it assesses the major technical solutions at the national level. Second, it insists on making up for the shortcomings of development, making key breakthroughs in basic research, cutting-edge technologies and integration verification. Third, it promotes the combination of industry, academia, and research to speed up the transformation and application of innovation capabilities. Fourth, the state will keep the technical achievements to facilitate exchange, transformation and promotion.

(5) Strengthening the Construction of Hypersonic Aeroengine Test Facilities

The test conditions are difficult to meet due to the very harsh working environment faced by hypersonic aero-engines. In addition, the mechanism of hypersonic aero-engines under the coupling effect of multiple fields has not been fully grasped, which makes the structural design face major problems, and the safety, reliability and service life cannot be guaranteed. Developed countries have established complete test facilities in the process of engine development since they attach great importance to the role of testing.

In order to improve the test conditions in the field of hypersonic aero-engine development, it is suggested to carry out overall planning and layout at the national level, relying on the construction of scientific research institutes and industrial departments. The first is to build multiple test-bed systems which include hypersonic aero-engine direct-connected test bench, closed circulation system test bench, model test bench for high-pressure drop ratio nozzle test research, full-size compact and fast strong heat exchanger test bench, and structural service safety test bench. The second is to strengthen the investment in test equipment, such as test chambers and wind tunnels, etc. The equipment includes continuously variable Mach number combined intake port mode transition tester, hypersonic aero-engine thermal protection and thermal management tester, supercritical fuel flow and combustion characteristic tester, high-altitude simulation test chamber for variable Mach number process mode transition, large-scale variable Mach number process mode transition free jet wind tunnel, etc. In addition, it is recommended to make necessary upgrades to the existing high-altitude simulation test bed and supporting facilities to improve the test capabilities.

The working environment of hypersonic aero-engines is very harsh, which poses severe challenges to the safety of components and systems. It's necessary to strengthen the research on the service safety of the structure to improve its reliability. It is proposed to establish a test-bed with the ability to simulate complex multi-field coupling conditions, for example the metal combustion and thermal protection test-bed, air-ground consistency test-bed and multi-field coupling test-bed etc. It can comprehensively enhance the test capabilities in terms of service safety of hypersonic aero-engine structures.

(6) Build A Low-cost Hypersonic Aeroengine Flight Test-bed

Due to the complex flight conditions, the current experiment cannot fully repeat the working conditions of a real hypersonic aero-engine. Establishing a flight test-bed is the way to promote hypersonic aero-engine technology to engineering applications. It's suggested to establish a low-cost flight test-bed to test and evaluate hypersonic aero-engines with realistic flight parameters in order to reduce the cost.

(7) Strengthen the Construction of Hypersonic Aeroengine Digital Twin, Numerical Simulation, and Supporting Software

With the development of simulation technology, the simulation result can match with the experimental results partially. The experiments are limited in revealing mechanisms and optimizing schemes due to the difficult hypersonic aero-engine experiments and the obvious multi-field coupling effect. It is recommended to promote the development of the digital twin of hypersonic aero-engines, improve numerical simulation capability, enhance the status of domestic supporting software, and support the development of related industries.

(8) Establish Sharing Mechanism for Intellectual Property Protection

In order to encourage independent innovation, it is necessary to strengthen intellectual property protection. It is recommended to absorb advanced foreign experience and set up a national focal point, which can manage the research results systematically, and protect the intellectual property rights of different units, thus promoting the establishment and improvement of the sharing mechanism of intellectual property protection.

(9) Strengthen Talent Training and International Cooperation

It is suggested to increase the priority of training talents related to hypersonic aero-engines and increase the graduate enrollment indicators in this direction, formulate a science popularization work plan on hypersonic aero-engines to attract young talents to join, establish the China Hypersonic Academic Alliance to promote the establishment of a joint training mechanism for talents from enterprises and research institutes. It's necessary to strengthen the international cooperation.

目　录

第一章

高超声速航空发动机的定义与内涵、 科学意义和战略价值

第一节　定义与内涵

高超声速航空发动机是高超声速飞机的"心脏"，其核心能力是通过吸气式推进支持高超声速飞机像传统飞机一样在机场跑道起飞，然后爬升至 25 km 以上高空，以马赫数不低于 5 飞行，最后像传统飞机一样下滑着陆，并且能长时间重复使用。高超声速航空发动机的典型特征是水平起降、宽速域、大空域、长寿命。实现途径是将涡轮发动机、冲压发动机、火箭发动机等不同形式的发动机有机融合，并通过强预冷、等离子体调控、对转冲压、爆震燃烧、轻质高温材料、增材制造等新兴技术助推能力提升。

高超声速航空发动机是世界科技强国和航空航天强国的重要标志，是高超声速飞机研发中尚未解决的关键问题之一，也是其研发成败的关键。美国国家航空航天倡议（National Aerospace Initiative，NAI）、美国国家航空航天局（National Aeronautics and Space Administration，NASA）空天推进系统技术路线图、美国空军高超声速技术发展路线图都明确规划了高超声速航空发动机的相

关研发内容，但是研发进度一直难以匹配预期，是久攻未克的重大难题。

随着航空航天技术的不断进步，世界各航空航天大国纷纷提出了多种高超声速飞机以及空天飞机计划，开展了大量高超声速航空发动机技术的研究工作，论证了多种方案，尤其是随着超燃冲压发动机技术的逐步成熟，更是掀起了高超声速航空发动机技术研究的高潮。目前，单一动力形式的发动机（包括涡轮发动机、火箭发动机及吸气式冲压发动机等）都有其最佳的工作范围，存在适用范围相对较窄的短板。例如，涡轮发动机比冲高，但高度在 20 km 或马赫数在 3 以上时很难用作推进装置；火箭发动机虽不受高度和速度的限制，但比冲低，重复使用性有待进一步提高；吸气式冲压发动机有较高的飞行马赫数，在大气层内无须携带氧化剂，在飞行器规模和重量上比纯火箭动力系统低一个量级，但机动能力较差，而且需要助推加速来解决低速起动问题。高超声速航空发动机工作速域更宽、空域更广、性能参数要求更高，突破了常规涡轮发动机的工作马赫数，与高超声速超燃冲压发动机相比，其工作速域更宽，并且可多次重复、长寿命使用。

高超声速航空发动机的共性技术特征包括以下四个方面。一是极宽范围：工作速域从零速、超声速到高超声速，工作空域从地面、稠密大气到临近空间。二是超大尺度：面向高超声速飞机和重复使用空天飞行器，高超声速航空发动机的尺度规模非常大，显著增加了发动机的捕获面积与长度。三是极高性能：全包线推力满足飞行器加速需求，结构紧凑、单位迎风面积推力大，推力重量比高，全包线燃油经济性好，加速段有效比冲越高越好，巡航段比冲越高越好。四是重复使用：重复使用次数不少于 1000 次，累计工作时间不少于数百小时，如图 1-1 所示。

不同动力形式的组合是高超声速航空发动机的传统发展思路，即将涡轮发动机、冲压发动机、火箭发动机等不同形式的发动机进行组合，充分利用不同循环类型发动机在其最佳工作范围内的优势，拓展、突破单一循环航空发动机的工作限制和应用范围，使得高超声速航空发动机在大空域、宽速域范围均能工作，且能够保证大范围变工况条件下发动机性能始终较优。例如，将涡轮发动机与冲压发动机组合而成的涡轮冲压组合高超声速航空发动机，在低速飞行阶段中，涡轮发动机单独工作提供加速推力；在模态转换阶段，涡轮发动机和冲压发动机同时工作；在高速飞行阶段，冲压发动机单独工作。

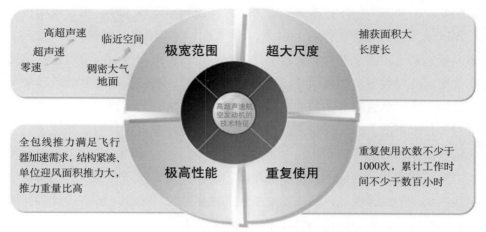

图 1-1　高超声速航空发动机的技术特征

组合发动机的主要问题是"死重"大、迎风面积大、推力连续性差、燃油经济性差。例如，对于涡轮冲压组合发动机，低速阶段冲压发动机是"死重"，高速阶段涡轮发动机是"死重"，而且长时间飞行时所需的电力供应难以得到保障。因此，通过预冷等新兴技术实现宽速域一体化循环，并通过等离子体调控、对转冲压、爆震燃烧、轻质高温材料、增材制造等技术实现助推能力提升，是高超声速航空发动机未来的发展趋势。

纵观国际上高超声速航空发动机近几十年的发展，其研发难度和研发周期大大超出预期，其中理论基础薄弱和技术手段缺乏相互交织，是久攻未克的重大科学和工程难题。因此，开展高超声速航空发动机技术研究，需要强化目标牵引、加强基础研究、注重自主创新，通过高超声速飞机目标图像牵引高超声速航空发动机技术发展，全方位加强基础研究，通过自主创新突破关键科学与技术难题，形成具有中国特色的高超声速航空发动机发展路径。

第二节　科　学　意　义

面向极宽范围、超大尺度、极高性能及重复使用等技术特征，高超声速

3

航空发动机面临的技术挑战总结如下：为实现极宽范围工作，组合发动机面临不同动力热力循环的组合及融合，不同工作模态转换过程的失稳及控制，不同状态对流道需求差异极大及部件匹配难度高，可调流道高温动密封难度高，更高马赫数下高强度激波、高熵层、强黏性、高温真实气体效应现象突出，传统边界层分析方法和完全气体模型失效，燃烧与传热理论尚不被完全掌握等技术挑战。由于高超声速航空发动机尺度规模超大，所以面临大尺度流动控制、燃烧组织、结构力学、气动弹性等问题。此外，发动机均为承受高力热载荷部件，当前的制造工艺及试验手段无法满足研究需求。为实现全包线内优良的综合性能，面临发动机性能由单点设计最佳向多点设计最佳转变，结构轻质化水平要在当前技术的基础上提高至少一倍，燃料燃烧及冷却能力不足等极高挑战，性能、结构与控制要高度一体化来挖掘发动机的综合性能极限。面向多次可重复使用需求，面临高温高强结构及材料的失效问题，缺乏发动机重复使用基础模型、设计流程、可靠性评价手段及寿命预测方法。

　　高超声速航空发动机的技术难点可以归纳为极端热、宽空域、宽速域和重复使用，涉及热力、气动、燃烧、控制、传热、材料、制造与强度等多个学科方向，面临大量多学科前沿交叉问题。

　　开展高超声速航空发动机基础研究，揭示宽工作速域、长寿命使用、高推力重量比、高比冲约束条件下的热力循环、流动调控、燃烧组织、热质传递、轻质高温材料、制造形性调控、结构损伤演化、一体化控制等机理，具有重要的科学意义。高超声速航空发动机基础研究还将催生极端条件下流-热-固-化耦合能质传递学、复杂超高温结构力-热-声-氧耦合失效学等交叉学科新方向，也将推动从传统航空发动机先性能设计后强度评估的弱耦合、解耦研究范式，上升到高超声速航空发动机极端条件下的多物理场强耦合研究范式。

一、气动热力循环与流动调控

　　热力循环是决定高超声速航空发动机性能的理论基础，气动优化与控制是支撑其气动热力性能实现的关键。目前，单一类型的发动机无法完成从零速到高超声速宽速域推进的任务，组合或复合是必由之路，但是简单叠加、分段使用，导致"死重"大、阻力大、推力接不上，飞行器难以有效加速。因此，高超声速航空发动机的宽速域工作特性对热力循环与气动耦合设计能力提出了全新要求，必须从新概念、新工质、新材料等方面推动新型气动热力循环的发展，深入揭示各系统间热–功转化及参数耦合机制。新型气动热力循环是决定高超声速航空发动机性能的理论基础，新型气动热力循环与单项变革技术的融合发展是高超声速航空发动机技术的发展趋势。美国国家航空航天局空天推进系统技术路线图提出在 2020～2025 年选择热力循环的技术路线。

高超声速航空发动机存在多种单一循环发动机共同工作的过渡区，如何实现过渡过程中的推力平稳过渡，即如何消除"推力陷阱"是组合循环发动机设计的核心难题。以涡轮冲压组合发动机为例，为了充分利用涡轮发动机比冲高的优点，希望涡轮发动机马赫数由当前的 2 提升至 3 甚至是 4，以实现与冲压发动机的良好接力，最佳的两种循环发动机接力区马赫数为 2～3。然而，随着马赫数的升高，来流空气总温也随之升高，使得压气机功耗急剧增加，极大地限制了涡轮发动机的最高马赫数。因此，如何实现不同组合循环发动机在循环过渡区热力参数的匹配设计，实现推力的平稳过渡，是高超声速航空发动机新型热力循环的核心难题。

除了组合循环发动机这种通过新型热力循环构建来拓展高超声速航空发动机工作范围的途径之外，预冷、对转冲压、爆震燃烧、化学回热等新技术是提升、拓展高超声速航空发动机性能的另一个重要途径。这类新技术能够通过单个热力过程性能参数的提高来实现整个热力循环性能的提升。因此，掌握预冷、对转冲压、爆震燃烧、化学回热等新技术的基本原理和内涵及其所对应热力过程的优化设计方法，以指导关键热力过程及部件的设计，具有十分重要的基础理论研究意义。

进气预冷已发展成为当前提高常规航空涡轮发动机工作马赫数的有效手段之一，将燃料作为冷源，通过在压气机入口布置预冷器，采用直接换热或者间接换热的方式，可显著降低压气机入口空气的温度，大幅降低压气机功耗，从而提高航空涡轮发动机的循环效率。另外，构建了高效的预冷涡轮发动机循环，理论上可将涡轮发动机的工作马赫数由 2 提升至 5。但是在高马赫数时，进气预冷带走的热量较高且燃料的热沉有限，通常进气预冷中冷却所需消耗的燃料高于燃烧用量。例如，日本发展的膨胀式空气涡轮火箭（air turbo rocket expander，ATREX）发动机系列预冷涡轮组合循环发动机，马赫数为 5 时仅预冷消耗的氢燃料流量约为燃烧用燃料流量的 3 倍，多余的 2 倍燃料只能被抛弃，大大降低了发动机性能。同时，燃料作为发动机唯一可用冷源，需要满足发动机冷却与进气预冷的双重需求，这加剧了燃料冷源不足的问题。因此，有限冷源下高超声速航空发动机热力循环优化，是采用预冷技术的高超声速航空发动机最核心的热力学问题。

高超声速飞行器特殊的气动布局使得飞行器的动力学系统呈现出气动、推进、结构、控制之间相互耦合的复杂特性。发动机的推力不仅与发动机自身特性有关，而且与攻角、激波角位置、机体前体下表面高压区的分布压强有关。这些因素在不同程度上决定了发动机进气口的状况，而进气口的状况又直接影响了燃烧情况，进而决定了发动机的推力大小。这种多物理、多参数的耦合优化问题是一个新的基础科学问题。

高超声速航空发动机的流动组织与性能维持，在很大程度上依赖子系统边界拓展、推力补偿、综合性能寻优等气动优化理论的发展，也亟待气动增稳机制、智能感知监测、协同控制机理和鲁棒控制方法的突破，深入研究宽域高效热力循环与流动组织机制，实现高效能热功转换循环、宽工况气动布局优化设计、高精度自适应协同控制，最终实现宽域高效的高超声速航空发动机。在这一过程中掌握的预冷、对转冲压、爆震燃烧、化学回热等新技术的基本原理及内涵、热力过程的优化设计方法，对促进力学、热物理学等学科的基础理论发展具有引领作用。

二、燃烧组织

对于一个长度合理的高超声速航空发动机，流体的驻留时间只有毫秒量级，在有限时间内实现理想的掺混是最终产生热量和推力等一系列复杂物理过程的决定因素。掺混过程在实际发动机中非常复杂，包含三维的湍流流动并伴有大的速度梯度，以及化学组分和温度的变化。流动的掺混过程与燃烧放热和化学组分的变化紧密耦合。在超燃冲压燃烧室中，这些过程的时间尺度相近，进一步加强了流体动力学与化学动力学之间的耦合作用。在如此强的耦合作用下，实现高效、稳定燃烧十分困难。

在流动、燃烧过程中，多重时间尺度与空间尺度相互耦合。在燃烧室中，存在具有不同物理特征的区域，包括无化学反应的超声速流动区；伴随剧烈化学反应的亚声速流动、跨声速流动、超声速流动混合的复合型流动、燃烧区；伴随较弱化学反应的超声速高温燃气加速流动区。亚声速燃烧区域和超声速燃烧区域在气流的可压缩性、火焰的传播特性和稳定机制上具有显著不同的特点，造成了流动、燃烧过程中多重时间尺度与空间尺度的相互耦合。对多重时间尺度与空间尺度相互耦合作用的深入认识，是理解高超声速航空发动机燃烧的基础。

多燃烧模态相互作用。在燃烧室中，燃料与气流、燃烧相互耦合，呈现出不同燃烧模态并存的状态，既包含燃料与空气混合形成预混气，在高焓气流或外界强迫点火作用下形成的以预热燃烧模态为主的预混燃烧模态，又包括液态燃料进入燃烧室，在完成破碎、雾化、蒸发后所形成的非预混燃烧模态。判定燃烧室内的各种燃烧模态，分析各种燃烧模态的分布特征、燃烧模态与流动之间的耦合关系、燃烧模态随时空的演变特征等，对于认识高速条件下的流动/燃烧相互作用机制具有重要意义。

超声速气流中火焰稳定与传播的复杂机制。燃烧组织的基本原则是设计合适的火焰稳定装置，形成高温低速区。目前，火焰稳定装置主要以非侵入式凹腔和侵入式支板为典型代表。凹腔的优点是形成较大的回流区，对主流扰动小；缺点是存在较强的燃烧自激振荡、高的壁面热流和较难的热防护。支板的优点是有利于燃烧室壁面热防护，产生有利于增强混合、加快火焰传播速度的流向涡和横向涡；缺点是支板本身的热防护较难，同时对主流扰动较大。虽然稳焰形式不同，但是存在类似的物理-化学过程，即在火焰发展初期，高速气流中具有强脉动特性的湍流多尺度涡既可能迅速地将火焰传播到主流中，也可能快速耗散热量使得火焰猝熄。探索高速气流中火焰稳定与传播的复杂机制，对于燃烧室的燃烧组织设计具有重要的指导意义。

一直以来，超声速燃烧室的热声振荡问题是火箭发动机、航空发动机燃烧室中存在的疑难问题，缺少有效的控制方法可能导致灾难性的后果。通过主动控制及被动控制的方法降低燃烧与热声的耦合，结合发动机燃烧室高保真模拟、替代模型及系统层次模拟，以减弱、抑制燃烧不稳定性的产生，对于高超声速航空发动机的飞行安全具有重要意义。

　　航空发动机的研发模式正在经历从"传统设计"向"预测设计"的转变。高保真模拟的仿真模型是"预测设计"的核心技术，高超声速航空发动机燃烧室的"预测设计"也同样需要大力发展高保真模拟的仿真模型。高超声速航空发动机燃烧室内实质上是一个强复合型宽速域非定常湍流燃烧场。不同的燃烧模态和流动特征在空间上表现出强烈的局部属性与时变特性，呈现出亚声速/跨声速/超声速并现、预混/扩散燃烧等多燃烧模态共存的强复合、宽速域特性。实现这种复杂的湍流燃烧场的高保真模拟，主要涉及以下三个较为关键的模型。

　　（1）液态燃料的雾化、蒸发模型。超燃冲压燃烧室的宽域工作特点对液态燃料的雾化、蒸发模型提出了极高的要求。在整个飞行包线中燃料物态必须按照燃烧性能的要求进行精确的动态控制，以实现高效、稳定燃烧。在超燃冲压燃烧室中，燃料物态会经历初始液态、吸热裂解、超临界态喷注、燃烧、再吸热直至平衡的循环耦合过程。在整个过程中会不同程度地涉及燃料的雾化、蒸发，并且燃料的雾化、蒸发与流动也存在复杂的关系。准确的液态燃料雾化、蒸发模型是提高燃烧室可靠性设计的重要基础。

　　（2）化学反应动力学模型。超燃冲压燃烧室处于高马赫数条件下的高温高压环境中。高马赫数条件下压缩会增大分子间的碰撞频率，进而提高化学反应速率。因此，高温、高压、高马赫数条件下的化学反应动力学模型与常温、非高压、低马赫数条件下的化学反应动力学模型有很大不同。发展超燃冲压燃烧室极端条件下的燃料燃烧化学反应机理对预测点火、预测火焰传播速度以及预防熄火至关重要。

　　（3）燃烧模型。燃烧模型体现了化学反应与湍流之间相互作用的程度和形式，极大地影响了诸如燃烧进程、释热分布等宏观表现。在超燃冲压燃烧室中，非平衡热力学、非平衡化学反应和湍流能量传递之间存在复杂的相互作用，非平衡过程中间组分和对应各能量模态的热力学温度也会影响混合物的热力学属性、输运属性和化学特性，这些都会使燃烧模型的物理基础（火焰结构、燃烧模态等）发生改变。燃烧模型依然是超燃冲压燃烧室中最为核心的科学问题之一。

　　发展先进的多物理场优化设计方法，考虑各物理过程之间的耦合作用，获得多目标约束下的最优设计，不仅是宽域高效燃烧组织的基本需求，也是从系统工程角度研究高超声速航空发动机的必要环节。其中，关键科学问题是如何得到多物理场耦合模型中海量参数不确定性的传递规律，以及如何进行高维度多物理过程的主控机制表征。多物理场优化涉及的优化参数众多，在不确定性和全局敏感性分析中面临"维度灾难"问题，尤其是对于超声速气动燃烧过程，其计算成本远高于零维计算、一维计算以及常规湍流燃烧计算，使得该计算挑战问题更加突出，而对多物理场参数进行有效降维有望实现超声速气动燃烧过程的优化设计。

未来高超声速航空发动机发展急需解决的燃烧关键科学问题就是有能够在有限燃烧室尺寸内实现燃料与超声速气流的有效混合和在复杂流场中的火焰驻定。在实现这一目标的研究过程中所获得的规律、机理和经验等成果，可以对气体动力学、燃烧学与控制论等相关学科的创新发展起到重要的支撑作用。

三、高效预冷、热防护与能量管理

极端热是高超声速航空发动机面临的特殊问题，预冷是降低发动机进口空气温度、拓展发动机速域的重要途径，热防护与能量管理则是发动机安全、高效运行的基础。高超声速航空发动机内部是高温、高热流、强激波、强干扰形成的严苛环境，最高温度达到 2000 K 以上，最高热流量达到几十毫瓦每平方米，并需要在几十毫秒甚至十几毫秒内对空气实现数百摄氏度的大幅度温降，并保证低流动阻力、高紧凑度、抗热疲劳，这些都对预冷和热防护技术提出了很大挑战。统筹热防护与能量管理需求，揭示极端环境条件对冷却的影响机制，发展新型冷却方式及结构、涂层，实现整机热量的高效调配使用，既有很大的难度，又有很大的潜力。紧凑复杂结构、强各向异性、强变物性以及多尺度耦合作用下的流动与换热机制，是高超声速航空发动机预冷、热防护与能量管理安全高效运行的关键基础，主要包含以下三方面内容。

（一）高效预冷

对于高超声速飞行，当飞行速度为 5 倍声速时，来流总温约为 1250 K，当飞行速度为6倍声速时，来流总温约为1650 K，其温度远高于现有常规涡轮发动机的空气压气机的工作范围，导致涡轮发动机无法正常工作。采用换热预冷技术，在空气压气机前加装预冷器，利用燃料直接换热或者间接换热将高温来流空气进行大幅降温，使得空气压气机能正常高效工作，是拓展涡轮发动机工作速域的有效技术途径。但是，目前常规的换热预冷技术存在换热功重比较低（约为10 kW/kg）、结构尺寸较大、热惯性较大等缺点，不适于直接在高超声速航空发动机上使用，须进一步发展轻质、高换热效率、结构紧凑、热响应速度快的高效预冷技术。

近年来，高效预冷技术已取得了重大进展，英国已实现瞬时温降900 K、换热功重比约为75 kW/kg的超薄壁毛细管束式预冷器（外径1 mm、壁厚50 μm）试验验证，国内已实现瞬时温降635 K、换热功重比约为100 kW/kg的超薄壁毛细管束式预冷器试验验证，强有力地支撑了强预冷高超声速航空发动机的发展。但是，尽管高温来流条件下的预冷效果十分显著，但试验发现，预冷器的实际换热性能普遍低于理论预测值。这可能是由于在预冷器内部十分紧凑的空间内发生了巨大的热量交换，产生了很大的温度梯度，高效预冷过程伴随着关键气动热力参数的强各向异性分布，并受到多尺度流动结构的影响，且超临界流体的热物性变化较为剧烈，导致已有流动换热低维模型的预测精度较低，预冷器设计结果与真实情况存在偏差。因此，亟待深入研究极端热环境条件下的超临界介质、微小尺度、流-热-固非线性耦合效应及强换热机理，以支撑紧凑密集毛细管束式预冷器流动换热性能预测模型的构建。同时，燃料换热预冷技术仍面临在高马赫数条件下预冷所需燃料消耗高于燃烧所需，造成燃料浪费，导致发动机比冲降低。预冷器的压降与换热性能存在矛盾，在换热和压降性能同时约束下，导致预冷器结构尺寸偏大。此外，预冷器在畸变来流下的流动换热性能，预冷器产生温度压力畸变的机理、大小及其对空气压气机性能的影响规律尚不明确；不能支撑预冷器与进气道及压气机的匹配设计。因此，如何进一步发展高效预冷技术，迫切需要对紧凑空间极端热环境中强各向异性多尺度流动与换热耦合机理、畸变来流下预冷器的流动换热特性、预冷器流动换热畸变生成机理及其对压气机性能的影响机制等基础科学问题进行深入研究。此外，通过高效预冷可降低发动机热防护难度，提升热防护效率，支撑高超声速航空发动机的精细化热管理。

（二）热防护

高超声速航空发动机承受很高的热流密度，必须进行热防护。如果完全采用被动热防护，则防护材料重量巨大，而且能量得不到有效利用，是不可接受的。有必要采用主动冷却技术弥补被动热防护的缺陷，并对热能加以利用，实现"变害为宝"。主动冷却技术有多种形式，主要包括再生冷却、气膜冷却与发汗冷却等。对主动冷却技术的要求也从热阻隔、热耗散朝热利用的方向发展。

（1）再生冷却利用飞行器自身携带的吸热型碳氢燃料作为冷却剂。燃料在冷却通道内以超临界压力流体状态对高温部件进行冷却，同时在高温下发生吸热裂解反应，生成复杂的低碳产物，之后进入燃烧室进行燃烧。再生冷却节省了额外冷却剂，并使得燃料在燃烧前得到充分预热，热裂解生成的低碳产物相比初始状态下的燃料具有较好的燃烧性能。超临界压力碳氢燃料在尺度为数十微米到数毫米的再生冷却通道内进行对流换热，其对流换热能力直接关系到再生冷却的性能。然而，当流体在超临界压力状态时，其热物性随温度和压力出现剧烈的变化，甚至出现严重的换热恶化现象，并引发冷却通道失效。在再生冷却通道内，超临界压力碳氢燃料剧烈的变物性还可造成系统的不稳定与振荡。在振荡发生时，流体温度、壁温、压力等均随之波动，给系统造成冲击与热应力，严重时将破坏管路结构，引起严重事故，流动换热不稳定和振荡带来的热-流-力-振动多因素耦合极端边界条件给高超声速航空发动机再生冷却设计带来了重大挑战。特别地，吸热型碳氢燃料在再生冷却通道内吸热并达到一定温度后，将发生热裂解反应，并形成数百种到上千种裂解产物，同时产生化学吸热。强过载条件及高温高压的工作环境，耦合吸热型碳氢燃料在超临界压力状态下的复杂物性，使得换热规律更加复杂。因此，理解和掌握多因素影响下的超临界压力流体在微细通道内的对流换热规律，对于再生冷却的设计和研究具有重要的理论指导意义。基于高超声速航空发动机的技术特征和需求，围绕再生冷却技术基础问题进行深入研究，揭示浮升力、流动加速、过载等因素影响下的超临界压力碳氢燃料对流换热机理、超临界压力碳氢燃料对流换热不稳定性机理、超临界压力碳氢燃料热裂解结焦及其与对流换热的耦合影响机理，进一步发展提升再生冷却设计效率、精度、性能，控制甚至消除换热恶化、系统不稳定等负面因素的新理论和新方法，具有重大的理论意义和工程意义。

（2）气膜冷却作为一种有效的冷却方式在航空发动机中得到广泛应用。国内外对亚声速状态下气膜冷却的研究已较为广泛，但对超声速气膜冷却的研究则明显不足。超声速流动中的可压缩效应显著强于亚声速流动，此时湍流耗散等流动损失对传热的影响明显加强。在高速流动中，可压缩效应对气膜冷却中各种典型涡结构的影响规律仍不明确，许多低速气膜冷却技术的准则关联式在应用于强可压缩流中出现较大偏差。激波系在通道内不断发生反射，进而和壁面冷却气膜发生多次相互作用，在使冷却效率大幅降低的同时增大了预测的难度，给冷却系统设计工作带来了极大的挑战。在发展高效气膜冷却结构的同时降低激波损失，是自主发展高超声速航空发动机必须攻克的关键技术。航空发动机中流场结构的复杂性、激波与气膜出流的相互作用等现象，使得超声速气流中的气膜冷却面临的研究难点更多。开展跨声速主流情况下尤其是存在激波干扰工况下涡轮叶片气膜冷却的传热和流动机理研究十分重要。

（3）发汗冷却具有冷却效率高的特点，是实现超燃冲压发动机极高热流密度壁面有效防护的重要技术。发汗冷却可分为相变材料自发汗冷却和受迫发汗冷却。受迫发汗冷却通过压力差将冷却流体通过发汗冷却结构壁面，是超燃冲压发动机热防护的主要技术方向，其发汗冷却结构主要包含层板材料结构、烧结多孔结构和陶瓷基复合材料等。冷却剂为气体或液体以单相或相变通过复杂多孔结构带走热量，并在高温壁面上形成均匀的冷却流体薄层，削弱高温主流与壁面的传热。气体和相变发汗冷却机理复杂，而且受实际过程中激波、高热流、狭小空间结构等与外流掺混的影响，发生发汗冷却的迟滞和振荡现象，为发汗冷却设计带来了重大挑战。随着复合多孔材料体系的不断发展，采用复合材料作为发汗冷却多孔结构的需求越加迫切，然而微纳孔隙组成的不均匀复合材料的发汗冷却机理和规律尚不清晰，严重阻碍了新型材料在高效热防护技术中的应用。因此，基于实际高热流表面结构特征和外流实际需求，围绕金属和新型复合材料开展发汗冷却基础问题的研究，揭示复杂热环境、实际激波入射对发汗冷却效率的影响机理，获得发汗冷却的迟滞和振荡规律，探索无泵驱动的自抽吸发汗冷却技术并进一步提升发汗冷却能力，是关键的基础问题。

综上所述，高超声速极端且复杂的热环境条件会引起流体的强变物性、温度场/速度场等参数的强各向异性以及热系统的高动态性，导致多尺度流动-热结构间的耦合作用机制更复杂，极端条件下热防护冷却技术的基础理论、试验测量和数值模拟方法等成为重要的基础问题，需要进一步重点认识极端条件下各类冷却技术的应用边界与复合方法，以及其与高性能复合热防护材料的一体化设计研究、高超声速复杂热环境耦合传热传质机理及强扰动条件下的热防护调控机理和规律，建立超声速、过载、旋转等复杂条件下复杂结构中流体相变换热、超临界流体对流换热的预测模型和方法。

（三）能量管理

热利用式主动冷却技术的基本思路是将飞行过程中产生的大面积气动热加以利用，一方面可以对飞行器形成有效的热防护；另一方面建立高效的热电转换装置，将热量转换为电能供飞行器使用，形成了把热能、机械能、电能进行统筹考虑的综合能量管理系统。

高超声速航空发动机综合能量管理技术具有多方面技术优势，越来越受到世界各国的重视。高超声速航空发动机热流大，热防护部件温度高，工质可被加热到较高温度，能量品位高，热利用潜力大。高超声速飞行器长时间航行需要更多、更充足的电力，常规采用蓄电装置供电的方式已不能满足电力需求，而采用循环式主动冷却技术后，被加热的工质可用于发电，为高超声速飞行器提供了充足的电能。

现有的热电转换技术主要可分为两大类：直接转换类和循环类。在直接转换类技术中，发展最成熟的是半导体温差发电技术，其理论基础是塞贝克效应（Seebeck effect），当半导体两侧存在温差时，回路内将产生电流，但目前直接转换类技术的效率普遍处于6%～11%，发电效率偏低和成本偏高在一定程度上限制了其使用范围。碱金属热电转换技术是以钠等碱金属为工作介质，利用固体电解质对碱金属离子的选择透过性，以热再生浓度差电池为工作原理的热电转换技术。该技术的优点是无运动部件、无噪声且发电效率可超过30%，主要缺点是很难制作出能够长时间工作且性能不衰退的固体电解质材料。

循环类技术是得到最广泛应用的热电转换技术，在各种循环类技术中，斯特林循环（Stirling cycle）理论上可以达到卡诺循环（Carnot cycle）的热效率，但存在功率密度低、膨胀室和蓄热器等关键部件的制作成本高、密封件的可靠性和寿命低等问题，目前还不具备广泛使用的条件，仅在特殊用途设备上使用。兰金循环（Rankine cycle）在中低温热源的利用上性能优异，在美国、欧洲、日本等发达国家和地区很早就有应用，并且关于兰金循环及其衍生循环的相关研究非常丰富，目前已经形成了比较成熟的技术。布雷顿循环多用于燃气轮机相关领域，与兰金循环相比具有部件结构简单、技术成熟的优势。近年来，随着热源温度的不断升高，超临界循环由于更好的冷热源匹配性受到广泛关注，尤其是超临界二氧化碳布雷顿循环，具有系统整体结构紧凑、与冷热源匹配性好、循环效率高等优点，有望成为高超声速飞行器综合热管理技术的主要方法，可用于解决特种装备热防护难度大、持续供电困难以及系统总重量大等关键问题。

综上所述，高超声速航空发动机（如涡轮冲压组合发动机、涡轮火箭冲压组合发动机、强预冷发动机等）的综合能量管理技术的系统性研究还十分缺乏，急需开展科学问题攻关。

四、材料制造与结构强度一体化

高超声速航空发动机部件在工作状态下承受非常复杂的气动热、气动力和燃烧热载荷的联合作用，为了使高超声速飞行器获得高机动性、大推力重量比和长航程，必须对高超声速航空发动机的热结构进行轻质、高性能和可靠结构一体化设计。结构强度是保证发动机安全的关键，材料制造与结构强度一体化是发动机减重增效的基础。一代动力、一代材料，发展极端服役环境下可重复使用、抗氧化性能好且能满足结构高强度要求的轻质耐热材料设计方法，材料制造与结构强度一体化技术，多物理场耦合的强度设计方法，对实现高超声速航空发动机安全、高效运行至关重要。在马赫数 6～8 状态下，发动机流道中的热气流温度达 2000～3000 K，而且燃烧产物中含有较高浓度的二氧化碳/一氧化碳等，材料氧化问题突出，同时还要承受热应力、气流冲蚀、气动力和噪声载荷等，长时间交变力热环境下的结构腐蚀疲劳问题突出，多次重复使用难度很大。

陶瓷基复合材料具有优良的防/隔热性能、高强度、耐冲刷等一系列优点，成为高超声速航空发动机高温区所用的主要热防护材料。虽然陶瓷基复合材料防热结构的研究已经取得了划时代的进步，但是陶瓷基复合材料本身还存在脆性、抗氧化性能差、抗损伤能力弱、维护成本高和更换周期长等诸多问题。此外，随着航空发动机推力重量比要求的不断提高，涡轮叶片将承受更高的温度与更大的载荷，涡轮基组合循环（turbine based combined cycle，TBCC）发动机叶片材料多采用镍基单晶高温合金。相较于使用传统高温合金作为发动机涡轮叶片材料，选用镍基单晶高温合金能够大幅提升涡轮进口温度。然而，镍基单晶高温合金的工作温度仍需进一步提升，叶片涂层材料和喷涂技术亦急需进一步发展。为此，需要开发新的被动和主动热管理-涂层-材料一体化设计和制造方法，在热工程设计、先进计算材料开发、材料体系设计、制备和测试（包括耐高温金属、陶瓷及其复合材料）等方面寻求突破。

高超声速航空发动机的核心部件多服役于苛刻环境，一般具有超强承载、极端耐热、超轻质化和高可靠性等特点。受材料、结构和工艺等多重因素耦合的影响，这些部件的设计与制造应重点关注以下两方面的问题。一是材料分布和多尺度结构特征对构件性能的耦合影响规律复杂，导致构件材料与结构匹配的性能设计困难。须研究苛刻服役环境下高性能构件多尺度性能表征建模及材料-结构与性能的映射规律，还须建立宏观结构和微观结构构型与材料分布的跨尺度拓扑优化设计新方法。例如，采用高温合金蜂窝复合结构实现高超声速航空发动机的次承力/次承热结构轻质化与热防护设计，须对高温合金蜂窝复合结构进行拓扑参数的选择与设计，研究胞孔形状、胞孔大小和壁厚等胞孔形态对蜂窝结构的比强度、比刚度和传热性能的影响。二是传统设计方法和制造工艺的约束，导致复杂构件整体制造困难，材料制造与结构强度一体化是解决上述问题的有效途径。通过材料与结构的匹配优化设计，从宏观和微观多尺度发掘材料与结构的潜力，突破现有设计极限。高超声速飞行器的设计要兼顾质量、有效载荷、气动、热防护、一体化设计等一系列要求，可能采用比传统发动机部件更复杂的结构。目前，传统方法无法加工高超声速推进系统需要的特殊材料和异型复杂组件，而增材制造技术凭借其在复杂结构设计与制造以及快速、整体制造方面的优势成为解决这一问题的关键。增材制造技术在复杂形状复合材料加工及快速成型上的优势，能进一步促进陶瓷基复合材料功能梯度材料、金属基复合材料等在高超声速航空发动机上的应用。目前，增材制造技术在高超声速领域的应用仍然存在诸多有待发展和改进之处，如释放适用于常规制造的设计建模工具及传统设计经验的束缚、构建微尺度材料物理学控制体系、创新材料检测鉴定方法与技术、发展集成更多可制备的元素材料等。

严苛的气动热、气动力、噪声、振动等多场耦合环境给高超声速航空发动机轻质、功能一体化结构强度带来了严峻挑战，已成为影响发动机研制成败的关键因素。发动机热结构除具有高度可重复使用、全寿命成本低、结构模块化、全天候、易检查维护等特点外，还应具有与主体结构相近的热膨胀特性、易于一体化设计、具有强韧性和耐冲击性、可进行损伤容限设计等特点。高温、流动、噪声、低氧、低气压等多场耦合环境下热结构变形协调、刚度匹配、密封性能、连接可靠性和疲劳失效等是其中的关键问题。热–流–力–振动–噪声形成的强多场耦合以及强瞬态特性等极端条件，给高超声速航空发动机的结构和强度设计带来了巨大挑战。基于传统的强度校核设计方法，难以满足高超声速航空发动机结构的极端服役性能要求，急需创新发展耦合结构和强度的一体化设计制造方法。涉及热–力–噪声–振动–结构的多场耦合分析技术是复杂服役环境下结构强度设计与考核的重要手段，并且在经济成本、时间成本和充分性等方面具有常规方法所不具备的优势。目前，多物理场耦合的强度设计仍有诸多问题急需解决，是我国高超声速航空发动机研制过程中必须攻克的一个难题。

目前，高超声速航空发动机在这一领域面临的科学挑战可归纳为：发展更高服役温度的材料与结构，发展复杂高效冷却结构，结构拓扑先进制造技术，设计制造高温轻质结构，极端条件多场耦合新的强度设计理论。

第三节 战 略 价 值

高超声速航空发动机是高超声速飞机研发中尚未解决的关键问题之一，

决定了高超声速飞机研发能否成功。高超声速航空发动机还可作为第一级动力，支撑空天飞机、可重复适应航天运载系统发展，是世界科技强国和航空航天强国的重要标志。国际上主要国家制定的高超声速技术发展规划基本上都是"三步走"模式：第一步是高超声速导弹，当前已经有所突破；第二步是发展高超声速飞机和吸气式空天往返运输系统，高超声速飞机 2 h 全球到达，将如高速铁路一样改变人们的生活；第三步是以高超声速飞行器为基础的二级入轨系统将极大地降低入轨成本，具有很强的商用前景。高超声速平台是快速投送和打击的利器，军事应用前景广阔，宽域高超声速冲压发动机及其组合动力是核心。

美国国家航空航天倡议、美国国家航空航天局空天推进系统技术路线图、美国空军高超声速技术发展路线图主要包括 2008 年初国防部联合高超声速技术转化办公室（Joint Hypersonic Technology Transformation Office，JHTO）与国防研究与工程局（Defense Research and Engineering Agency，DR&EA）联合制定的《国防部高超声速计划路线图》、2010 年 5 月空军发布的未来 20 年发展战略和指导其科学技术发展的纲领性文件《技术远景 2010—2030》、2014 年 11 月 AFRL 公布的《高超声速技术路线图》，都明确规划了高超声速航空发动机相关研发内容。2019 年年底，美国正式通过《2020 财年国防授权法》，批准国防部斥资 1 亿美元成立联合高超声速技术转化办公室与高超声速研究和人才队伍发展大学联盟，旨在整合各界力量加速美国国防部高超声速能力的发展。2020 年 4 月，联合高超声速技术转化办公室正式成立，负责应用高超声速联盟的建立工作。2020 年 10 月，高超声速技术转化办公室邀请得克萨斯农工大学建立和管理一个应用高超声速技术的大学联盟，并在未来 5 年的时间里，每年向其支付 2000 万美元的研究经费。

美国、俄罗斯、日本以及欧洲国家等围绕高超声速航空发动机进行了大量研究，但是其研发进度一直难以匹配预期，是久攻未克的重大难题。该技术一旦实现突破，将会引起空天装备和民用航空的重大变革，并且形成技术不对称优势。

我国对高超声速航空发动机技术的研究起步比较晚，早期投入力度不足，技术积累相对较弱，并且技术力量分散。目前，急需系统梳理现状，并且统筹规划发展，赶上国际先进水平，以支撑世界科技强国和航空航天强国建设。

综合分析国际上的发展现状和趋势，可以将发展高超声速航空发动机的战略价值总结为三个方面的需求：高超声速飞机、空天飞机和低成本可重复使用航天运载系统。

一、高超声速飞机的动力需求

早期的高超声速飞机概念主要来源于各种空天飞机研究计划。1986年2月，美国总统里根在国会演讲时提到了"东方快车"，这是一种飞行速度高于5倍声速的高超声速飞机概念，目的在于执飞跨太平洋的商业航班。当时人们对"东方快车"与 DARPA 提出的单级入轨"铜谷"计划有点混淆不清，直至里根政府宣布将联合国防部和 NASA 组建国家空天飞机（National Aero-Space Plane，NASP）计划，人们才明白这种高超声速飞机概念实际上就是 NASP 计划的重要组成部分。

NASP 计划下马后，美国调整了高超声速研究的战略目标，将进入太空的高超声速飞行器作为长远战略应用，近期的战略研究重点是获得一种执行全球快速侦察和打击的高超声速情报、监视及侦察（intelligence,surveillance and reconnaissance，ISR）飞机。为此，美国于2003年启动了 FaCET 计划，试图研制一种高超声速巡航飞行器（hypersonic cruise vehicle，HCV）。不过，FaCET 计划吸取了 NASP 计划技术过于激进的教训，没有直接上马全尺寸的高超声速巡航飞行器，而是提出几种小型飞行器（如 HTV-1、HTV-2、HTV-3X）用来降低 HCV 的技术风险。其中，HTV-1 和 HTV-2 都需要用火箭助推到高超声速，HTV-3X 的原代号为 HTV-3，采用组合循环推进系统后改名为 HTV-3X。

2008年，美国《国防部高超声速计划路线图》中的关于打击/持久作战路线图部分明确指出，美国将研制 TBCC 发动机的高超声速巡航飞行器这种技术产品，以支持远期设想的可重复使用高超声速打击平台的建设。同时，该路线图的未来潜在演示验证项目中也包括了 HTV-3X 项目，旨在对一种飞行速度高达6倍声速的飞机进行重复性的飞行演示验证，但由于预算不足，HTV-3X 项目于2008年被美国空军和 DARPA 取消。2010年5月，美国空军发布了未来 20 年发展战略和指导其科学技术发展的纲领性文件《技术远景 2010—2030》。在此文件的支持下，洛克希德·马丁公司"臭鼬工厂"（Skunk Works）于 2013 年 11 月 1 日对外宣布将研制 SR-72 高超声速飞机，该飞机在动力系统方面沿袭了 HTV-3X 项目的研究成果，采用可控低阻气动布局，能够稳态地完成从起飞、亚声速、跨声速、超声速到高超声速的飞行，飞行速度可达 6 倍声速。在动力系统方面，SR-72 主要利用 FaCET 计划和 MoTr 计划的研究成果，采用涡轮基组合循环发动机加速至马赫数 3，然后动力转换为超燃冲压发动机，推进飞行器达到马赫数 6。2014 年 11 月，美国空军研究实验室又公布了《高超声速技术路线图》，将全球一体化的情报、ISR 能力作为其未来追求的 12 项核心能力之一，对应高超声速飞机的项目为"快速战场情报、监视及侦察/打击系统"。2014 年 12 月，NASA 分别授予洛克希德·马丁公司和航空喷气-洛克达因（Aerojet Rocketdyne，AJRD）公司两个关于 TBCC 发动机组合动力共计 200 万美元的研究合同，意味着美国政府已经承认了洛克希德·马丁公司提出的 SR-72 概念，并给予了资金支持。SR-72 高超声速飞机想象图及 TBCC 发动机示意图见图 1-2。

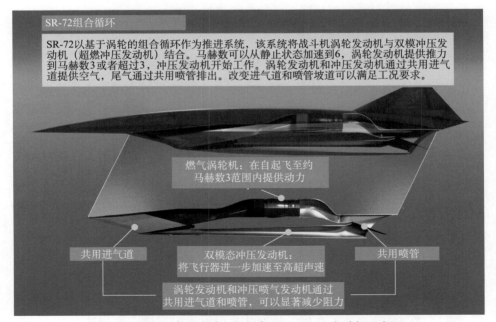

图 1-2　SR-72 高超声速飞机想象图及 TBCC 发动机示意图

在高超声速飞机研制方面，美国除了洛克希德·马丁公司提出的 SR-72 概念机设想采用 TBCC 发动机作为其动力系统外，波音公司早在 2007 年也启动了一个保密性特别强的 MANTA 计划，旨在发展具备 ISR 打击能力的新型临近空间高超声速信息作战平台，也拟采用涡轮基双模态冲压发动机相组合的高超声速系统。除了军事应用外，近年来欧洲国家和日本在民用领域也加大了高超声速飞机的研究力度。其中，最著名的研究计划为欧洲的长期先进推进概念和技术（Long-term Advanced Propulsion Concept and Technology，LAPCAT）计划和日本与欧洲联合研制的未来空中运输机研究与创新合作高速关键技术计划（HIKARI 计划）。这两个计划在动力方面都是考虑组合式高超声速航空发动机作为动力系统的。

二、空天飞机的动力需求

空天飞机自概念提出以来就一直将吸气式组合发动机作为其动力的首选，高超声速航空发动机可以作为第一级动力，支撑空天飞机的发展。20 世纪 50 年代，美国提出空天飞机的概念，并启动了高超声速技术的研究。20 世纪 60 年代，美国空军的空天飞机计划正式实施，提出利用涡轮冲压组合发动机作为动力的方案，自此高超声速航空发动机开始受到高度关注与研究。

1975 年，由于航天飞机的运行成本偏高，所以 NASA 开始探索研究航天飞机的替代方案。这项研究论证任务由其下属的兰利研究中心承担，在考虑单级入轨火箭动力运载器概念的同时，提出了在第一级采用吸气式发动机作为动力的两级入轨概念器。进入 20 世纪 80 年代，各航天大国高度关注空天飞机项目，纷纷启动了一系列的空天飞机研究计划，包括 1983 年英国提出的"霍托尔"（HOTOL）水平起降单级入轨空天飞机研究计划、1984 年 DARPA 提出的"铜谷"计划、1985 年德国提出的研究两级入轨空天飞机的"桑格尔"（Sanger）计划、1986 年美国正式提出的 NASP 计划。

进入 21 世纪后，2001 年 NASA 与美国国防部提出了国家航空航天倡议，规划了近期、中期、远期三期战略目标。其中，中期战略目标为发展能够实现全球到达的高超声速轰炸机，远期战略目标为瞄准低成本和进入太空的可重复使用运载器。基于此背景，军用空天飞机的研制也被提上了议事日程，并于 2002 年启动了组合发动机部件发展计划,探索了几种组合循环概念在空天飞机中的可用性及可行性。

三、低成本可重复使用航天运载系统的动力需求

美国的航天飞机拉开了可重复使用航天运载系统的序幕,但是这种可重复使用航天运载系统使用火箭发动机来提供动力,因而在飞行过程中需要携带大量的燃料和氧化剂,运行成本较高。因此,美国一直在探索研究低成本的可重复使用航天运载系统,并提出了两种可能的方案:一种是开发先进的运载火箭,使其具有可重复使用性;另一种是最大可能地利用大气中的氧气,大幅降低氧化剂的携带量。实现第二种方案的最佳途径就是开发高超声速航空发动机,在不同飞行速度区间使用不同的动力系统,发挥各种动力系统的优势,使整个航天运载系统高度可重复使用,从而降低成本。

进入 20 世纪 90 年代,国际空间站计划对高度可重复使用的航天运输系统提出了明确要求。为了解决低成本运输的相关技术难题,NASA 资助了许多研究计划。其中的一个重要研究计划就是高度可重复使用的航天运输计划,即高度可重复使用空间运输(Highly Reusable Space Transportation,HRST)计划;另一个较重要的计划是先进可重复使用运输技术(Advanced Reusable Transportation Technology,ARTT)计划。ARTT 计划从概念上定义了使用火箭冲压组合高超声速航空发动机作为动力,最终目标是使有效载荷运输成本降低 100 美元 / 磅。

20 世纪末期,美国提出了先进可重复使用空间运输技术计划(Advanced Reusable Space Transportation Technology Program,ARSTTP)。该计划也称为先进空间运输计划(Advanced Space Transportation Program,ASTP),目的是提高第三代可重复使用空间飞行器的性能,降低发射和维护费用,努力实现航天运输班机化,整个计划主要由 NASA 马歇尔航天飞行中心负责,分三个阶段进行,重点针对组合式高超声速航空发动机开展研究工作。进入 21 世纪后,低成本可重复使用航天运载系统对组合动力的需求越来越大。

2002 年 11 月,美国下一代运载技术(Next Generation Launch Technology,NGLT)计划推出后,ASTP 发展成 NGLT 计划的一个子计划。NGLT 计划

的研究重点是进行技术研发，提高下一代航天运载器的安全性和可靠性，降低总体成本。NGLT 计划在推进技术方面安排了 7 个研究项目，其中包括两个专门进行组合推进技术的项目，还有一个归属于吸气式推进的运载系统技术项目也涉及组合推进的研究，即可重复使用组合循环飞行演示（reusable combination cycle flight demonstration，RCCFD）验证项目。

2001 年，NASA 和美国国防部联合发起旨在确保美国在空天技术领域领导地位的 NAI，NGLT 计划对其三大支柱研究方向中的两大研究方向进行了支持，即太空进入技术和高速 / 高超声速技术。其中，太空进入技术将对可响应、安全、可靠及可承担的太空往返技术进行研发与演示验证，重点突出了低成本可重复使用航天运载系统的研制。2006 年，NASA 启动基础航空计划（Fundamental Aeronautics Program，FAP），其高超声速项目组对一种高可靠性、可重复使用的运载系统进行了大量基础研究。该运载系统采用组合循环的吸气式推进装置作为动力，以支持利用一种吸气式运载器的概念进入太空。

第二章

高超声速航空发动机技术的
发展现状与趋势

第一节 发 展 现 状

高超声速飞机、空天飞机和重复使用航天运输系统对动力系统提出了水平起降、极宽速域和极宽空域工作、高比冲、大推力、结构紧凑、重量轻、可重复使用等极高要求。目前，传统的涡轮发动机、冲压发动机和火箭发动机等单一动力无法满足这一要求，如图 2-1 所示，涡轮发动机性能高，但高度在 20 km 或马赫数 3 以上时很难用作推进装置；冲压发动机有较高的飞行马赫数，但需要助推加速解决低速起动的问题；火箭发动机虽不受高度和速度的限制，但比冲较低。因此，不同动力形式的组合是高超声速航空发动机的必然趋势。高超声速航空发动机由涡轮发动机、冲压发动机、火箭发动机中的两种或两种以上类型通过结构、热力循环、工作过程有机组合而成，能够发挥不同类型发动机的优势，兼具工作包线宽、经济性好的特点。

典型的高超声速航空发动机包括：TBCC 发动机、涡轮 / 火箭基组合循环

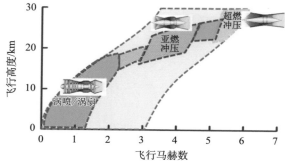

图 2-1　典型航空发动机的工作速域示意图

（turbine/rocket based combined cycle，T/RBCC）发动机、空气涡轮火箭（air turbo rocket，ATR）发动机、强预冷发动机等。强预冷发动机实际上是一台考虑了冷却循环的高马赫数涡轮发动机，既可组合成 TBCC 发动机，也可组合成 ATR 发动机，还可组合成 T/RBCC 发动机，由于其研究成果在近期引起了较大关注，所以将其单独归为一种类型，如图 2-2 所示。

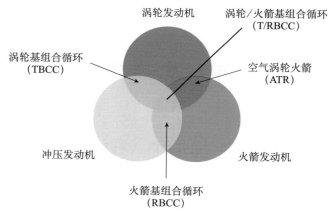

图 2-2　典型组合循环高超声速航空发动机方案

　　除了上面集中广泛研究的高超声速航空发动机之外，国际上还在探索一些新的技术途径，例如，2020 年 3 月，美国加利福尼亚州的初创公司——Hyper Space Propulsion 公司声称其正在开发一种名为"高超声速混电超导冲压磁流体"（hypersonic hybrid superconducting stamping magnetic fluid，Hyscram）发动机的创新型组合动力概念，如图 2-3 所示，在传统 TBCC 发动机的基础上融合了超导电力、磁流体力学等技术，提供了一种实现从静止起动到马赫数 8 以上的动力方案。Hyscram 的"涡轮"（即核心机）部分是一个配置磁悬浮风扇、压气机和涡轮机的涡扇发动机，并在轴向配置了一系列超导发电机。Hyscram 发动机的"冲压"部分是环绕在核心机外围的 9 个亚燃 / 超燃双模态冲压发动机。通过一个可调节进气锥或中心锥来调节进入亚燃 / 超燃双模态冲压通道的空气量，可以根据飞行条件前后移动锥体。进气锥采用电力驱动，当移动到最前端时，气流被引导到亚燃 / 超燃双模态冲压通道；当进气锥缩回时，大部分气流被分流到产生电力的涡轮核心机。该方案在原理上有创新性，但是尚未进行大量的试验验证。

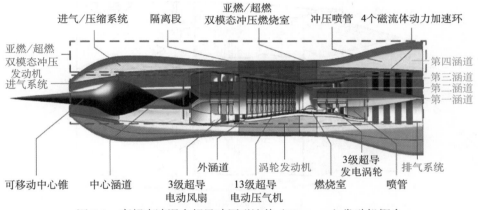

图 2-3　高超声速混电超导冲压磁流体（Hyscram）发动机概念

第二节　涡轮冲压组合高超声速航空发动机

一、发展概况

（一）典型类型

TBCC发动机是指以涡轮发动机为基础，与冲压发动机组合而成的动力系统。TBCC 发动机按照布局形式和工作方式不同可分为串联式 TBCC 发动机和并联式 TBCC 发动机。

串联式 TBCC 发动机由涡轮发动机后部串联一个亚燃冲压燃烧室构成，示意图见图 2-4。串联式 TBCC 发动机的工作过程主要经历三种工作模态：

①涡轮工作模态，冲压通道关闭，涡轮发动机单独工作；②涡轮冲压共同工作模态，冲压通道逐渐打开，涡轮通道逐渐关闭，涡轮发动机和冲压发动机同时工作；③冲压工作模态，涡轮通道关闭，冲压发动机单独工作。串联式TBCC发动机方案与常规加力涡喷发动机的区别在于：其后燃烧室既可作为加力燃烧室工作，也可作为冲压燃烧室工作，称为加力/冲压燃烧室，也有文献称为超级燃烧室，是串联式TBCC发动机的关键技术之一。

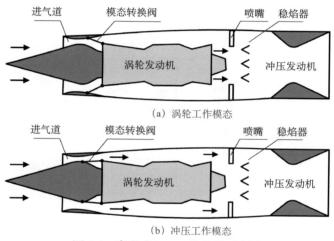

（a）涡轮工作模态

（b）冲压工作模态

图 2-4　串联式 TBCC 发动机示意图

　　串联式TBCC发动机具有迎风面积小、结构紧凑、重量较轻、便于安装、技术相对成熟等特点，但两种不同类型发动机的共用流道部分较多，相互间的控制和协调工作问题变得十分复杂，尤其是在模态转换阶段，加力/冲压燃烧室的工况变化范围大，很容易造成振荡燃烧，并引发涡轮发动机的喘振，影响发动机工作的稳定性。因此，为了适应大范围工作的需要，一般采用可变循环涡轮发动机技术。在飞行速度高于4倍声速后，来流速度、温度提高，涡轮发动机的工作特性迅速恶化，性能急剧下降，对转子结构、滑油系统等造成了重大影响。当飞行速度接近5倍声速时，涡轮发动机已经无法正常运转。因此，串联式TBCC发动机的工作极限一般认为不超过马赫数5，要实现更高的飞行速度，就必须将涡轮发动机和高温高速来流进行有效隔离。

　　并联式TBCC发动机将涡轮发动机和冲压发动机分开放置，主要包括上下并联式、水平并联式等并联方案，其中上下并联式为主流构型方案。在该方案中，涡轮发动机位于组合发动机的上半部分，冲压发动机位于组合发动机的下半部分，二者共用进气道和喷管，进气道和喷管均为可调结构。图 2-5 为典型的上下并联式 TBCC 发动机示意图，其工作过程主要经历三种工作模态：①涡轮工作模态，冲压通道处于通流状态，涡轮发动机单独工作；②涡轮冲压共同工作模态，涡轮发动机逐渐关机，冲压发动机点火起动，涡轮发动机和冲压发动机同时工作；③冲压工作模态，涡轮通道关闭，冲压发动机单独工作。

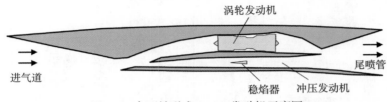

图 2-5　上下并联式 TBCC 发动机示意图

并联式 TBCC 发动机具有控制相对简单、可采用常规涡轮发动机等特点。尤其是在涡轮发动机流道关闭后，发动机处于纯冲压发动机状态，如果其冲压发动机采用亚燃 / 超燃双模态冲压发动机设计，则可以进一步将飞行速度提高到 6 倍声速以上，进入高超声速飞行状态。

并联式 TBCC 发动机也存在模态转换、结构复杂、空间尺寸大、与飞行器一体化设计困难等问题。并联式 TBCC 发动机的优点是综合比冲性能高，重复使用能力强；缺点是涡轮动力与冲压动力在模态转换时存在"推力鸿沟"，如图 2-6 所示。

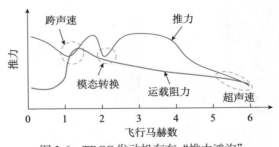

图 2-6　TBCC 发动机存在"推力鸿沟"

（二）发展历程

从 20 世纪 50 年代开始，美国、苏联（俄罗斯）、法国、英国、德国、日本等开展了大量的 TBCC 发动机基础和关键技术研究。国外 TBCC 发动机技术的发展主要经历了四个阶段，其主要研究计划如图 2-7 所示。

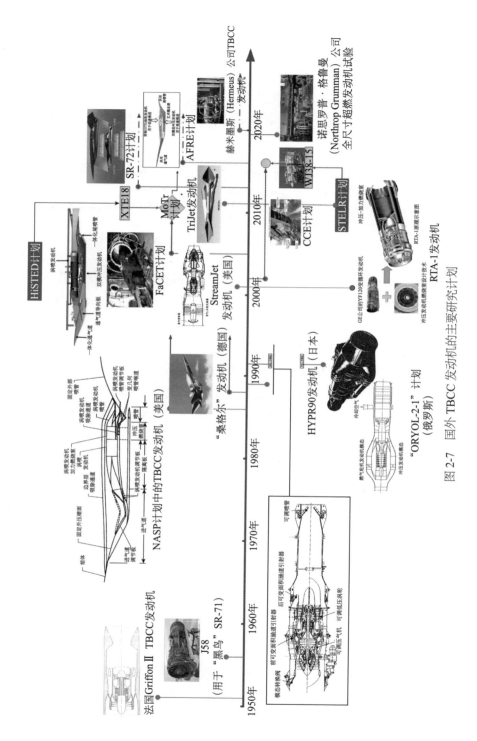

图2-7 国外TBCC发动机的主要研究计划

28

1. 1950～1970 年

这一阶段是 TBCC 发动机概念提出阶段，主要的应用需求是马赫数 3 高速飞机的动力系统。自 1951 年起，法国北方航空公司就开始了 TBCC 发动机的研究，并于 1957 年在 Griffon Ⅱ 飞机上完成了首次飞行，飞行速度达到了 2.19 倍声速，这是世界上第一个采用 TBCC 发动机的飞行器。该飞行器将涡扇发动机和冲压发动机以串联的方式组合到一起，形成自己的动力装置，成功验证了 TBCC 发动机的技术可行性。自此，法国基本上沿着涡轮冲压组合发动机的路线来进行组合发动机的研究。由于该公司在 TBCC 发动机领域取得的巨大成就，美国空军于 20 世纪 60 年代委托其进行了一系列串联式 TBCC 发动机的研究，为马赫数 0～4.5 的飞行器提供技术支撑。该公司先后为美国空军完成了基于前置风扇涡轮发动机的 X61 发动机、基于普拉特·惠特尼集团（Pratt&Whitney Group，PW）公司 JTF10 发动机的 X71 发动机、基于斯奈克玛（SNECMA）公司的 TF-106 Pegasus5，以及基于 PW 公司 TF-33-P7 的 X81、X91 和 X101 发动机等的方案设计和性能计算，进行了大量进排气系统和加力冲压燃烧室试验，如图 2-8 所示。

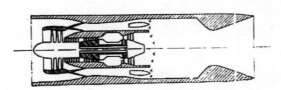

图 2-8　法国 TBCC 发动机示意图

美国于 20 世纪 60 年代研发了 J-58 发动机，并装备于 SR-71 "黑鸟" 高空高速飞机。该发动机为串联式 TBCC 发动机，通过在第四级压气机后开有 24 个内部旁路放气活门，在高马赫数时打开，使气流通过连接的 6 根粗管绕过后几级压气机、燃烧室和涡轮，从涡轮后流入冲压燃烧室。发动机工作的最大飞行速度达 3.3 倍声速，高度达 25 km，创造了燃气涡轮发动机的最高飞行速度纪录，其长时间巡航的飞行速度可以达到 3 倍声速，如图 2-9 所示。

20 世纪 70～80 年代，苏联中央航空发动机研究院对不同结构的 TBCC 发动机进行了广泛的计算和试验研究，主要有基于涡喷和涡扇发动机的串联式 TBCC 发动机、并联式 TBCC 发动机。试验用的 TBCC 发动机主要改装自 20 世纪 60～70 年代批量生产的 R-11-300 系列加力涡喷发动机、伊夫钦科 AI-25 涡扇发动机等。

压气机第四级后，高马赫数条件下打开，
气流直接流入加力燃烧室

图 2-9　J-58 发动机

2. 1980～2000 年

这一阶段是 TBCC 发动机技术发展阶段，主要的应用需求是空天飞机的动力系统，以美国 NASP 计划为代表的一系列空天飞机研究计划试图利用 TBCC 发动机作为大气飞行过程中的动力实现跨大气层飞行。TBCC 发动机的相关技术出现了第一轮研究高潮，取得了较大的发展，很多 TBCC 发动机技术都是在这一阶段提出并发展的。

1986～1995 年，美国开展了 NASP 计划，发展单级入轨（single stage to orbit，SSTO）的高超声速飞行技术，其推进系统分为高速（马赫数 6～25，超燃冲压发动机）和低速（马赫数 0～6，TBCC 发动机）两部分，除单级入轨飞行器外，还对各种衍生飞行器（马赫数 4、马赫数 5、马赫数 10、马赫数 20）的推进系统进行了研究。为降低技术难度，其低速推进系统采用上下并联式 TBCC 发动机，在马赫数 3 以下以涡轮模态工作，在马赫数 3 以上以冲压模态工作。由于技术过于激进，尤其是超燃冲压发动机技术没有取得突破，TBCC 发动机在空天飞机上的应用搁浅。NASP 计划中的 TBCC 发动机结构如图 2-10 所示。

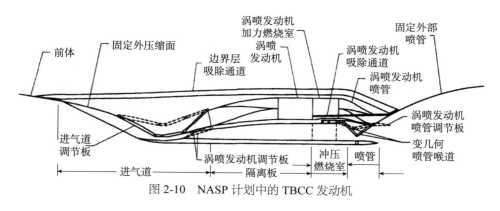

图 2-10　NASP 计划中的 TBCC 发动机

美国空军和 NASA 还联合开展了两级入轨（two stage to orbit，TSTO）飞行器 BETA 的研制，飞行器第一级使用上下并联式 TBCC 发动机，马赫数 0～3 发动机以涡轮模态工作，马赫数 3 以上发动机以冲压模态工作，如图 2-11 所示。为了提高发动机的跨声速推力，采用了变捕获面积进气道和变循环发动机设计，并在跨声速段使用了飞行器俯冲、发动机超转、喷水和冲压点火等技术。

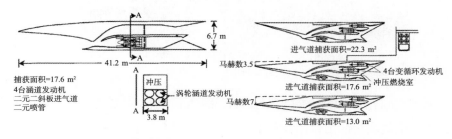

（a）涡轮模态工作方案　　　　　　（b）变循环发动机方案

图 2-11　BETA 飞行器采用的 TBCC 发动机

20 世纪 80 年代，英国提出"霍托尔"水平起降单级入轨空天飞机研究计划，进行了 RB545 型 TBCC 发动机的研究，1995 年，由于成本过大，该计划下马。20 世纪 80 年代中期，德国航天机构戴姆勒·克莱斯勒宇航（Daimler Chrysler Aerospace）公司提出了两级入轨空天飞机的概念，第一级采用的是以 TBCC 发动机为动力的"桑格尔"空天飞机（图 2-12），因而也称为"桑格尔"计划，是德国高超声速技术计划中研究两级入轨先进空间运输系统的计划。"桑格尔"计划中的 TBCC 发动机由德国发动机和涡轮联合有限公司研制，采用典型的前后串联布局，其冲压通道围绕涡轮发动机通道，并且在涡轮工作模态时完全关闭，涡轮冲压模态转换阶段的马赫数为 3.3～3.8。1987 年，德国政府决定开始全面资助"桑格尔"计划第二阶段的详细设计研究工作。1991 年，在各方面的支持下，欧洲第一台空天飞机用的涡轮冲压组合发动机在德国梅塞施密特·比尔考夫·布鲁姆（Messerschmitt-Bölkow-Blohm）有限公司成功进行了地面试车。由此，德国研究 TBCC 发动机的重点也放在涡轮冲压式 TBCC 发动机上，并且取得了一定的研究成果。

图 2-12 "桑格尔"空天飞机

欧洲空间局于 1994 年开展了未来欧洲空间运载工具研究计划,在该计划下,欧洲空间局与德国合作,利用德国在"桑格尔"计划中的大量研究成果,采用高度集成的吸气式推进系统,飞行器上下级将会在飞行速度为 4 倍声速时分离。推进系统的方案由德国发动机和涡轮联合有限公司完成,涡轮发动机采用低压比设计的双轴加力涡喷结构,最大工作马赫数为 4,进气道为几何可调两斜板结构和固定前缘设计,在超声速时,由进气道喉部面积和斜板位置确定捕获系数。

俄罗斯"奥缪尔"(ORYOL)计划启动于 1993 年,主要任务是确定可重复使用空间运输系统的研发策略,为 21 世纪可重复使用空间运输系统的研制积累科研经验和技术经验。"奥缪尔"计划的核心部分是研发高超声速单级入轨和两级入轨空天飞机组合推进系统两级入轨飞行器。其中,研制高超声速航空发动机的计划称为"ORYOL-2",中央航空发动机研究院(Central Institute Aviation Motors,CIAM)为最主要的承担单位。CIAM 联合俄罗斯重要的设计局、研究院所和大学,负责涡轮冲压组合发动机 TBCC 的研究,该计划的代号为"ORYOL-2-1",如图 2-13 所示。"ORYOL-2-1"计划中对应的单级入轨飞行器为 Tu-2000 改型,两级入轨飞行器集中到"MIGAKS"上。在"MIGAKS"上探索了并联式 TBCC 发动机和串联式 TBCC 发动机两种结构,分析了两种结构方案的优缺点,并得出了并联式 TBCC 发动机的结构方案比串联式 TBCC 发动机的结构方案更好的结论,因而在后续研究中主要倾向于并联式 TBCC 发动机。

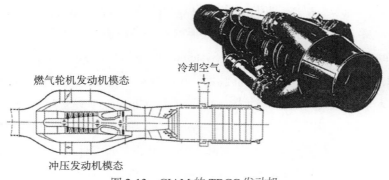

燃气轮机发动机模态

冷却空气

冲压发动机模态

图 2-13　CIAM 的 TBCC 发动机

1989 年，日本提出了高超声速运输机（Hypersonic Transport，HST）项目，其高超声速推进系统研究（Hypersonic Propulsion Research，HYPR）计划的首期目标是对 HST 所需的推进系统进行探索性研究，为飞行速度 5 倍声速以上的 HST 研制一种缩尺 TBCC 发动机。在马赫数 3 以下巡航时，以涡轮发动机形式工作；在马赫数 3 以上时，以冲压发动机形式工作，发动机工作模态转换为马赫数 2.5～3.0。HYPR 计划共论证了 12 种 TBCC 结构，最后选择了同轴串联组合发动机进行研究，共针对三个缩比为 1:10 的试验样机进行了研究，分别是高温核心机验证机、变循环涡扇发动机验证机（HYPR90-T）和组合循环发动机验证机（HYPR90-C），如图 2-14 所示。HYPR90 发动机是最早专为高超声速运输机设计并通过地面试验的 TBCC 发动机，证明了变循环的高马赫数涡轮发动机在低速段具有最优的推力重量比，具有工程可实现性。但是，由于技术难度太大，且涡轮发动机的工作马赫数不是很高，日本于 2003 年放弃串联式涡轮

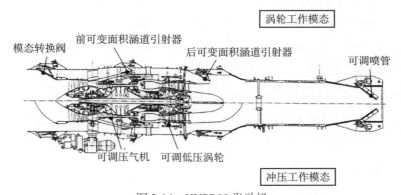

涡轮工作模态

模态转换阀　前可变面积涵道引射器　后可变面积涵道引射器　可调喷管

可调压气机　可调低压涡轮

冲压工作模态

图 2-14　HYPR90 发动机

33

冲压的变循环高速涡轮发动机方案，重点研究方向转为强预冷发动机。

1992 年，法国政府启动了为期 6 年的先进高超声速推进系统研究技术计划（Plan Avancé de Recherche sur les Systèmes de Propulsion Hypersonique Avancée，PREPHA），目的是通过地面试验验证马赫数 4～8 的超燃冲压发动机性能，为单级入轨的空天飞机提供动力。"小羚羊"（Chamois）超燃冲压发动机在马赫数 6 下进行了多次试验。1999 年，法国武器采购局决定延长 PREPHA 的研究工作，设立了为期 5 年的普罗米希（Promethee）研究计划，总投资 6200 万美元，探讨变几何亚燃 / 超燃双模态冲压发动机作为一种空射型导弹动力的可行性。

3. 2000～2010 年

这一阶段是 TBCC 发动机关键技术开发阶段，主要的应用需求是可重复使用运载器的动力系统。20 世纪 90 年代，国外主要的空天飞机计划相继下马。进入 21 世纪，美国启动革新涡轮加速器（Revolutionary Turbine Accelerator，RTA）计划、FaCET 计划、MoTr 计划等多个研究计划。

RTA 计划于 2001 年启动，主要目标是研制马赫数大于 5 的串联涡轮冲压组合发动机。RTA 计划分两个阶段进行，即 RTA-1 和 RTA-2。RTA-1 的主要目标是突破现有涡轮发动机的技术水平，研制马赫数 4 以上的先进涡轮发动机系统，主要任务是由 NASA 格林研究中心连同通用电气（General Electric，GE）公司设计一台涡轮冲压发动机的地面验证机，以验证涡轮工作模式向冲压工作模式转换的过程。RTA-2 计划综合利用 RTA-1 计划、IHPTET 计划、VAATE 计划以及超高效发动机技术（Ultra Efficient Engine Technology，UEET）计划的研究成果，研制出符合要求的 TBCC 发动机。

GE 公司在 YF120 变循环发动机的基础上，研制了马赫数 0～4 的中等尺度 RTA-1 发动机，其中马赫数 0～1.6 时发动机工作在单外涵加力涡扇状态，马赫数 1.6～2 时发动机工作在双外涵加力涡扇状态，马赫数 2～3 时由涡轮工作模式向冲压工作模式转换，马赫数 3～3.5 时发动机转子系统工作在慢车（或者风车）状态，马赫数大于 3.5 时完全处于冲压工作模式，如图 2-15 所示。

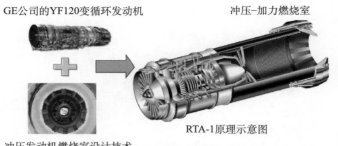

GE公司的YF120变循环发动机

冲压-加力燃烧室

冲压发动机燃烧室设计技术

RTA-1原理示意图

图 2-15　GEAE 的 RTA 发动机

FaCET 计划于 2003 年启动，主要针对 TBCC 发动机开展研究工作。该计划最初主要是论证 HCV 的推进风险问题，后来扩展到支持 HTV-3X 的可行性研究与概念设计，以及 MoTr 计划 TBCC 发动机地面试验发动机的研制。FaCET 计划对 HTV-3X 的 TBCC 发动机推进流道及相关部件（进气道、双模态冲压燃烧室及尾喷管）开展了大量分析研究和地面试验，形成了丰富的数据库，如图 2-16 所示。FaCET 计划还对双模态冲压发动机的燃烧室进行了地面试验。FaCET 计划分两阶段实施：第一阶段，对流道各部件进行单独的缩比试验，以验证各自独立的工作能力和性能；第二阶段，将这些部件集成为一个流道进行自由射流发动机试验。2009 年 5 月，FaCET 计划完成了马赫数 4 的自由射流发动机试验，如图 2-17 所示。

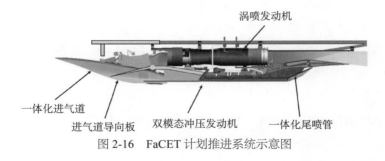

涡喷发动机

一体化进气道

进气道导向板　　双模态冲压发动机　　一体化尾喷管

图 2-16　FaCET 计划推进系统示意图

MoTr 计划于 2009 年 5 月启动，主要解决 FaCET 计划第二阶段存在的难题，因而面对的是 TBCC 发动机模态转换的问题。FaCET 计划在研究中没有包括真正的涡轮发动机，其所需的涡轮发动机气流是用一个空气引射器模拟的气流，MoTr 计划将在 FaCET 计划第二阶段的基础上添加一个高马赫数涡轮发动机对马赫数 0～6 的吸气式推进系统进行地面试验，以演示验证模态转

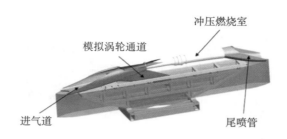

图 2-17　FaCET 计划在辅助动力与推力装置中进行的自由射流发动机试验

换的过程，即涡喷—冲压—超燃冲压转换过程，包括逆转换过程。

2005 年，为配合 FaCET 计划，美国启动了 HiSTED 计划，在该计划的支持下，罗罗公司和威廉姆斯国际（Williams International）公司开展了马赫数 3～4 的弹用一次性高速涡轮发动机研究。罗罗公司开展了 XTE18 高速涡喷发动机研究，威廉姆斯国际公司开展了 XTE88 高速涡扇发动机研究，其中 XTE18 是 YJ102 R 涡轮发动机的改进型，2009 年 1 月完成了初步测试，后被 MoTr 计划选中进行模态转换试验。由于高速涡轮发动机难度大，HiSTED 项目于 2008 年被终止。

欧洲正在开展的高超声速航空发动机系统研究计划主要集中在 LAPCAT 计划。LAPCAT 计划于 2005 年由欧洲空间局提出并启动，主要开展组合循环推进［含火箭基组合循环（rocket based combined cycle，RBCC）和 TBCC］的关键技术和飞行器概念设计。TBCC 的研究采用预冷涡扇冲压组合形式，研究目标是氢燃料马赫数 5 巡航、煤油燃料马赫数 4.5 巡航的可重复使用飞行器，动力系统选用 TBCC 发动机方案。

4. 2010 年至今

这一阶段是 TBCC 发动机技术集成验证阶段，主要的应用需求是高超声飞机的动力系统。这一时期，大量的 TBCC 发动机技术完成了地面和飞行试验验证。2008 年以后，美国的高超声速技术路线逐渐明确，TBCC 发动机技术逐渐转向以高超声速飞机的动力需求为牵引。尤其是 2010 年 X-51A 利用超燃发动机实现长达 100 s 以上的高超声速飞行以来，TBCC 发动机的曙光再度显现。美国空军和 NASA 在 FaCET 计划、MoTr 计划和联合循环发动机（Combined Cycle Engine，CCE）计划下完成了小尺度并联式 TBCC 发动机模态转换验证试验。2016 年，美国启动了 AFRE 计划，首次针对实用化高超声速飞机动力需求开展 TBCC 发动机系统地面集成验证。

　　NASA 在 FAP 的支持下开展了组合循环发动机大尺度进气道模态转换试验研究（2007 ～ 2013 年），如图 2-18 所示。试验在 NASA 格林研究中心的 3 m×3 m 超声速风洞中进行，重点研究了马赫数 4 状态下的模态转换，对马赫数 3 状态下的模态转换也进行了研究。通过试验掌握了模态转换过程的特性，获取了影响性能的因素，对主要参数进行了量化。试验分四个阶段开展，前三个阶段低速通道采用模拟涡轮发动机，第四阶段低速通道计划采用 WJ38-15 高速涡轮发动机，高速通道采用节流的方式模拟冲压发动机的工作反压。2015 年 5 月成功完成了一个完全自动的模态转换过程试验，并保持进气道起动。

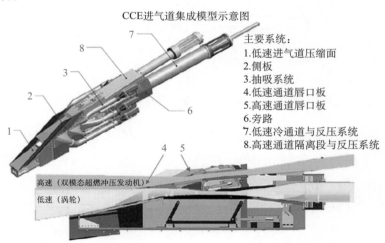

图 2-18　组合循环发动机大尺度进气道模态转换试验系统

STELR 计划于 2011 年启动，是 HiSTED 计划的后续研究计划，旨在研制马赫数 3 以上武器和飞行器的推进系统，分两个阶段开展验证工作。第一阶段主要是评估现有或新设计的硬件是否达到要求。第二阶段主要是验证发动机的耐久性、操作性，美国罗罗公司的自由工厂和威廉姆斯国际公司分别承担相关验证工作。STELR 发动机可持续以马赫数 2～3.2 运行，最终设计目标是希望该发动机能够以马赫数 3.2 运行 1 h 或是航程超过 3200 km。STELR 发动机的尺寸与 YJ102 R 发动机的相似，也没有加力燃烧室，但超声速的航程更远。由于在马赫数 3.2 时，STELR 发动机的进口温度达到 699 K，所以其对材料的要求很高。虽然 STELR 计划的初衷是设计用于一次性高超声速巡航导弹用的发动机，但在研究过程中挖掘出了将一次性技术转换为多次可重复使用的技术。

在 2017 年 3 月召开的第 21 届国际航天飞机和高超声速系统与技术大会上，西北工业大学提出了一种"三组合"发动机的概念，它在整体上是一台并联式 TBCC 发动机，但与常规并联式 TBCC 发动机不同的是，其在低速流道实际上是一台串联式 TBCC 发动机，如图 2-19 所示。

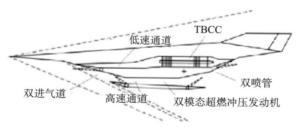

图 2-19　西北工业大学提出的一种新型 TBCC 发动机

据《飞行国际》（*Flight Global*）2019 年 8 月 5 日的报道，由诺思罗普·格鲁曼公司制造的超燃冲压发动机创造了美国空军历史上吸气式高超声速航空发动机产生的最高推力纪录。美国空军研究实验室和阿诺德空军基地工作人员对 5.5 m 长的发动机进行了地面测试。该发动机在马赫数超过 4 的模拟条件下成功运行，并在 9 个月的测试期间进行了 30 min 的燃烧。2020 年 12 月，在美国空军研究实验室的中等尺寸超燃冲压关键部件（Medium Scale Critical Components，MSCC）项目的支持下，美国航空喷气-洛克达因公司研发的大推力超燃冲压发动机（图 2-20）在阿诺德空军基地的辅助动力与推力装置（auxiliary power and thrust unit，APTU）试验台完成了一轮为期 12 个月以上的地面试验，验证了发动机在不同马赫数条件下的性能，其中在高超声速条件下的工作时长累计超过 1 h，并获得了最大超过 57.8 kN 的推力。与 2010 年的 X-51A 飞行器动力相比，超燃冲压发动机的性能和经济性都得到了很大提升。根据美国空军的定义，中等尺寸的超燃冲压发动机是指空气流量为 X-51 飞行器发动机 10 倍的超燃冲压发动机，主要定位为配装高超声速飞机。

图 2-20　美国航空喷气-洛克达因公司研发的大推力超燃冲压发动机

2021 年 3 月，PW 公司披露正在开展一个名为 Metacomet 的秘密项目，旨在解决低成本部署高速、可重复使用推进系统领域的关键技术，基线方案是采用该公司 20 世纪 60 年代研制的 J-58 发动机，通过采用现代材料和先进的冷却系统拓宽压气机的温度极限，将 J-58 发动机的工作马赫数拓展到马赫数 3.5 ～ 5。

2020 年 3 月和 2021 年 8 月，赫米墨斯公司分别获得了美国 1600 万美元和 6000 万美元的投资，用于开发该公司的马赫数 5 级可重复使用推进发动机系统。该发动机是一个串联式 TBCC 发动机，其在 J-58 发动机的基础上结合了预冷与亚燃冲压发动机技术，实现了马赫数 5 的工作目标。

（三）美国涡轮冲压组合发动机的主要研究计划

1998 年 SR-71 飞机退役后，美国希望研制一型具有更快速度的高超声速飞机。21 世纪初，美国开始实施从美国本土运送和应用兵力（Force Application and Launch from the Continental，FALCON）计划，其研制内容之一就是高速巡航飞行器，该飞行器的飞行验证平台代号为HTV-3X，采用并联式TBCC发动机方案，最高飞行马赫数6以上。2009年，由于技术成熟度过低、经费紧张等一系列原因，美国取消了对HTV-3X的经费支持。2013年11月，在HTV-3X研究的基础上，美国洛克希德·马丁公司提出SR-72计划，该型飞机也采用并联式TBCC发动机作为动力，可用于情报、监视、侦察和打击任务。美国的RTA计划对串联式TBCC发动机开展了大量探索性研究，认为串联式TBCC发动机虽然具有轮廓尺寸小、重量轻等优点，但其受飞行马赫数的限制较大，在高马赫数飞行时难以保护涡轮发动机，而且涡轮发动机在气路中会造成较大的性能损失，进而导致高马赫数状态性能欠佳。这可能是美国后续高速推进系统计划——FaCET计划和SR-72计划都采用并联式TBCC发动机的主要原因。自20世纪80年代以来，美国实施了与高超声速TBCC发动机有关的多项研究计划，从不同方面对高超声速TBCC发动机技术进行了验证，见图2-21。

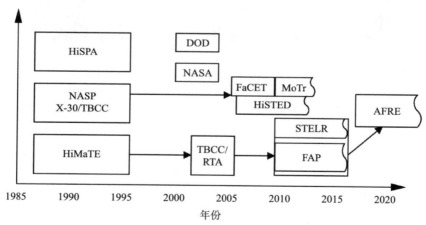

图2-21　美国TBCC发动机技术研究计划的发展路线

注：DOD为美国国防部（United States Department of Defense，U.S.DOD）

1. FaCET 并联式 TBCC 发动机

2001年，美国提出了国家航空航天倡议，重申了以高超声速巡航导弹为"敲门砖"的发展战略。2002年，NASA终止了X系列飞行器研究计划，将太空发射研究计划重构作为NGLT计划和轨道航天飞机研究计划，重点开发与验证远景所需的系统和技术。2004年1月，美国总统布什宣布了新的太空探索倡议。在这样的背景下，DARPA 于 2005 年在 FALCON 计划下开始实施 FaCET 计划，进行了大量 TBCC 发动机进气道、燃烧室和尾喷管等部件级的分析和试验，验证了共用进气道和尾喷管的可行性。

　　FaCET 计划的主承包商是洛克希德·马丁公司（提供进气道和喷管），推进系统承包商是 PW 公司的洛克达因公司（负责研制 PW9221 双模态冲压发动机燃烧室）。根据 FaCET 计划研发的 TBCC 发动机结构示意图（图 2-22），该发动机由双模态冲压发动机和高速涡轮加速器计划中研究的涡喷发动机组合而成。高速涡喷发动机把飞行器马赫数从 0 加速到 2.5，再从 2.5 加速到 3.5。在马赫数 2.5～3.5 时，涡喷发动机和冲压发动机同时工作；在马赫数 3.5～6.0 时，由冲压发动机单独提供动力；在马赫数 3.5 时，涡喷发动机停止工作，返回时又重新启动。在返回阶段，推进系统的整个工作过程与前面相反。

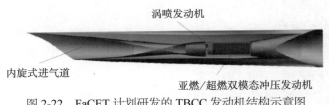

图 2-22　FaCET 计划研发的 TBCC 发动机结构示意图

　　FaCET 计划的目标是开发和验证可重复使用、碳氢燃料、马赫数 3～6 的亚燃／超燃双模态冲压组合循环发动机，以降低研制 FaCET 计划高超声速巡航飞行器发动机的技术风险。FaCET 计划的核心是研制三个关键部件：一体化内旋式进气道、亚燃／超燃双模态冲压燃烧室和飞机-发动机一体化喷管。一体化内旋式进气道采用可变几何结构，从第一阶段到第二阶段初期共进行了三组风洞试验。对模态转换进行优化，以确定模态转换最佳时的马赫数，同时确定涡轮发动机和亚燃／超燃双模态冲压发动机的工作边界条件。亚燃／超燃双模态冲压燃烧室的燃料供给为环形供给，可在较低马赫数下点火。选择这种环形设计可使冷却更有效，同时能够更好地控制 TBCC 发动机流道与飞行器一体化设计时的结构载荷。

　　FaCET 计划分为两个阶段开展。第一阶段，通过 30% 缩比进气道试验，验证了其流量和压力恢复能力，也在宽广的速度范围下验证了维持可操作性的可调结构件的规律；通过 40% 缩比亚燃 / 超燃双模态冲压燃烧室的直连试验，验证了在低马赫数状态时从涡喷工作状态转换时的燃烧稳定性；通过喷管冷流静态试验，验证了总的推进效率。第二阶段，在缩比 70% 的流路，在马赫数 3、4 和 6 时，对由进气道、燃烧室和改进喷管集成的涡轮冲压组合发动机进行自由射流试验，验证了飞行马赫数 3～6 的亚燃 / 超燃双模态冲压发动机的工作特性。自由射流试验模型和试验台安装如图 2-23 所示。初步试验结果表明，实测性能与计算性能相吻合，为下一步的 MoTr 计划打下了较好的基础。FaCET 计划设计和试验验证结果使美国空军增强了发展 TBCC 发动机的信心。2011 年 5 月发表的高超声速飞机发展路线图中明确指出，该型发动机是可重复使用水平起降飞机最适合的动力装置。

(a) FaCET进气道试验模型

(b) FaCET直连式燃烧试验台

(c) FaCET尾喷管试验装置

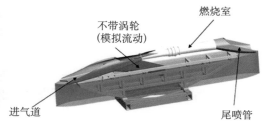

(d) FaCET自由射流发动机模型与支撑平台

图 2-23　自由射流试验模型和试验台安装

2. MoTr 并联式 TBCC 发动机

在 FaCET 计划和 FAP 计划的基础上，2009 年 DARPA 实施了 MoTr 计划，目的是开展飞行马赫数 0～6、碳氢燃料的吸气式推进系统地面试验验证。MoTr 计划由洛克希德·马丁公司负责，推进系统分包商是 PW 公司的洛克达因公司（负责研制亚燃 / 超燃双模态冲压燃烧室）和艾利安特技术系统（Alliant Techsystems，ATK）公司（负责试车台评估）。该计划采用可变几何进气道验证了 TBCC 发动机在马赫数为 3、4 和 6 三种试验条件下可成功点火和稳定燃烧。

　　MoTr 计划分为两个阶段：第一阶段是完成试车台测量，以选择试车台和执行地面试验验证所需的试验技术，完成 MoTr 试验件的方案设计，使之与所选择的试验技术和试车台相匹配；第二阶段是完成 MoTr 试验件的关键设计与加工，通过必要的改进使试车台升级，并完成试验验证。

　　MoTr 计划中的 TBCC 发动机整合了通过 FaCET 计划验证的进气道、双模态冲压发动机和喷管，以及 HiSTED 计划研制的高速涡轮发动机，在地面条件下进行由涡轮—亚燃—超燃和超燃—亚燃—涡轮的模态转换过程试验。这是完成重复使用、吸气式高超声速飞行所需的关键试验。

　　2010 年，洛克达因公司和洛克希德·马丁公司都完成了主动冷却双模态冲压燃烧室的初始方案设计。洛克达因公司确定了模态转换验证时对试验设备的需求，并认为 NASA 格林研究中心推进系统实验室的连续流超声速风洞适合于集成系统的试验。MoTr 计划试验台概念图和 TBCC 发动机流路示意图见图 2-24。地面试验验证原计划于 2012 年第一季度完成，但目前并未看到公开发表的结果。SR-72 飞行器继承了 MoTr 计划组合发动机的技术成果，具体包括并联式组合发动机总体技术、变几何进气道技术、冲压/涡轮燃烧组织和模态转换技术等。

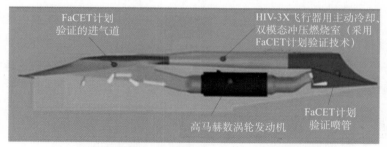

图 2-24　MoTr 计划试验台概念图和 TBCC 发动机流路示意图

　　2013 年，洛克希德·马丁公司公布了 SR-72 计划，其目的是发展一型飞行马赫数 6 以上，集情报收集、侦察、监控、打击等诸多功能于一体的侦察机，采用并联式 TBCC 发动机，如图 2-25 所示。

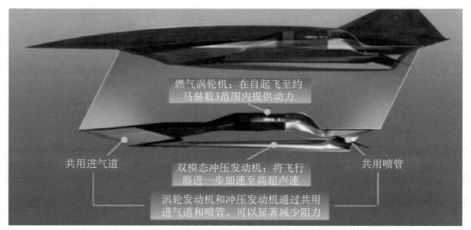

图 2-25　SR-72 计划的 TBCC 发动机

3. AFRE 计划

基于前期的探索研究，2017 年 DARPA 启动了 AFRE 计划，该计划是 FaCET 计划、HiSTED 计划、STELR 计划、MoTr 计划的继承和发展，并借鉴了 RTA 计划、FAP 计划等的成果，旨在利用现货涡轮发动机完成全尺寸 TBCC 发动机模态转换的地面集成验证，研究确立高超声速 ISR 飞行器用 TBCC 发动机推进系统工程化的可行性。DARPA 明确提出将采取现货涡轮发动机＋宽速域双模态冲压发动机方案，其中现货涡轮发动机采用射流预冷技术扩展工作包线，并指出这一技术途径在短期内具有更好的技术可行性和经济可承受性。与前期 FaCET 计划、MoTr 计划等的工作相比，AFRE 计划更加关注全尺寸 TBCC 发动机的全系统解决方案，并将同步开展高超声速飞行器概念研究，以确保 AFRE 计划地面演示验证系统与未来高超声速 ISR 飞行器设计具有更好的匹配性，更强调应用集成，实用性更强，面向工程应用转化的针对性更强。

AFRE 计划定位于研发一款能够灵活提供从低速到高超声速的航空发动机，对 TBCC 发动机在马赫数 0～5 下进行验证，AFRE 发动机示意图见图 2-26。AFRE 计划是 MoTr 计划的持续计划，MoTr 计划是验证采用涡喷模式在转换到冲压／超声速冲压之前，达到马赫数 3～4；AFRE 计划是直接采用目前能够达到马赫数 2.5 的发动机，目标是解决常规涡喷发动机在马赫数 2.5

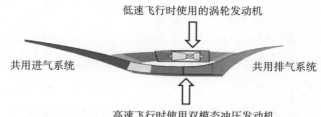

图 2-26　AFRE 发动机示意图

时仍然能够正常工作及冲压发动机在马赫数 3.5 以下不能有效工作的问题。

　　AFRE 计划中的现货发动机可能包括：罗罗公司在 STELR 计划下的 YJ102 R 发动机，在马赫数 2.5～3.2 下进行了试验；威廉姆斯国际公司的 WJ38-15 发动机，进行了 TBCC 发动机进气道模态转换试验；洛克希德·马丁公司 SR-72 高超声速侦察 / 攻击机的 TBCC 发动机推进系统，正在生产可控的，低阻力的，在气动结构上能从亚声速、跨声速、超声速到高超声速的，在马赫数 6 时仍然稳定工作的发动机。

　　AFRE 计划的周期为 4 年，分两个阶段实施，只选择一个承研团队来执行。第一阶段（2017～2018 财年）为基础阶段，包括系统设计、缩比和大尺寸部件验证；第二阶段（2019～2020 财年）为选型阶段，计划投入 6500 万美元，进行全尺寸集成低速和高速流道的大尺寸直连或自由射流地面试验。

　　2020 年 12 月，美国洛克希德·马丁公司宣布将以 44 亿美元收购国防工业供应商航空喷气–洛克达因公司。2017 年，航空喷气–洛克达因公司和洛克希德·马丁公司联合参与了美国空军研究实验室的 AFRE 计划，旨在对全尺寸 TBCC 发动机开展地面自由射流试验。航空喷气–洛克达因公司于 2020 年 12 月取得了 MSCC 项目的中等尺寸超燃冲压发动机（配装高超声速飞机）地面直连试验的成功。洛克希德·马丁公司于 2013 年提出 SR-72 飞行器研制计划，旨在通过采用并联式 TBCC 发动机实现马赫数 6 飞行。洛克希德·马丁公司收购航空喷气–洛克达因公司后，实现了动力和飞行器两家单位的合并，势必加速飞行器和动力的一体化研究，推进高超声速飞行器的研制。

二、高速涡轮发动机

高速涡轮发动机是涡轮冲压发动机研发的关键。一般的涡轮发动机最多只能将飞行器加速到马赫数2.5，而亚燃/超燃双模态冲压发动机的最低点火为马赫数3～3.5，也就是说，在涡轮发动机和冲压发动机之间存在一个"推力鸿沟"。要解决这一问题，就必须提高涡轮发动机的速度上限，同时降低超燃冲压发动机的速度下限，使得两种发动机能够顺利"接力"。这种速度更高的涡轮发动机也称为高速涡轮发动机或涡轮加速器。高速涡轮发动机以涡轮发动机为基础，采用先进技术手段使发动机使用包线扩展到马赫数3，能在通用机场实现水平起降、重复使用。国外在高速涡轮发动机技术方面制订了一系列研究计划，持续开展了大量的研究工作，其中主要包括美国 J-58 发动机、美国革新涡轮加速器、日本 HYPR 发动机以及质量射流预压缩冷却（mass injection and pre-compressor cooling，MIPCC）发动机等。我国的航空发动机能达到的最高马赫数与国际先进水平有较大差距。串联式 TBCC 发动机也可以称为一种高速涡轮发动机，其结构与加力式涡喷发动机类似，对应的加力燃烧室又称为超级燃烧室，超级燃烧室在涡轮工作模态时作为加力燃烧室，随着飞行速度的提高，再转换到冲压工作模态。

（一）美国 J-58 发动机

SR-71 是世界上速度最快的载人吸气式飞机，可以马赫数3.2以上飞行，最高飞行高度为 85 000 ft[①]。SR-71 由两台 PW 公司的 J-58（JT11 D-20）发动机提供动力（图2-27），其单机推力约为 98 kN，加力推力约为 144.06 kN。J-58 发动机是美国20世纪60年代研制的高速涡轮发动机，目前仍保持着涡喷发动机创下的持续数小时、巡航马赫数大于3的纪录。该发动机可在涡轮喷气模态和压气机辅助放气冲压模态之间转换，对发动机本体与进气道、尾喷管及发动机与舱壁之间的气流流动过程进行综合设计。发动机在低速环境下以近似于涡喷发动机模态工作，在高速环境下则转换为以近似于冲压发动

---

① 1 ft=0.3048 m。

图 2-27　J-58 发动机

机模态工作，被认为是变循环涡轮冲压发动机的雏形。J-58 发动机是首个走完设计、生产直至飞行使用全过程的涡轮冲压组合发动机，其成功研制为美国后续高超声速推进技术的发展奠定了基础。

在进行 J-58 发动机循环优化设计时，超声速飞行时进气道进口温度高将引发以下问题：一是单转子、固定几何压气机喘振裕度低；二是发动机进口温度高、与涡轮温度温差小、循环效率低、推力性能差、燃油经济性差；三是高马赫数时在高转速与前面级失速引起颤振的综合作用下，压气机叶片应力大；四是涡轮温度高、发动机工作环境温度高，引起加力燃烧室火焰筒冷却的问题。为解决这些问题或者减轻这些问题带来的影响，当时有两种解决方案。第一种方案是简单采用更大的压气机、更大的发动机，排除这种方案的原因是更大的发动机质量更大、迎风面积更大，产生的阻力更大，将减小航程、载荷。第二种方案是利用喷注到进气道内部的液体蒸发对压气机进气进行预冷。但这种方案也存在三个缺点：发动机燃油加冷却剂液体消耗量大，将造成飞机起飞质量增加；压气机前面级的叶片将会受到冷却介质液滴的侵蚀；燃烧室产物产生烟雾。第三种方案是压气机采用可调静子设计，但是调节静子叶片带来的推力增加也较为有限。第四种方案是涡喷发动机增加独立的旁路，加力燃烧室作为冲压发动机使用，形成涡轮冲压组合发动机。由于相同体积的空气从涡喷发动机外部增加的旁路进入加力燃烧室，所以涡轮冲压发动机也存在推力大、质量大的问题。

J-58 发动机最终采用旁路放气设计，在压气机中间级布置放气管路，将发动机大部分空气由此绕过压气机后面级与涡轮直接进入加力燃烧室，即在第四级压气机后增设旁路放气活门，在高马赫数时，打开旁路放气活门，使气流通过 6 根旁路管道直接进入加力燃烧室，可用于增加推力和冷却。在整个飞行包线内，J-58 发动机有两种工作模式，如图 2-28 所示。在低马赫数时，第四级压气机后面的旁路放气活门关闭，进气全部流向涡轮。J-58 发动机主要工作在典型的涡轮喷气模态下，而超级燃烧室作为涡轮加力燃烧室工作。在高马赫数时，旁路放气活门打开，形成准冲压发动机模态，此时加力燃烧室作为一个冲压发动机燃烧室提供推力。这样，J-58 发动机就成为第一台使用加力燃烧室长时间运转的喷气发动机。J-58 发动机的结构十分复杂，压气机后的大量气流绕过涡轮，被直接引入后面的加力燃烧室，进气道内有一个巨大的可移动复杂中心锥用于控制气流，中心锥上有防止激波与气流干扰的通风口，但该发动机依然经常出现"不启动"的问题。

J-58 发动机配备了轴对称混压式变几何进气道、采用四环同心燃油喷嘴和 V 形火焰稳定器的加力 / 冲压燃烧室及可调节引射喷管等先进部件。考虑到高速飞行时的高温会对发动机产生很大影响，发动机采用了进气道、压气机引气冷却和使用耐高温镍基合金材料等热防护及热管理办法，并采用高热安定性的 JP7 燃油。在后续的研究中，为增大推力，采用的措施包括：使涡轮后温度、转速分别增加 23.9 K 和 150 r/min，修正压气机引气和进口导流叶片角度，使加力燃烧室燃油流量增加 4%，在加力燃烧室进口注入有利于加力燃烧的氧化剂等。转速和涡轮后温度的升高会影响主燃油控制与加力燃油控制，可使发动机在飞行包线内平均增加净推力 5%。

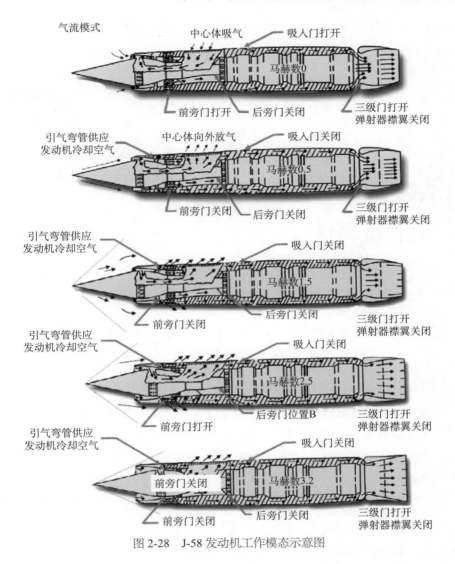

图 2-28　J-58 发动机工作模态示意图

（二）美国革新涡轮加速器

20 世纪 90 年代中期，美国低估了超燃冲压发动机研制的难度，致使 X-15、X-17、X-20、X-23、X-24、X-30 国家空天飞机最终被放弃或中途夭折。美国从中吸取教训，从 1996 年开始对高超声速导弹、高超声速飞行器和空天飞行器技术的发展进行了调整，确立了以巡航导弹为突破口，然后转入其他飞行器与天地往返运输系统的分阶段逐步发展的思路。作为先进航天运输计划的一部分，NASA 于 2001 年提出 RTA 计划，即革新涡轮加速器项目，架起超声速飞行器动力在马赫数 3～5 的桥梁，如图 2-29 所示。

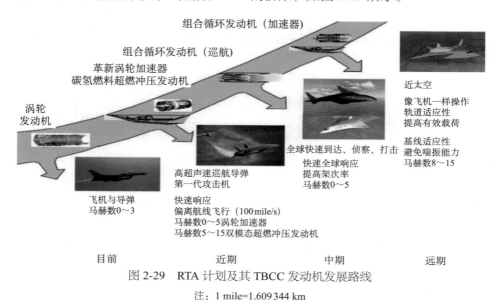

图 2-29　RTA 计划及其 TBCC 发动机发展路线

注：1 mile=1.609 344 km

RTA 的近期应用目标为高超声速巡航导弹和攻击战斗机；中期目标是与超燃冲压发动机组合，用于全球快速到达、侦察、打击；远期目标是用于太空飞行器的动力。项目初期，GE 公司、PW 公司、AADC 公司等发动机生产商分别开展了 RTA 计划的设计，RTA 计划发展路线如图 2-30 所示。波音公司基于上述发动机公司提供的 RTA 特性开展了双级入轨飞行器与 RTA 的一体化性能研究。2002 年，基于高推力重量比、全工况范围内发动机性能与效率权衡等评判准则，GE 公司提出的变循环涡扇冲压组合发动机方案被 NASA 格林研究中心选中，两者联合开展了后续研究。按照最初规划，RTA 计划分两个阶段执行：第一阶段基于 GE 公司现有的 YF120 双外涵变循环涡扇发动机，设计制造 1/2 缩尺寸地面验证机 RTA-1，并于 2006 年完成 RTA 关键技术的系统级验证；第二阶段设计制造接近产品尺寸的地面验证机 RTA-2，其目标是将发动机的工作马赫数上限提高至 5，推力重量比提高至 15。然而，由于经费、技术等多方面因素的限制，RTA 计划于 2005 年被取消。

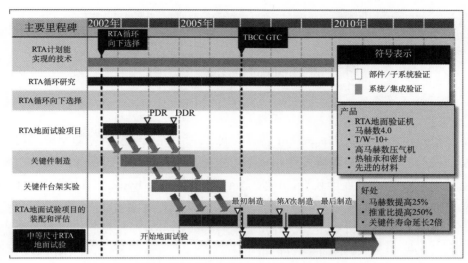

图 2-30　RTA 计划发展路线图（刘红霞，等，2017）

图中，T/W：推重比；PDR：初步设计审查；DDR：最终设计审查

YF120 发动机包含 2 级风扇和 5 级高压压气机，分别由单级高、低压涡轮驱动，其中，高压压气机第 1 级具有与风扇类似的外涵道，称为核心驱动风扇级（core driven fan stage，CDFS）。YF120 发动机具有单外涵、双外涵两种工作模式，在单外涵工作模式下，模态选择阀关闭，发动机涵道比减小，实现了较高的单位推力；在双外涵工作模式下，模态选择阀打开，发动机涵道比增大，实现了较低的耗油率。在此基础上设计的地面验证机 RTA-1 由一个先进的高负荷风扇、一个自适应控制系统、一个集成的旁路管道系统和一个超级燃烧室组成，如图 2-31 所示。RTA-1 地面验证机基本保留了 YF120 发动机的核心机部件及低压涡轮。为了适应更宽的飞行马赫数范围，重新设计和改进的部件主要包括：①基于冲压工作模式对风扇功能的新要求以及大幅增加的涵道比，设计了新的单级风扇和 CDFS，增加了外涵道直径；②将常规加力燃烧室替换为超级燃烧室，即加力 / 冲压燃烧室；③高压压气机第二级和第三级使用了新材料，以适应高速飞行时更高的进口温度。RTA-1 和 HYPR90-C 概念的主要区别是加力燃烧室的存在，为了满足高速飞行的推力要求，HYPR90-C 发动机径向尺寸较大，相比之下，RTA-1 发动机从起飞到高速飞行都能以高性能运行。

图 2-31　RTA-1 发动机示意图

　　在整个飞行包线中，RTA-1 地面验证机有四种工作模态，即单旁路涡扇发动机模态、双旁路涡扇发动机模态、涡扇/冲压发动机过渡模态和冲压发动机模态，通过可变面积旁路喷油器（variable area bypass injector，VABI）和可变面积轴对称喷嘴进行控制。从海平面静止到马赫数 2，VABI 门关闭，在单旁路涡扇发动机模态下运行，大部分空气通过发动机核心机，超级燃烧室作为传统加力燃烧室工作以提供推力。在马赫数 2～3 时，VABI 门打开，发动机在双旁路涡扇发动机模态下工作，通往超级燃烧室的空气主要通过发动机核心机和旁通管，超级燃烧室仍然像传统加力燃烧室一样工作。在马赫数 3 以上，超级燃烧室从传统加力燃烧室过渡到冲压燃烧室，将飞行器加速到马赫数 4 以上。在此过渡模态期间，VABI 门完全打开，涡轮发动机恢复到风车转速。当飞行马赫数超过 4 时，涡轮发动机完全关闭，RTA-1 演示机以冲压发动机模态工作，大部分空气绕过发动机核心机，通过风扇的外部区域直接进入超燃冲压燃烧室，超级燃烧室的作用类似于冲压燃烧室，以提供推力。

　　RTA-2 验证机在 RTA-1 的基础上利用美国国防部的 IHPTET 计划、VAATE 计划以及 NASA 的 UEET 计划等的研究成果，使其能够满足推力重量比、耗油率、安全性及成本等各项指标要求。在结构上，RTA-2 验证机计划采用新的通用核心机（来自 VAATE 计划的研究成果）、低压涡轮以及飞机-发动机一体化喷管。RTA 发动机与 YF120 发动机、VAATE 发动机的结构对比如图 2-32 所示，三种发动机的总体结构基本一致，均属于带 CDFS 的双转子双外涵变循环发动机构型。其中，RTA 发动机与 VAATE 发动机均采用了单级风扇，而且两个发动机研究计划的开始时间接近，因此 RTA 发动机可看作 VAATE 发动机技术在高马赫数涡轮发动机领域的应用。

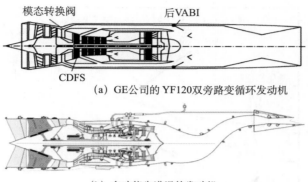

(a) GE公司的 YF120双旁路变循环发动机

(b) 多功能先进涡轮发动机

图 2-32　YF120、VATTE、RTA 三种发动机结构对比

（三）日本 HYPR 发动机

1989 年，日本启动了 HYPR 计划，为期 10 年，目标是为未来马赫数 5 的高超声速民用运输机研究推进系统。该计划由日本国际贸易与工业部资助，参与单位包括日本国家空天实验室，石川岛播磨重工业（Ishikawajima-Harima Heavy Industries，IHI）、川崎重工业株式会社（Kawasaki Heavy Industries，KHI）、三菱重工有限公司（Mitsubishi Heavy Industries，MHI）等日本发动机公司，以及联合技术公司（United Technologies Corporation，UTC）、法国斯奈克玛（SNECMA）公司等国外发动机公司。基于不同类型的吸气式发动机耗油率随飞行速度的变化关系（图 2-33），同时为满足国际民航组织对民用飞机起飞噪声的要求以及超声速飞行时高单位推力的需求，HYPR 计划选择了基于单外涵变循环涡扇与亚燃冲压的组合循环发动机。该计划先后研制了高温核心机、变循环涡扇发动机（HYPR90-T）和组合循环发动机（HYPR90-C）三种缩尺寸验证机，完成了发动机各部件的详细设计与试验研究，包括进气道、风扇、压气机、燃烧室、高/低压涡轮、前可变面积涵道引射器、加力/冲压燃烧室及引射喷管等，还开展了发动机控制系统设计、排放和噪声特性的分析与试验等研究。

HYPR90-C 组合循环发动机采用了串联式布局，由一台无加力的双轴涡扇发动机和一台冲压发动机组成。涡扇发动机可以在起飞到马赫数 3 工作，冲压发动机可以在马赫数 2.5～5 工作，从涡轮到冲压的模态转换和反向转换安排在马赫数 2.5～3 范围内。主要部件包括 2 级风扇、5 级高压压气机、环形燃烧室、单级高/低压涡轮、加力/冲压燃烧室及尾喷管，具有模态转换阀、可

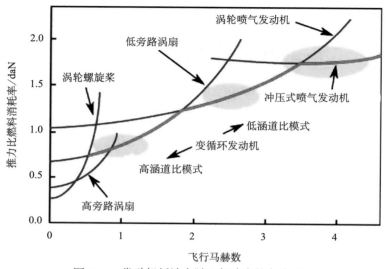

图 2-33　发动机耗油率随飞行速度的变化关系

调压气机静子叶片、可调低压涡轮导向器、前可变面积涵道引射器、后可变面积涵道引射器以及可调喷管 6 个变几何结构，示意图见图 2-34。HYPR90-C 地面验证机的直径为 1.28 m，长度为 6.91 m。前旁通管位于发动机旁通管的前面，以旁通风扇气流。模型前面的模态转换阀用于将发动机进气气流分为风扇和前旁通管。在涡轮工作模态下，模态转换阀关闭以允许所有发动机进气进入涡轮发动机；在模态转换和冲压工作模态下，模态转换阀打开以允许空气进入前旁通管。一方面，为兼顾起飞工况和高马赫数爬升工况的推力需求，采用了较低的总增压比和较高的节流比；另一方面，为降低耗油率，应用了基于涵道比可调的变循环方案，并且涵道比取值略高于军用混排涡扇发动机。

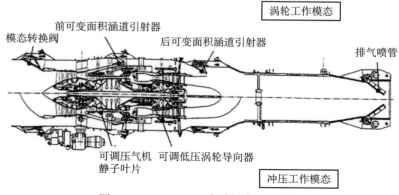

图 2-34　HYPR90-C 发动机布局示意图

图 2-35 进一步展现了 HYPR90-C 发动机的工作模态。当组合发动机工作在涡扇发动机模态时，超级燃烧室不参与燃烧。在模态转换过程中，将少量冲压发动机燃油注入超级燃烧室，并开始点燃超级燃烧室。随着燃烧室内燃料的增加，超级燃烧室的燃烧模态逐渐向冲压发动机燃烧模态转变。当飞行马赫数超过 3 时，涡扇发动机关闭，超级燃烧室作为冲压发动机工作。涡轮工作模态、模态转换及冲压工作模态的飞行马赫数区间分别为 0～3、2.5～3 和 2.5～5。模态转换期间，通过主燃烧室燃油流量、加力 / 冲压燃烧室燃油流量及上述 6 个变几何结构的协同控制，实现发动机推力和空气流量的平稳过渡，保证各部件稳定工作。在涡轮工作模态下，针对起飞和亚声速巡航任务剖面，为降低排气噪声和耗油率，关小低压涡轮导向器、增大喷管喉部面积，使得发动机以大涵道比涡扇发动机模态工作；针对超声速加速任务剖面，为增加发动机单位推力，发动机以小涵道比涡扇发动机模态工作。在冲压工作模态下，模态转换阀打开，涡轮发动机流路完全关闭，进气道出口空气流量经冲压外涵道直接进入加力 / 冲压燃烧室。

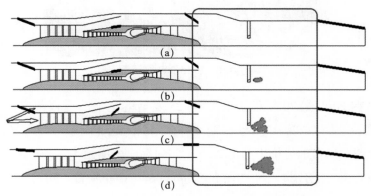

图 2-35　HYPR90-C 发动机工作模态示意图

HYPR 计划于 1999 年结束，实现了预期目标，完成了世界上第一台涡轮基组合循环发动机的高空台验证试验，实现的关键技术指标包括：在地面模拟了马赫数 3 飞行条件下的压气机进口温度（335℃），实现了高温核心机在涡轮前温度 1700℃条件下持续工作 15 min；完成了 HYPR90-T 变循环涡扇发动机的高空台测试，验证了发动机在模拟飞行条件马赫数 3、20.9 km 下的风车起动能力；完成了 HYPR90-C 组合循环发动机的高空台测试，实现了在模拟飞行条件马赫数 2.5、16.5 km 下从涡扇模态到风车冲压工作模态的平稳转换。

（四）苏联 / 俄罗斯高速涡轮发动机

苏联在 20 世纪 50 年代为米格 –25 系列飞机研制了 R-15-300 发动机，如图 2-36 所示。该发动机为单转子加力式涡喷发动机，能使飞行器的速度达到 2.5～3 倍声速；采用 5 级轴流压气机、环形燃烧室、单级涡轮、加力燃烧室、可调式超声速喷管，其中 5 级轴流压气机采用钛、钢和高级镍基合金结构；单级涡轮采用特殊的强迫空气冷却，发动机的增压比为 4.75，起飞推力为 100.1 kN（林左鸣，2012）。

图 2-36　R-15-300 发动机

苏联在 20 世纪 70 年代基于米格 –25 发展的全天候远程截击机米格 –31 采用了双转子加力式涡扇发动机 D-30 F6，如图 2-37 所示。最大飞行速度为 2.83 倍声速，单台加力推力为 152 kN，共包括 7 个单元体，分别为进气机匣、风扇、核心机、混合器、加力燃烧室、可调超声速尾喷管、前后齿轮箱。

图 2-37　D-30 F6 发动机

（五）射流预冷高速涡轮发动机

为解决高马赫数飞行时由发动机进口来流的高滞止温度带来的气动及结构等方面的各种不利影响，进气预冷成为极其重要的技术途径。自 20 世纪 50 年代以来，美国、苏联、日本、英国等提出了多种预冷发动机方案，并开展了大量研究（邓帆等，2018；汪元和王振国，2016；Wang et al.，2014）。实现进气预冷主要有射流预冷和换热预冷两种途径。对于射流预冷，美国、苏联等已开展了大量的理论及试验工作（尚守堂等，2018；芮长胜等，2015；Mehta et al.，2012），表明依靠射流预冷技术可有效扩展飞行包线，不受飞行高度和马赫数限制，且具有技术成形快、成本低等优势。但也存在射流装置引起发动机进口总温、总压畸变及压力损失，水等冷却介质的注入可能导致含氧量的下降，进而需要在燃烧前额外添加氧化剂，喷水系统附加质量大等缺点。目前，射流预冷的研究主要集中于涡轮冲压组合发动机，以解决涡轮与冲压模态转换过程中的"推力鸿沟"问题，是短期内实现 TBCC 发动机动力的重要技术途径（林阿强等，2020；陈博等，2019；Varvill and Bond，2003）。

射流预冷技术是指带有预冷介质的喷雾系统加装在常规涡轮发动机风扇或压气机入口前，主导气液两相直接接触蒸发换热，增大进气质量和飞行推力，如图 2-38 所示。液态冷却剂在空气中完成雾化和蒸发，冷却高温进气，使发动机在高空、高马赫数飞行环境下的气流温度在金属材料承受的范围内；同时增大空气密度，提高进气质量，由此增加飞行推力，保证发动机安全稳定运行及扩展飞行包线（Wilcox and Trout，1951），其推力在较高飞行马赫数下可以持续增加，并具有较大的比冲。

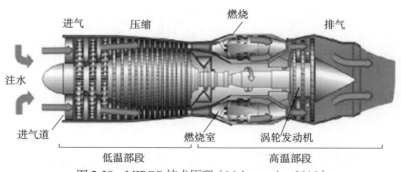

图 2-38　MIPCC 技术原理（Mehta et al.，2015）

结合射流冷却应用的理论和试验分析（Sohn，1956；Willens，1955）发现，在马赫数2～3的超声速工况时，液态水蒸发效率更高，并在马赫数3时可增大1.85倍推力。随后在J57-P-11发动机平台进行喷雾冷却的应用研究，并在F8 U-3战斗机上进行马赫数2.5和24.4 km真实高空环境下的飞行验证（Neely and Ward，1959；King and Nygaard，1958），由此可知，发动机在马赫数1.7时爬升率提高了2倍，在马赫数2时发动机推力增大了44%。通过评估进气射流预冷对发动机整机性能及加力燃烧室性能的影响发现，当喷水量大于8%时，过量的水或水蒸气会对加力燃烧效率和贫油熄火极限产生不利影响。总结射流预冷装置的设计方法和试验经验可知，一方面射流预冷对发动机的推力增益，另一方面冷却剂与发动机的燃烧稳定性存在必然关系（King，1961）。通过对比氮氧化物、液氧及纯水作为冷却工质（Balepin，2001；Henneberry and Snyder，1993）的研究发现，进气喷质冷却可以有效降低高滞止温度，如图2-39所示。相对于其他介质的相变蒸发特性，具有高比热容的液态水被认为是最佳的冷却介质。当工作在更高的飞行高度和马赫数时，过量的液态水对燃烧室和加力燃烧室内的燃烧具有抑制作用，此时需要考虑补充适量的液氧来维持稳定燃烧，并且喷水量不能超过发动机内水的饱和度（Balepin et al.，2003）。图2-40给出了为调节发动机进气正常工作温度时所需液态水冷却量与飞行速度之间的关系，可以看出，在提升发动机飞行马赫数达3～5.5过程中，通过MIPCC系统可以维持发动机进气恒定温度时所需的喷水量。为此，在马赫数大于3时，建议冷却剂以水为主导，并带有25%～35%总冷却量的液氧，以维持空气、水、氧气混合气中正常范围的氧气浓度（Carter and Balepin，2002）。

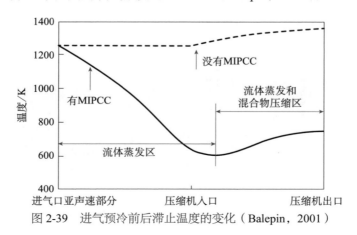

图2-39　进气预冷前后滞止温度的变化（Balepin，2001）

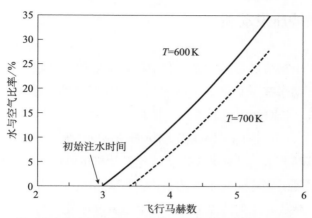

图 2-40　所需液态水冷却量与飞行速度之间的关系（Balepin et al.，2001）

　　为了评估发动机内射流预冷的影响，通过搭建由小型涡喷发动机 J85-5 带有全尺寸 MIPCC 系统的地面测试试验来模拟高空飞行环境（Carter et al.，2003）。射流预冷装置安装在涡喷发动机压气机之前［图 2-41（a）］，并在预冷段的进口处布置高压水雾喷射系统［图 2-41（b）］；喷雾装置采用环形反向布置喷雾，喷杆安装 12 个带有螺旋喷射的喷嘴。来流总压和总温代表了发动机的飞行高度与飞行马赫数，因此在地面试验过程中，给定进口总压约为 0.17 MPa，通过加热来流空气来模拟飞行马赫数 1～3.5 的高空状态。与早期只采用喷水方案的 MIPCC 作为动力不同，该地面试验结合水与液氧作为混合冷却剂以满足更高飞行条件的需要。该试验测试主要模拟了高空环境下进气射流冷却对发动机的影响、对比不同冷却剂的冷却效果，以及射流冷却对有加力燃烧室和无加力燃烧室时发动机推力的影响。

（a）质量冷却系统示意图　　　　　　　　　　（b）大量注射工艺

图 2-41　射流预冷航空发动机地面测试系统

三、宽速域冲压发动机

宽速域冲压发动机是涡轮冲压发动机的重要动力基础。TBCC发动机需要超燃冲压发动机在低马赫数下尽快接力。在已有的低速可工作发动机中，火箭比冲较低，长时间工作时推进剂消耗难以承受，涡轮发动机可以工作到马赫数2.5左右，更高速度的涡轮发动机研制难度很大，并且高马赫数涡轮发动机的性能下降严重，马赫数3以上涡轮发动机的性能已明显低于冲压发动机。因此，需要研制宽速域工作的超燃冲压发动机，其最低马赫数应达到2左右，最高马赫数应达到7以上，这种宽速域冲压发动机可与涡轮发动机配合形成马赫数0～7的高超声速航空发动机。

（一）发展概况

自发明以来，冲压发动机就沿着一条飞行马赫数由低到高、飞行速域由窄到宽的方向发展。从20世纪50年代到现在，以服役冲压发动机为动力的导弹基本速度范围为2～4倍声速，包括美国"波马克"（Boeing Michigan Aeronautical Research Centre，BOMARC）导弹的RJ-43、英国的"警犬"（Bloodhound）导弹、俄罗斯的Kh-31、我国的YJ-12等。亚燃冲压发动机向马赫数4～5的区域延伸，高超声速区域一般采用超燃冲压发动机，当前已经完成发动机飞行试验的有美国的X-43 A/X-51 A、俄罗斯的Kholod、澳大利亚的Hyshot/HIFiRE-2，这些发动机的飞行马赫数为1～2，并且由于进气道起动限制，马赫数4以下无法正常工作。已有冲压发动机的几何结构几乎不调节，已有的工作包括小范围地调节进气道唇口、喷管面积等。

面向宽速域工作的需求，冲压发动机的运行范围不断拓宽，当发动机偏离设计点工作时，发动机部件几何偏离运行需求，仅依靠燃油调节很难满足宽域运行的需求。法国、俄罗斯最先开展了宽速域冲压发动机的研究，联合开展了Promethee、LEA等包含宽速域冲压发动机的研究计划，通过变几何结构等方式实现了马赫数2～7的宽速域冲压发动机，该发动机几何调节使用的作动器比较多，2010年后关于其研究进展的报道很少。哈尔滨工业大学自2012年起开始研究变几何超燃冲压发动机，获得了马赫数2～7的燃烧室性能，并通过了100 s的地面连续工作考核，具有一定的实用性。宽速域冲压发动机存在宽速域发动机总体匹配、宽域点火和稳定燃烧、宽速域超声速进气道、可调尾喷管、宽速域控制等难点与关键技术问题，如图 2-42 所示。

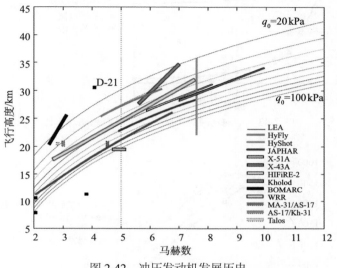

图 2-42　冲压发动机发展历史

（二）可行方案

当冲压发动机在宽马赫数范围运行时，为了保证进气道的压缩程度确保进气道正常工作，进气道的内收缩比应随着飞行马赫数的增加而增大。来流的总温和总压随着飞行马赫数的增加而增大，导致燃烧室加热比减小，燃烧室的流通面积逐渐减小，同时气流在尾喷管内的落压比增大，尾喷管的出口面积逐渐增大，如图 2-43 所示。为了保证冲压发动机在宽域运行时的推力和比冲等性能，宽速域冲压发动机一般采用几何可调的进气道保证流量捕获以及合适的压缩程度；燃烧室采用凹腔稳燃或支板稳燃的双模态燃烧室或者变几何燃烧室，将释热与几何结构进行匹配调节来保证宽域高效运行；尾喷管采用可调尾喷管或者单边膨胀喷管，以适应宽域运行的需求，如图 2-44 所示。

为了满足飞行器在超宽速域下的正常飞行，当前研究人员提出了多种燃烧室组合方式来应对超宽速域下由来流条件变化引起的燃烧释热变化问题，典型的燃烧室组合方式主要包括串联型燃烧室、并联型燃烧室及几何可调燃烧室。

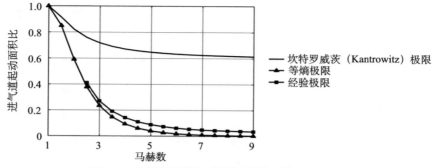

图 2-43　不同马赫数下超声速进气道起动面积比

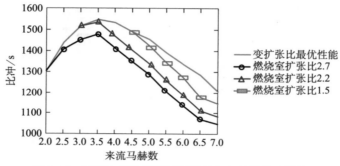

图 2-44　不同飞行马赫数下不同扩张比的燃烧室性能

1. 串联型燃烧室宽速域冲压发动机

　　法国高超声速研究与技术计划项目中提出的一种方案是，亚燃／超燃在马赫数 2.5～12 条件下工作，火箭发动机在马赫数 0～2.5 和马赫数大于 12 条件下工作（Lepelletier et al.，1995），如图 2-45 所示。该方案采用固定几何的双模态冲压燃烧室，具有两个热力喉道，发动机只有进气道唇口可调，能够在马赫数 1.35～12 条件下工作，随着马赫数的增加向前调整释热位置（Rothmund et al.，1996）。该燃烧室随着马赫数的增加，通过改变开关低、中和高马赫数燃烧室段的燃油喷嘴来改变燃烧室释热位置，以适应宽马赫数范围运行的需求。但是这种串联型燃烧室宽域冲压发动机随着来流马赫数的增加，燃烧室的静温不断升高，因而需要很长的冷却通道，这将给发动机的热防护带来技术难题。

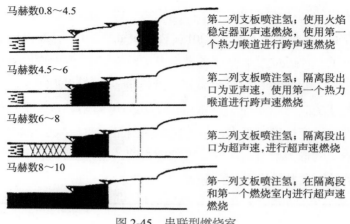

马赫数0.8~4.5 第二列支板喷注氢；使用火焰
稳定器亚声速燃烧，使用第一
个热力喉道进行跨声速燃烧

马赫数4.5~6 第二列支板喷注氢；隔离段出
口为亚声速，使用第一个热力
喉道进行跨声速燃烧

马赫数6~8 第二列支板喷注氢；隔离段出
口为超声速，进行超声速燃烧

马赫数8~10 第一列支板喷注氢；在隔离段
和第一个燃烧室内进行超声速
燃烧

图 2-45　串联型燃烧室

2. 并联型燃烧室宽速域冲压发动机

并联型燃烧室宽速域冲压发动机是将不同工作马赫数下的几个发动机并联在一起，具有多个流道，工作于不同马赫数下，由相应的通道工作，如图 2-46 所示。但是增加了发动机的高度，将在飞行过程中形成很大的阻力，而且多个发动机并联既增加了发动机重量，也在机械加工上存在技术难度。

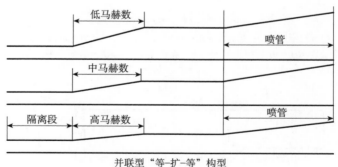

并联型"等-扩-等"构型
图 2-46　并联型燃烧室

3. 几何可调燃烧室宽速域冲压发动机

几何可调燃烧室在仅依靠单一调节燃油当量比的基础上，增加了调节燃烧室扩张比这一变量，使燃烧室中的释热分布变化变成了一种主动调节方式，从而可以通过调节燃烧室的扩张比配合燃油调节，满足不同来流条件下对发动机燃烧室的性能需求。如图 2-47 所示，几何可调燃烧室构型的设计综合考虑了不同飞行工况下的发动机工作模式特点，采用中心支板稳燃，通过调节燃烧室面积比使其在各飞行工况下都能够实现可靠的稳定燃烧，并获得最优的性能。哈尔滨工业大学（丰硕，2017；Feng et al.，2017 a，2017 b；Feng et al.，2016）提出了一种通过水平移动燃烧室来实现燃烧室面积变化的变几何发动机方案，如图 2-48 所示，对该燃烧室的折转角、几何喉道对燃烧室性能的影响规律进行研究，分析了宽马赫数范围下几何可调燃烧室的最佳性能规律。结果表明，在稳定裕度范围内，当给定燃油当量比时，减小燃烧室扩张比能够提高燃烧室的推力增益。在发动机稳定裕度的基础上，获得了宽范围几何可调燃烧室最佳推力增益的调节规律。

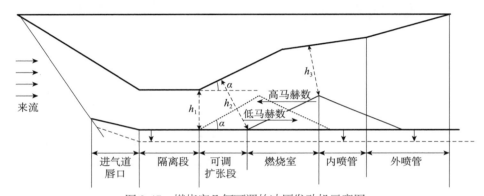

图 2-47　燃烧室几何可调的冲压发动机示意图

图中，α：折转角；h_1：隔离段出口高度（单位：m）；
h_2：燃烧室扩张段高度（单位：m）；h_3：几何喉道高度（单位：m）

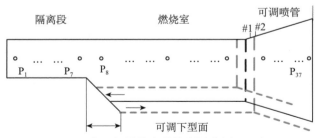

图 2-48　变几何燃烧室的构型调节原理示意图

图中，P 代表不同未知的压力测点，P_1，$P_2 \cdots$，P_{37} 分别表示发动机不同位置

（三）研究进展

1. 总体匹配

当宽速域冲压发动机在宽域运行时，要求进气道、燃烧室和尾喷管均能

适合宽马赫数范围运行，进气道几何需求仅受飞行马赫数的影响，而燃烧室和尾喷管的几何需求受到燃烧室工作当量比和工作马赫数的共同影响。国际上提出了不同类型的进排气系统设计方案，典型的进气道有可移动唇口进气道、中心锥体可移动调节的轴对称进气道、通过铰链可转动压缩面及喉道可调的二元进气道等。进气道宽域工作是发动机能够在宽马赫数范围工作的前提，宽域工作燃烧室是发动机循环实现的至关重要的一环。常规的采用热力喉道的固定几何双模态燃烧室，一般设计点马赫数较高，在一定程度上能够宽域运行，但在低马赫数下工作当量比较小，在工作当量比稍大时，燃烧室加热比过大，将引起不启动现象。宽速域冲压发动机的工作马赫数和工作当量比范围较大，要求冲压燃烧室在宽马赫数下都能够在较大的当量比下工作，而采用串联型燃烧室，在高马赫数下工作时燃烧室流道较长，热防护困难。几何可调燃烧室能够满足宽域高效运行需求，而且燃烧释热区域较短，降低了热防护压力。

杨庆春（2015）对比了典型的等面积、等压、等马赫数和等静温加热燃烧室的总压恢复以及对流道的需求。等马赫数、等压和等静温加热的燃烧室进出口面积比随着燃烧室入口马赫数和加热当量比的增加而增大，燃烧室扩张比大范围变化，还需要调整燃烧室释热与几何匹配，相对来说实现困难。等面积燃烧室在超声速燃烧中总压损失最小，在亚声速加热中总压损失相对于等压加热稍大，比较适合宽速域冲压发动机。等面积燃烧室存在加热极限，为了增加燃烧室的容纳热量极限，发展了一种通过调节燃烧室扩张比来改变燃烧室流通面积和加热极限的"等－扩－等"构型宽域冲压燃烧室，示意图见图 2-49。在此基础上研究可调几何燃烧室与释热的匹配调节规律。

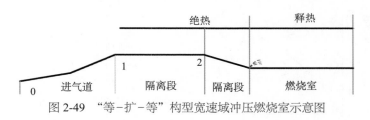

图 2-49　"等－扩－等"构型宽速域冲压燃烧室示意图

通过调整扩张段的扩张比可以增大燃烧室的最大工作当量比或者降低最小工作马赫数。在相同当量比下，随着扩张比的增大，超燃冲压发动机在超燃模态和亚燃模态下最小来流马赫数减小，如图 2-50 所示。增加扩

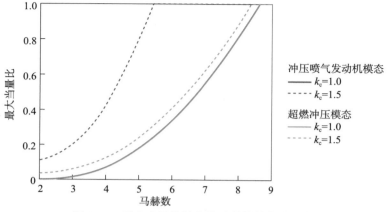

图 2-50 最大当量比随来流马赫数的变化规律

图中，k_c：扩张比

张段能够扩展超燃冲压发动机的可工作边界，增大扩张比可以增加低马赫数下的最大工作当量比或者降低最小来流马赫数。图 2-51 给出了不同当量比下，为了匹配燃烧室和隔离段的压力所需扩张段的面积比随来流马赫数的变化规律。工作马赫数越低，需求的最小扩张比越大，扩张比随来流马赫数的增加而减小，随当量比的增加而增大。在获取燃烧室工作当量比对应的最小燃烧室扩张比的变化规律后，可以根据运行马赫数和当量比确定燃烧室的扩张比调节规律、移动距离等参数，确定燃烧室设计方案。尾喷管可以按照单边膨胀喷管设计，最后进行部件的集成并考虑一体化调节设计。

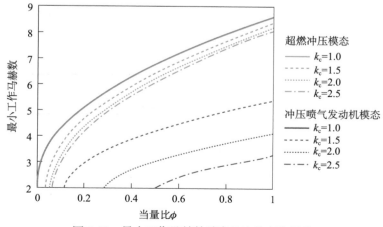

图 2-51 最小工作马赫数随当量比的变化规律

冲压发动机各部件匹配是发动机总体技术研究的一个重要内容，从冲压发动机总体角度来看，进气道、隔离段、燃烧室和尾喷管的几何参数与性能参数之间存在一定的相互耦合、相互影响的关系，并最终在总体上决定冲压发动机的工作性能。发动机部件优化可以得到部件性能最优的方案，但切断了各部件的紧密联系，不能准确反映部件性能改进对发动机总体性能改进的影响，也就是说，最优设计的部件组合不一定得到最优的总体性能，因此只有通过总体匹配进行流道一体化设计，才能获得发动机总体性能改进的方案。在冲压发动机总体性能要求与飞行器总体尺寸参数约束的条件下，应当对进气道、燃烧室与尾喷管进行一体化设计。

一体化设计的主要优点在于充分利用机体和推进系统之间的相互作用，其前体作为进气道的外压缩面有效降低了发动机的尺寸和重量，后体作为推进系统喷管的外膨胀段极大地减小了发动机的迎风面积，降低了阻力，同时机体与推进系统的共用壁面减小了飞行器的湿润面积，有利于飞行器热结构的设计，因而机体/推进系统一体化设计是高超声速飞行器研究成功的关键。

时文（2019）提出了一种流道一体化设计方案，如图 2-52 所示。先根据进气道在不同马赫数下所需要的收缩比来计算唇口移动所需要的距离，然后得到燃烧室在不同马赫数下的扩张比来计算不同偏转角度下的燃烧室移动距离，最终根据进气道的移动距离来选择燃烧室的偏转角，这样便可以一体化移动进气道和燃烧室实现宽域下发动机的正常工作。针对流道一体化调节的宽速域冲压发动机开展了数值模拟研究，获得了宽域工况下燃烧室扩张比的变化规律及匹配的进气道气动性能，数值仿真结果给出了流道一体化调节的宽速域冲压发动机比冲特性，流道一体化调节拓宽了发动机的工作速域，进气道和燃烧室构型匹配规律的进一步优化可以提高超燃冲压发动机的性能。

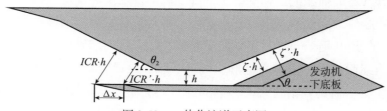

图 2-52　一体化流道示意图

图中，h：隔离段高度；Δx：下板移动距离；ε：燃烧室扩张比；θ：偏转角度

2. 宽域高效进排气技术

进排气系统直接影响着高超声速推进系统乃至整个飞行器的综合性能。定几何进气道设计技术虽然已经趋于成熟，但是其宽域工作能力有限，在非设计条件下存在性能较差以及起动的问题，在宽马赫数范围内工作的高超声速飞行器，其低马赫数下的进气道自起动能力和高马赫数下进气道性能之间的矛盾更加突出。高超声速航空发动机面临宽速域、宽空域工作范围的需求，使得进气道的几何可调成为必需。可调进气道通过对压缩角、捕获面积以及喉道面积等进行调节，提升了进气道对宽广来流条件的适应能力，并使得进气道起动能力大大增强，满足了宽域发动机的工作需求。可调进气道在宽马赫数范围内的性能优势，使得其在数十年间得到了广泛研究，目前已经发展出了多种有效的几何调节方式。

根据进气道的结构特点，可以将可调进气道分为轴对称变几何进气道、二元变几何进气道和内转式变几何进气道。首先，对于轴对称变几何进气道，由于其结构的特殊性，常规的几何调节方式基本失效且变形方式涉及三维曲面变形，所以调节难度较大。其中，具有代表性的有中心体平移、中心体多级圆盘伸缩、分段唇罩调节以及基于特种气囊的可变直径中心体等变几何调节方式。例如，美国著名的高空侦察机 SR-71 "黑鸟"的 J-58 发动机（Corda et al.，2000）采用的可移动中心锥使发动机能够在马赫数 0～3.2 范围内有效运行；Weir 等（2002）在平移中心体的基础上，结合中心锥开槽的方法，提出了一种复合变几何进气道，通过收缩中心锥中部的纵向槽道来调节喉道面积，也可以通过中心锥的前后平移来调节入口捕获流量，更好地适应不同工况下的流量需求，拓宽了工作马赫数。Maru 等（2004）发展了一种多级盘式变几何进气道，通过调整圆锥和圆盘的相对位置可以实现多种工况下的激波封口条件。南京航空航天大学的王德鹏等（2015）通过分段唇罩设计实现了轴对称进气道的捕获流量和压缩量的独立调节，还发展了基于特种气囊的可变直径中心体等变几何调节方式，实现了轴对称进气道喉道高度的调节，为轴对称进气道几何调节提供了新的思路。其次，针对二元变几何进气道，发展出了压缩面转动、压缩面变形、唇罩平移和唇罩转动等变几何调节方式，可以更加灵活地实现相关气动参数的调节，例如，日本 ATREX 计划中二元变几何进气道（Taguchi et al.，2003；Okai et al.，2003；Taguch et al.，1999；Taguch and Yanagi，1998）使用矩形进口，上下对称布局，第一级压缩楔面保持不变，其余压缩楔面可进行转动调节，从而改变激波角等气动参数，达到改变不同飞行状态下压缩效率和流量捕获能力的目的。美国 NASA 兰利研究中心设计的 X-43B 采用外并联式 TBCC 发动机组合进气道（Noh et al.，2010；Albertson et al.，2006），进气系统采用常规的二元进气道，变几何结构主要包含可动压缩楔面、高 / 低速通道的可动唇罩，从而保证了组合动力系统在不同飞行马赫数下的性能。美国 NASA 兰利研究中心和洛克希德·马丁公司提出的一种内并联式 TBCC 发动机动力方案中（Robert et al.，1993），通过调节分流板实现各通道的流量分配和模态转换。美国 NASA 格林研究中心提出了一种基于四连杆机构的几何调节方式（Saunders et al.，2007），该调节方式通过水平驱动杆的前后移动来同时改变进气道的激波角和喉道马赫数。国内对于二元变几何进气道的研究，张华军等（2012 a，2012 b）提出了一种带有可变几何泄流腔的内并联式 TBCC 发动机组合进气道设计方案，其具有良好的气动性能。南京航空航天大学的王德鹏等（2015）提出了一种基于次流循环的气动式激波系调节的宽域进气道概念，通过引入次流来改变进气道的气动型面，实现了固定几何条件下进气道压缩波系的调节，还探索了基于形状记忆合金的宽域变几何二元进气道，实现并验证了局部记忆合金的宽域变几何进气道方案（Zhang et al.，2018c；Zhang et al.，2017；Li and Tan，2015；Tan et al.，2010）。针对内转式变几何进气道，三维曲面压缩的特点使得各类几何调节方案较难直接使用，国内各高校在内转式可调进气道方面开展了较多的探索性工作，获得了不同几何调节方式下内转进气道的气动性能（郭峰等，2019；朱伟等，2019；闵浩等，2018；邬凤林，2017），如图 2-53 所示。

针对宽速域进气道大内收缩比的典型特征，南京航空航天大学的王德鹏等（2015）深入研究了进气道的再起动 / 不起动流动机理（Jin et al.，2021；Huang et al.，2021；王晨曦等，2017；谭慧俊等，2014；Tan et al.，2011；Zhang et al.，2016b；王德鹏，2014），研究发现，再起动过程可细分为稳定激波振荡、间歇性振荡、管内流动建立等，而不起动过程与再起动过程大致相反。进气道是否不起动或能否实现再起动，与进气道的内收缩比、初始流场结构，特别是管道入口的分离特性等因素高度相关，而且存在明显的迟滞效应，使得经典的基于等熵理论和入口正激波的边界预测方法失效。为此，王德鹏等（2015）综合考虑了入口波系结构、内收缩段的总压损失以及唇罩激波脱体极限等因素，建立了变几何进气道不起动 / 再起动边界预测模型，研究

(a) 唇罩分段调节的变几何轴对称进气道

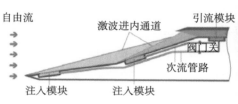

(b) 基于次流循环的气动式可调进气道

图 2-53　几种典型的宽域变几何进气道

表明，该模型的预测精度相比经典方法得到大大提升。

　　排气系统在宽马赫数工作范围内同样要经历复杂多变的工作状态及流动状态，因此在排气系统的设计过程中，一方面，要平衡设计点和非设计点下的性能；另一方面，要考虑与燃烧室出口形状相容、强几何约束以及几何调节等问题，设计难度较大。非对称喷管是超燃冲压发动机的核心部件之一，其性能的好坏直接决定了推进系统推进效率的高低。针对非对称喷管的设计，可以将其分为二维非对称喷管、考虑侧向膨胀的非对称喷管以及三维非对称喷管。二维非对称喷管通常通过特征线法设计完成，使得出口气流均匀水平，喷管推力达到最佳，但是长度超出了飞行器对尾喷管的允许长度，为此提出了最短长度喷管设计（Zebbiche et al.，2006；Dumitrescu，1975）以及引入非对称因子增加时唇板的膨胀（Mo et al.，2015；Goeing，1990），但是其长度仍不满足排气系统的几何约束要求。Hoffman（1987）进一步提出了压缩和缩短理想喷管的方法，利用线性缩短理想喷管的方法得到了非对称喷管，其适合作为推力喷管。全志斌等（2012）利用非线性缩短理想喷管方法，发现该方法性能有了较大的提升，并且在较宽的马赫数范围内推力性能下降较小；莫建伟等（2012）采用最短长度理论，赵强等（2014）提出推阻平衡的喷管缩短方法对非对称喷管进行了设计和研究。国际上还进行了非对称喷管设计的优化设计研究（Huang et al.，2013；Li et al.，2008）。针对考虑侧向膨胀的非对称喷管，为实现与后体的一体化设计和充分利用后体空间，增加在有限空间内的膨胀率，排气系统的侧板引入侧向膨胀。例如，法国 JAPHAR 计划中发动机排气系统的构型（Novelli and Koschel., 2001），相比于传统的二维非对称喷管，引入侧向膨胀后可以充分利用喷管的膨胀面积提高膨胀率，进而提升排气系统的推力性能并缩短喷管长度。针对三维非对称喷管，主要采用优化设计和流线追踪方法，Xing 和 Damodaran（2004）通过优化方法耦合计算流体力学求解器对三维椭圆形喷管进行了优化设计，该方法虽然能很好地解决工程设计问题，但是需要消耗大量的计算资源和时间。Mo 等（2014）采用流线追踪方法设计的三维非对称喷管推力和升力均有所提升，而 Mo 等（2014）基于环形最大推力喷管流场，采用双向流线追踪技术对出口形状可控的三维非对称喷管进行了设计和研究，发现该设计方法具有明显的优越性。

在宽马赫数和宽空域的工作范围内，高超声速进气道需要进行几何调节，而最基本的几何调节方式就是平动、转动和变形，另外还有较为新型的气动调节方式。各几何调节方式对不同进气道的适用性也不同，轴对称进气道的几何调节方式多以平动为主，内转进气道以转动为主，而二元进气道的几何调节方式较为灵活，可以以转动为主，也可以使用变形和平移的方式。以上基本的几何调节方式拓宽了进气道的工作范围，改善了进气道的自起动和再起动能力，提高了进气道的工作性能和稳定性，但是几何调节方式存在一个明显的密封问题。对于排气系统，为了实现与飞行器后体的一体化设计，超燃冲压发动机在尾喷管设计过程中需要严格考虑几何约束、与燃烧室出口几何相容、进口流场均匀等问题，并提出了缩短或截短理想喷管以及优化设计方法等问题。对三维非对称喷管的设计方法有变分法、优化设计方法以及流线追踪方法等，虽然设计较为困难，但是研究者提出了很多解决方案，为了追求更高的性能标准，在非对称喷管设计中，需要提出更加有效的设计方法。

3. 宽域高效燃烧组织技术

经过长时间的探索，逐渐形成了凹腔稳燃、支板稳燃、后向台阶稳燃等多种稳燃模式，结合不同稳燃模式进行不同工况下的高效燃烧组织是国际上的研究重点。

如图 2-54 所示，薄支板稳燃可以实现壁面光滑低热流、低阻工作，适用于宽域条件。哈尔滨工业大学基于变几何燃烧室开展了大量地面试验及数值模拟工作，突破了一系列技术难题，提出了支板-壁面复合喷注超声速燃烧组织方法，具有低热载、高性能的特性。支板稳燃主要在中心流燃烧，支板厚度仅为 6 mm，阻塞比为 6%，相对凹腔稳燃的壁面热流大幅度降低，实现了马赫数 2～7、当量比 0.15～1.2 宽工况范围下的火焰稳定，通过试验及数值模拟初步评估了支板稳燃超声速燃烧室的性能，揭示了支板稳燃机理，获得了支板设计准则。

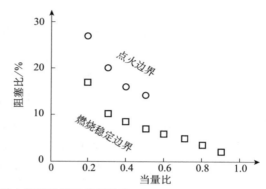

图 2-54   薄支板稳燃器及稳燃边界

　　面向宽速域冲压发动机燃烧室的性能需求，各国都进行了可变几何燃烧室方案及关键技术的探索，以实现宽域来流条件下的高效燃烧组织。LEA 通过对发动机领域的长期研究，最终选择了利用唇口和热节流阀的简单转动来实现发动机可变几何结构的方案。每次飞行试验都保证在相同的来流马赫数下完成，所有的飞行器都将使用固定几何结构的发动机，该发动机结构即代表对应试验飞行马赫数条件下被选择的可变几何结构方案。有学者详细阐述了 LEA 计划中几何可调燃烧室参数以及试验结果分析，如图 2-55 所示。结果表明，由几何滑块前缘产生的激波结构对发动机的点火和稳燃有很大的干扰。在宽速域范围飞行过程中，几何可调燃烧室能够稳定地运行，通过调节几何滑块的轴向位置来改变燃烧室的扩张比，能够满足不同来流条件下的释热需求，保证发动机在宽速域范围内飞行均能获得最优性能。Bouchez 和 Beyer（2009）研究了变几何燃烧室与无喉道的定几何超声速燃烧室的比冲随着来流马赫数的变化规律，当来流马赫数在 1.5～3.5 时，由于燃烧室缺少物理喉道且燃烧室的扩张比较小，定几何超声速燃烧室的性能明显低于变几何燃烧室的性能，而在马赫数 5 附近时两者性能几乎一致；当进入高马赫数飞行时，定几何超声速燃烧室的性能也出现了下降。

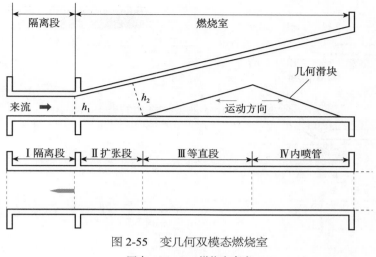

图 2-55　变几何双模态燃烧室

图中，h_1，h_2：燃烧室高度

　　本节从热力循环的角度研究了不同飞行马赫数下超声速燃烧室性能的制约因素，通过对四种基本热力学过程进行分析，确定了"等-扩-等"的燃烧室构型能够适应宽马赫数范围工作下对燃烧室几何和性能的要求，如图 2-56 所示。在此基础上，提出并设计了适应宽马赫数范围工作的变几何燃烧室的基本构型，并开展了多种工况下变几何燃烧室地面直连试验，如图 2-57 和图 2-58 所示。研究结果表明，几何调节是一种能够控制燃烧模态和进气道不起动的有效途径，可以满足宽工况下发动机的工作要求。采用变几何燃烧室构型进行数值模拟和试验研究工作，模拟来流燃烧室入口工况马赫数均为 3、总温为 1505 K。针对该变几何燃烧室进行了性能提高的研究工作，研究了燃烧室扩张比在 1.3～1.8 变化、燃烧室当量比在 0.6～1.2 变化时的性能。在某一给定当量比条件下，燃烧室的各项性能随着燃烧室扩张比的减小而提高，因此可以通过减小燃烧室扩张角的方式来提高燃烧室性能。通过数值模拟研究手段优化了燃烧室扩张比 1.76、当量比 0.6 时燃烧室的扩张角，燃烧室扩张角的变化范围为 8°～16°。研究结果表明，优化燃烧室扩张角可以提高燃烧室性能。在燃烧室构型连续变化过程中发现了迟滞现象，并对其形成原理进行了探讨，结果表明，随着燃烧室扩张比的增加，燃烧室特征点的迟滞效应减弱。

　　本节完成了典型工况下变几何燃烧室 100 s 长时间地面考核试验，验证了长时间稳燃、燃烧室几何连续调节等关键技术。通过几何滑块调节实现了冲压发动机燃烧室几何扩张比的连续变化，通过变几何燃烧室实现了来流马赫

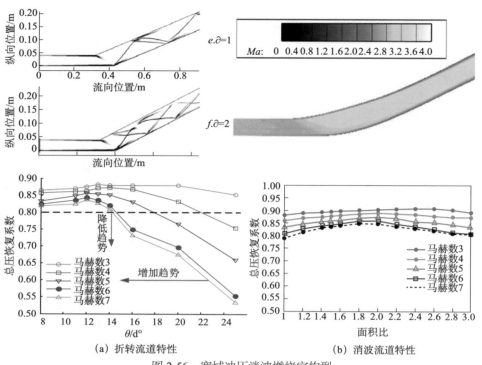

（a）折转流道特性   （b）消波流道特性

图 2-56　宽域冲压消波燃烧室构型

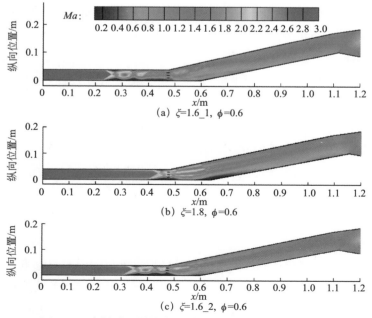

图 2-57　宽域冲压燃烧室马赫数 6 工况下数值模拟结果

图中，ξ：燃烧室扩张比；φ：当量比

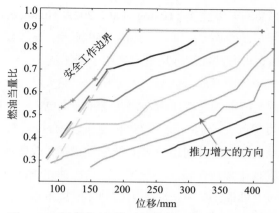

图 2-58　宽速域冲压发动机性能调节特性试验结果

数 2～7 范围内燃烧室的性能优化，设计了消波燃烧室构型，实现了燃烧室流道性能的优化，基于低阻变几何燃烧室开展了大量地面试验及数值模拟工作，获得了宽速域来流条件下燃烧室的性能优化及调控方法。

4. 等离子体点火助燃技术

宽速域冲压发动机要具备低压、高速环境中的点火强化能力，更重要的是要具备随工况变化的点火调节能力。放电等离子体利用放电产生的热效应、化学效应和热物性效应（统称为点火效应）（王巍巍等，2016；Ju and Sun，2015；Starikovskiy and Aleksandrov，2013；Nehemiah，2010；Do et al.，2010 a；Curran，2001；南英和肖业伦，1997）来减小煤油雾化颗粒的直径，增加煤油与氧气分子之间的撞击频率，诱导产生活性基团来加速煤油着火的燃烧反应动力学过程，进而实现强化点火作用。俄罗斯（Leonov et al.，2011）和美国（Do et al.，2010 b）都开展了等离子体作用下碳氢燃料超声速点火试验，表明放电等离子体可极大地加速燃料的氧化和热量释放，显著扩宽点火的边界。空军工程大学持续开展了等离子体点火助燃技术的研究工作，展示了等离子体在扩大火核尺度、提高点火能量、扩展点火边界方面的技术潜力和试验规律（Lin et al.，2017；赵兵兵等，2013），提出了多通道表面放电等离子体点火方法（Huang et al.，2018）与滑动弧等离子体点火助燃方法（Feng et al.，2021 a；Feng et al.，2020；Feng et al.，2018），并在超燃冲压燃烧室中进行了点火与助燃试验。等离子体放电过程中可以产生大量的自由基和激发态粒子，如 O_3、NO、O 和 NH 等，通过改变燃烧过程中原有化学反应路径来加速化学反应过程。等离子体产生的热效应能够显著增强燃油的雾化性能（Huang et al., 2022; Huang et al., 2021），有利于减小最小点火能量，增强点火性能，如图2-59所示。试验结果表明，多通道表面放电等离子体点火方法在微秒尺度上产生了高能量、强穿透的等离子体团，在毫秒尺度上等离子体团形成高能量、大体积的初始火核，火核周围的预热蒸发区显著增大、油气掺混现象明显增强，火核释热量更大，进而更快地形成稳定火焰，显著缩短了点火延迟时间，有效拓宽了超燃冲压燃烧室的点火边界。滑动弧等离子体点火助燃方法可以有效降低燃油粒径，改善燃油雾化蒸发，将燃油裂解活化生成高化学活性轻质小分子，提高燃油化学活性，显著增强了超燃冲压燃烧室的点火性能，在一定程度上抑制了燃烧不稳定性，提高了燃烧性能，如图2-60所示。

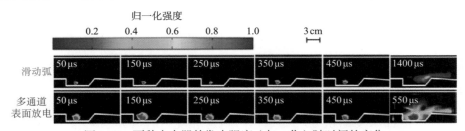

图 2-59　两种点火器的发光强度（归一化）随时间的变化

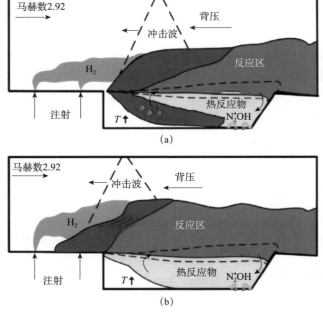

图 2-60　多通道滑动弧等离子体抑制燃烧模态转换的机制

图中，H_2：氢气；T：温度

国防科技大学的王振国院士团队（蔡尊等，2019）将激光诱导等离子体引入发动机开展了点火强化与助燃的研究。中国科学院力学研究所的李飞等（2012）开展了电弧强化煤油超声速点火试验。北京航空航天大学的韦宝禧等（2012）对比了等离子体强化乙烯和氢气超声速点火的试验效果。

哈尔滨工业大学在模拟马赫数 6、总温 1680 K 的直连试验台上利用中心嵌入式等离子体射流实现了轴对称光壁面超声速燃烧室的强化点火和稳定燃烧，其试验装置如图 2-61 所示。试验结果表明：等离子体射流形态受燃烧室气动状态变化的影响较大，但在自身工质的高压射流作用下等离子体在点火起动过程中可以维持；中心嵌入式等离子体射流产生一定尺度、高温且含有丰富自由基的空间区域，其在恰当局部当量比的前提下产生诱导火焰；等离子体诱导火焰在光壁面超声速燃烧室中传播与稳定燃烧，主要依赖等离子体持续作用下的中心火焰诱导壁面附面层分离，形成压缩激波和高温低速区，并引燃支板喷出的煤油，进而发展成一个稳定的超声速燃烧场。

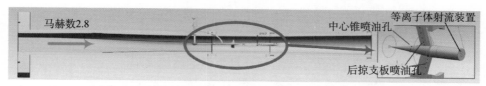

图 2-61　中心嵌入式等离子体强化超声速点火试验装置

在超声速燃烧室的高速流动中建立和维持等离子体，是等离子体诱导燃料点火和火焰稳定的基本要求。如图 2-62 所示，在静止气流的条件下，点火器末端喷出了明亮的等离子体射流，形成了轴向上 11 mm 尺度的高温等离子体。加热器冷试下会形成高速气流引射，等离子体射流所处环境的气体压力显著降低。在此条件下，等离子体射流的形貌出现了明显变化，不仅在轴向上出现了 2 倍以上的尺度扩展，而且在径向上形成了直径为 60 mm 的明亮放

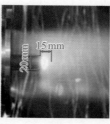

图 2-62　超声速燃烧室中等离子体建立与维持

电区。加热器热试下超声速气流已经建立，超声速泄流下等离子体射流在轴向与径向上的尺度均出现明显降低，但基本涵盖了中心锥的下游区。

等离子体射流所处环境中气体压力、速度的变化会改变等离子体射流的形貌。环境气体压力的降低会导致等离子体中粒子碰撞频率的下降，有利于等离子体射流在空间上的尺度延展。气体速度的提高导致向下游方向的能质输运，等离子体射流的尺度也随之改变。虽然点火器喷出的等离子体射流会随着燃烧室内的气动参数而变化，但在其自身放电工质的高压射流作用下，从静止条件到加热器冷试再到加热器热试的过程中，等离子体射流均可以稳定地建立与维持，这为等离子体在超声速燃烧室的高速流动中的强化点火和火焰维持奠定了基础。

在超声速燃烧室中利用高温且富含自由基的等离子体射流产生点火火核，形成煤油燃料的着火以及火焰的空间传播。如图 2-63 所示，中心锥前端的煤油由空气裹挟向下游流动，大量的煤油被卷吸进中心锥末端的回流区。在等离子体射流的作用下，中心锥末端处的煤油被成功点燃并形成明亮火焰。随着加热器达到热试条件，高超声速气流建立，等离子体点火火焰在空间尤其是在轴向上进行传播，形成了一股明亮且强烈的燃烧火焰。

图 2-63　中心等离子体作用下超声速燃烧室点火过程

中心锥前端喷射的煤油进入中心锥末端的回流区，形成一个富燃料区。考虑到煤油主要是沿着壁面向下游传播，中心锥末端回流区的局部油气比超过着火的边界条件。为调节此局部区域内燃油与空气的混合比例，必须使用空气或氧气作为等离子体射流的工质气体，以此起到调节局部燃料和氧化剂比例的作用。中心锥前端喷油的全局当量比在 0.3～0.5 区间时，等离子体点火的稳定性和助燃效果最佳。局部区域内恰当的油气比和等离子体射流的存在，为煤油火焰的传播及沿燃烧室轴向的发展提供了条件。

5. 高效复合热防护技术

超燃冲压发动机工作在高速、高温和高强度燃烧的极端热物理条件下，在来流空气的气动加热和燃料的燃烧释热的共同作用下，将产生巨大的热载荷（Tancredi and Grassi，2007；Seebass，1998）。根据采用的热沉方式不同，发动机热防护技术可分为依靠飞行器/发动机机体材料的被动热防护技术、采用来流空气或燃料作为冷却剂的主动热防护技术及二者的组合（Glass，2008；苏芳和孟宪红，2006），如图 2-64 所示。隔热材料的许用温度存在上限，因此被动热防护技术对热防护材料的依赖性极大。

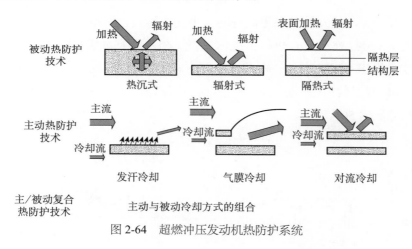

图 2-64　超燃冲压发动机热防护系统

对于主动热防护技术，超声速来流空气总温过高，因此一般采用未经燃烧的推进剂作为冷却剂。燃料的总量十分有限，随着发动机飞行马赫数的不断提高，来流空气的气动加热热载荷具有强烈的非线性特性，再考虑到燃烧室强烈的超声速燃烧释热热载荷，单位冷却剂面临的热载荷将呈指数增大（Zhang et al.，2020 a），如图 2-65 所示。

为了应对飞行器宽速域条件下超高热载荷的热防护需求，国际上采用主/被动复合热防护技术来提升单一的主动热防护技术的性能，出现了再生/气膜复合冷却、再生/发汗复合冷却以及主/被动复合热防护等新型复合冷却技术。

主/被动复合热防护是将耐高温材料的部分隔热功能与再生冷却相结合（Willard et al.，2009；Bouchez and Beyer，2009），实现主动冷却与被动冷却

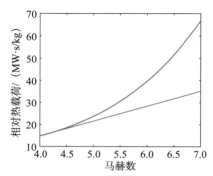

图 2-65　吸气式超声速飞行器内表面冷却剂相对热载荷随马赫数的变化

的优势互补，可使发动机在更高马赫数下安全运行，如图 2-66 所示。哈尔滨工业大学对主 / 被动复合热防护技术进行了初步的方案研究，针对这一复合冷却技术提出了设计方法。相较于单一主动冷却技术，主 / 被动复合热防护技术能够将超燃冲压发动机燃烧室壁面温度降低约 200 K，将燃烧室壁面热流密度降低约 50%。

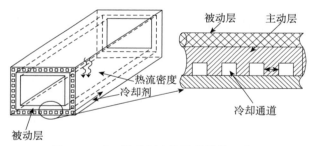

图 2-66　主 / 被动复合热防护结构示意图

再生 / 气膜复合冷却技术采用再生冷却通道出口部分裂解或未裂解的高温燃料（700 ～ 1000 K）作为气膜冷却的冷却剂，在不增加额外质量流量的前提下，共同利用碳氢燃料的吸热与隔热作用来实现热防护，其原理图如图 2-67 所示。日本研究员研究了再生 / 气膜复合冷却技术对氢燃料超燃冲压发动机性能的影响（Kanda et al.，1994）。左婧滢（2020）和 Zuo 等（2018）研究发现，在用作气膜冷却的燃料质量流量为再生冷却燃料质量流量 20% 的前提下，相较于单一主动冷却技术，再生 / 气膜复合冷却技术能够将发动机极限飞行马赫数拓宽 1.35，将发动机比冲相对提升 13%，比推力相对提升 37%。

除了复合冷却技术，研究者还引入强制对流换热调控手段以提高单一再

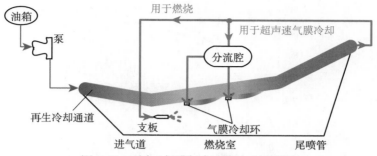

图 2-67　再生 / 气膜复合冷却技术原理图

生冷却技术的热防护效率。在超燃冲压发动机再生冷却技术研究中，冷却通道强化换热调控的研究刚刚起步（谢凯利，2015；Xu et al.，2015 b；Betti et al.，2014；唐丽君，2014；Chung et al.，2013），一般根据低阻和强化换热两方面的需求来选取强化换热调控手段，以微肋和凹陷涡为主。曹杰（2017）、Li 等（2018）研究发现，凹陷涡的加入能够将光滑冷却通道的传热性能提高 64%，微肋结构则能将光滑冷却通道的传热性能提高近 70%。凹陷涡与微肋能够有效抑制并消除再生冷却通道中燃料的跨临界传热恶化，消除局部结构超温，如图 2-68 和图 2-69 所示。针对再生冷却通道内热裂解区的高温碳氢燃料，微肋和凹陷涡能够显著调节通道内的热分层，缓解燃料物理热沉与化学热沉利用的不均匀性（Li et al.，2020）。总体来说，超燃冲压发动机再生冷却通道的对流传热调控的研究刚刚起步，涉及超临界碳氢燃料在微小通道内的跨临界、湍流传热及热裂解等过程，十分复杂。

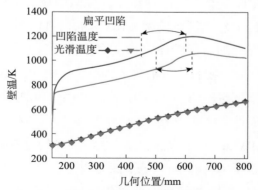

图 2-68　光滑通道和凹陷通道内的温度分布

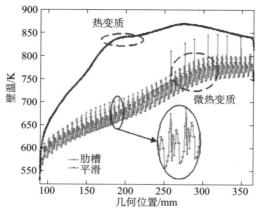

图 2-69　光滑通道和微肋通道内的温度分布

　　主动冷却热防护技术要求燃料必须具备充足的热沉能力。吸热型碳氢燃料是指同时利用物理热沉和化学热沉的燃料，是主动冷却技术的关键技术之一。一般来说，热裂解反应是最重要的吸热化学反应之一，确定并优选高热沉烃分子与组成是吸热型碳氢燃料的首要问题。天津大学系统研究了 50 余种喷气燃料中典型单体烃的比热（物理热沉）、热裂解反应（化学热沉）和产物特性（结焦特性），提出了表征烃热沉能力的关键参数，发展了喷气燃料分子组成与性质定量关系，设计出高热沉碳氢燃料的烃分子结构及组成特征（Liu et al., 2020; Shi et al., 2017）。

　　燃料裂解反应动力学是认识和解析主动冷却中燃料热裂解和传热耦合过程的基础。天津大学基于一次 / 二次裂解反应理论和复杂反应集总动力学方法，建立了吸热型碳氢燃料的超临界热裂解集总分子反应动力学模型（18 个物种，24 个反应）及其简化模型（16 个物种，11 个反应），应用该模型对电加热单管内燃料的裂解转换率和主要产物的预测偏差均小于 5%，实现了对燃料裂解反应产物和热沉的可靠预测（Li et al., 2019; Jiang et al., 2013）。以此为基础，进一步建立了包括超临界裂解和组成 / 物性变化的燃料冷却过程数值模型，发现了燃料超临界裂解与传热耦合过程的基本规律：在低热流（<0.5 MW/m²），一次热裂解占主导，裂解反应强化传热过程，提高了局部努塞特数（Nusselt number）20% 以上；当平均热流 >0.7 MW/m² 时，同时发生一次 / 二次裂解反应恶化传热过程，局部努塞特数降低了近 30%。这进一步揭示了高热流下近壁面热裂解反应吸热显著降低了径向温度梯度和热扩散系数梯度，是导致局部传热恶化的原因（Li et al.，2022；Li et al.，2021），如图 2-70 所示。

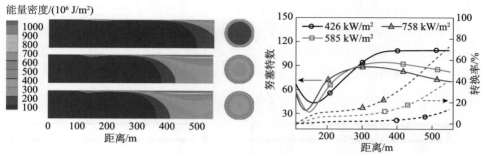

图 2-70　燃料冷却过程燃料数值模拟及高热流近壁面效应

左上：热流 =0.5 MW/m²；左中：热流 =0.6 MW/m²；左下：热流 =0.8 MW/m²

　　燃料吸热反应过程的调控是提高主动冷却技术可靠性的关键。首先，针对主动冷却过程中燃料裂解结焦难题，天津大学、浙江大学等系统解析了裂解结焦形成的机理，发展了燃料裂解结焦抑制添加剂、惰性涂层表面处理等抑制结焦的方法。同时，针对燃料参与热管理过程中长期可重复使用热氧化沉积问题，完善了长期使用过程中沉积物形成的模拟方法，发展了一系列沉积物形成抑制技术，显著提高了燃料的高温应用性能（Liu et al.，2021a；Han et al.，2021；Liu et al.，2019）。为提高燃料热沉和调控反应过程，我国学者在催化吸热反应（催化反应催化裂解、催化脱氢和重整等）研究方面，也有较好的研究成果积累（Zhang et al.，2020c；Zhang et al.，2020 b）。

6. 控制技术

　　在宽速域冲压发动机从低速到高速的工作范围内，其经历的工作模态主要包括亚燃模态、过渡模态、超燃模态、不起动模态等，不同工作模态之间冲压发动机面临不同的控制目标，推力需求、进气道安全保护、燃烧室超温保护等控制问题彼此关联。针对冲压发动机的控制研究主要包括进气道不起动保护控制、多目标优化控制、多变量控制、飞机-推进系统一体化控制等。

　　近二十年来，在美国 NASA（Auslender et al.，2009；Walker et al.，2008）、俄罗斯 CIAM（Voland et al.，1999）等公开报道的高超声速飞行器飞行试验中，4 次出现进气道不起动流动失稳导致的飞行试验失败案例，没有达到预期的试验目标，这也凸显了研究超燃冲压发动机内部流动复杂动力学行为及其控制的重要性和必要性。对于进气道不起动控制，进气道内激波串位置的检测是必不可少的。哈尔滨工业大学提出了一种基于流场重构的激波串前缘位置检测方法，构建了基于卷积神经网络的流场重构模型，根据隔离段壁面压力提供瞬时流场结构，然后基于流场图像处理获得了精确的激波串前缘位置。训练后的模型根据壁面压力成功重构出较为精细的流场结构，如图2-71所示。流场重构模型为激波串前缘位置检测提供了更丰富的信息源，与传统压比法和压升法相比，大大提高了检测精度。

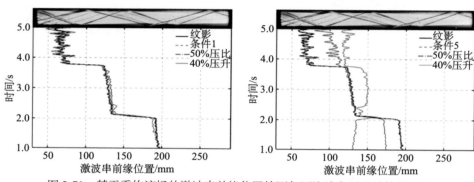

图2-71　基于重构流场的激波串前缘位置检测与压比法和压升法性能对比

　　为实现超燃冲压发动机高效、高性能工作，必须最大限度地挖掘其性能潜力，这势必造成发动机工作在最大性能边界，稍有扰动就会导致发动机进入危险工作模态，所以既要保证发动机以最大性能工作，又要保证发动机安全运行，这也反映出超燃冲压发动机是一个多目标控制问题，对此通常采用多回路协调控制和多变量控制的方法实现多目标控制。姚照辉（2010）提出了基于最小最大准则（min-max criterion）的超燃冲压发动机转换控制方法，一方面保证快速跟踪指令为高超声速飞行器各种飞行任务提供所需推力；另一方面保证发动机工作在安全边界以内，即对安全边界的控制。Cao等（2015）提出了基于最小（min）准则和积分初值重置的无扰转换控制方法，最小准则的基本思想是比较若干个控制器的输出信号，将最小值作为输入量传送给被控对象，而积分初值重置保证了转换前后控制器输出参数的连续，基于两种方法进行了包括推力控制与不起动保护控制的超燃冲压发动机控制系统半实物仿真与试验验证，实现两回路之间的平滑转换，保证了发动机参数的稳定输出，仿真结果如图2-72所示。

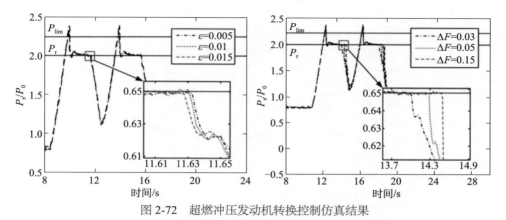

图 2-72　超燃冲压发动机转换控制仿真结果

图中，P_s: 特定点压力；P_o: 隔离器入口处压力；P_{lim}: 给定点压力；ε: 压力误差；ΔF: 推力差

多变量控制也是实现多目标协调控制的重要手段。在不同回路之间耦合作用较小时，多回路协调控制效果较好，但随着各控制变量动态干扰作用的增强，相互之间的耦合现象凸显，多变量控制方法的优势随之体现。多变量控制在航空发动机领域的应用较为广泛，而针对超燃冲压发动机的相关研究却较少。哈尔滨工业大学以主动冷却超燃冲压发动机为研究对象，设计了混合灵敏度 H_∞ 多变量控制器，保证了发动机在全范围的鲁棒稳定，提高了发动机的稳定裕度，同时开展了切换控制系统设计，根据双模态冲压发动机不同马赫数下的控制目标分别设计多变量控制器，结合无扰切换方法实现了切换过程稳定。如图 2-73 所示，在变马赫数工作过程中，主动冷却超燃冲压发动机的跟踪效果良好，在低马赫数时，发动机能够同时控制推力输出和进气道稳定裕度；在高马赫数时，控制系统能够无扰动地切换至推力和冷却煤油出口温度控制回路，保证燃烧室不超温。

受到 NASP 计划、Hyper-X 计划以及 HyTech 计划的影响，近年来国际上所关注的控制与优化问题也在逐步演变。在 X-51 A 飞行试验事故引发关注之前，早期研究工作更侧重于利用先进的控制方法来解决飞行器巡航控制过程中存在的控制问题，主要涵盖飞行器纵向姿态的静不稳定与非最小相位问题、飞行器速度与高度的跟踪控制问题、轻质且长细比较大的高超声速飞行器的弹性效应问题、飞 / 推系统控制量的冗余与饱和问题以及飞 / 推系统显著的参变特性问题等（Xu et al.，2004；Marrison and Stengel，1998）。近几年，受人工智

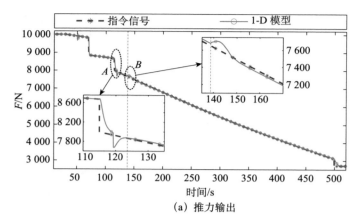

（a）推力输出

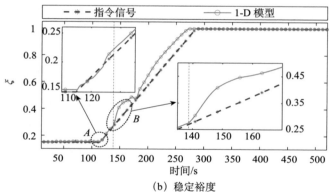

（b）稳定裕度

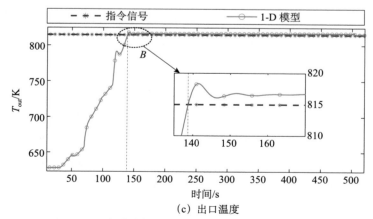

（c）出口温度

图 2-73　主动冷却超燃冲压发动机多变量控制结果

能技术浪潮的影响，进一步涌现出了基于 T-S 模糊控制（Wu et al.，2014；Hu et al.，2011；Feng，2006）和神经网络控制思想的飞行器控制系统设计工作（Wu et al.，2017；Xu et al.，2015 a；Xu，2015），但上述控制系统设计工作被动地继承了面向控制模型对飞 / 推系统机理描述的局限性，研究背景被动地停留在巡航控制的范畴，忽略了对吸气式推进系统特殊属性的考察。随着 X-51 A 飞行试验中的进气道不起动问题引发关注，飞 / 推系统的加速爬升过程越发受到研究者的重视，与之相对应的控制与优化工作成为新的研究热点。

四、爆震冲压发动机

爆震燃烧近似为等容燃烧，是一种激波与化学反应强耦合的燃烧形式，具有释热速度快、燃烧过程热损失小、自增压等特点，可在更高压力下、更小空间内快速释放热量，相比于等压燃烧，其循环热效率可提高 30% ～ 50%，是当前航空航天动力研究的热点之一。适用于高超声速航空发动机的技术途径主要包括旋转爆震发动机（rotating detonation engine，RDE）和斜爆震发动机（oblique detonation engine，ODE）。

（一）旋转爆震发动机

基于爆震燃烧的 RDE 具有潜在的性能优势，可以适应更宽的飞行条件，同时爆震波产生的增压比可达 15 ～ 55 倍，因此有望省去复杂的压气机和涡轮部件，简化系统结构、降低研制成本，将 RDE 与冲压进气道组合形成的冲压爆震发动机在航空领域具有广阔的应用前景。

关于 RDE 的研究最早可以追溯到 20 世纪 60 年代，1959 年苏联的 Voitsekhovskii（1959）最先提出旋转爆震的概念，但受限于当时的计算和试验条件，一直未能取得突破性进展，随后若干年鲜见与之相关的研究报道。自 21 世纪以来，随着测试手段和计算水平的飞速发展，人们对旋转爆震现象有了更深刻的认识，加上高速飞行器对高效、紧凑发动机的迫切需求，有关 RDE 的研究报道越来越多。

在 DARPA 和 NASA 的支持下，以美国空军实验室、海军实验室、PW 公司、洛克达因公司、密歇根大学、波音公司等为代表，开展了大量旋转爆震的数值模拟和试验研究。各机构围绕旋转爆震机理问题开展了理论分析、数值模拟和试验研究，主要包括燃料喷注与混合、爆震波起爆、燃烧室内爆震波模态、爆震波自持传播机理、燃烧室内压力对上游的影响等。2020 年，美国支持经济可承受任务能力的先进涡轮技术将 RDE 列为拥有最高优先级的技术。AFRL 授予了三项 RDE 的关键研发合同，总价值 5.2 亿美元，其中授予GE 公司和 PW 公司各 2.5 亿美元的研发合同，使其发展、验证和转化关键技术；授予洛克达因公司 2000 万美元的研发合同，这三家公司预计都将在 2026年 9 月前完成开发和试验。由于总体路线清晰、试验设备先进、测量方式多样、学校和工程单位分工明确且合作充分，美国在旋转爆震机理研究和工程化应用方面世界领先。图 2-74 为美国 RDE 内部结构示意图。我国对旋转爆震的研究与美国同时起步，各机构发挥其理论分析和基础研究的优势，在旋转爆震机理研究方面开展了大量的基础研究。

图 2-74　美国 RDE 内部结构示意图

国外众多研究机构在多项研究计划的支撑下，探索了爆震燃烧应用于宽速域 / 宽空域航空航天推进系统的可行性。美国海军研究实验室的研究表明：采用爆震燃烧热力循环代替基于布雷顿循环的燃气涡轮发动机，能够降低燃气涡轮发动机的燃料消耗（节省 25% 燃料），提高 10% 的动力输出，每年将为海军降低 3 亿～4 亿美元的燃料成本；能够发挥定容燃烧热循环效率高的优势，使之适应涡轮工作模式和冲压工作模式的多工作模式，提高推进系统的性能。相对于定压燃烧，爆震燃烧具有一系列显著优势：在同等条件下，循环热效率提高了 30%～50%；燃烧速率快，容热强度大，燃烧室结构紧凑；具有自增压特性，可以降低冲压发动机进气道的总压损失，有利于简化推进系统设计，缩短发动机长度，提高发动机推力重量比。

俄罗斯的 Bykovskii 等（2006）较早开展了 RDE 的试验研究工作，并实现了旋转爆震波的稳定传播，发现旋转爆震波个数与可燃混合物填充高度有关，提出了燃烧室的关键参数（燃烧室直径、宽度、长度和供给流量等）与旋转爆震波胞格尺寸的经验关系式。AFRL 的 Fotia 等（2015）基于氢气和空气成功实现了旋转爆震波的稳定传播，并开展了大量的试验工作，分析了供给流量、当量比和燃烧室背压等对旋转爆震波传播特性的影响；设计了不同喷管结构，并分析了不同喷管结构对 RDE 推进性能的影响。Rankin 等（2017）通过 OH* 化学发光手段，对燃烧室内的流场进行了拍摄，如图 2-75 所示，分析了旋转爆震波的波系结构和影响旋转爆震波传播的关键因素。为了实现燃料和氧化剂的均匀混合，Andrus 等（2016）设计了采用预混供给方式的 RDE 燃烧室，并成功抑制了燃烧室的回火现象，试验装置如图 2-76 所示。为了抑制燃烧室的回火现象，可燃混合物的喷注孔径非常小，导致旋转爆震波稳定传播的工况范围较窄。Goto 等（2016）基于乙烯和氧气开展了大量试验研究，分析了喷注结构和

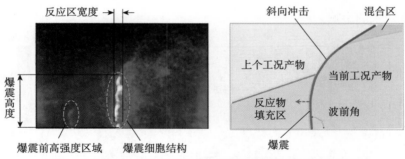

图 2-75　基于 OH* 的化学发光图像和旋转爆震波结构示意图

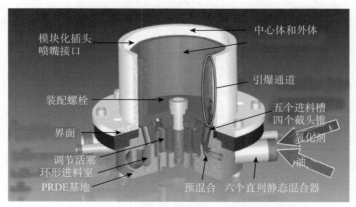

图 2-76　采用预混喷注方式的 RDE 燃烧室

喷管结构等对旋转爆震波传播特性与发动机推进性能的影响；设计了耐高温材料的燃烧室，并开展了 6～10 s 的长时间验证试验（Ishihara et al.，2017）。此外，部分研究人员尝试将旋转爆震燃烧室与压气机和涡轮耦合，并进行了诸多尝试，为实现 RDE 的工程应用提供了理论基础。

在数值计算方面，受限于计算资源，早期的计算工作主要基于二维计算模型。美国海军实验室的 Schwer 和 Kailasanath（2011）详细阐述了旋转爆震波的二维流场结构，如图 2-77 所示，分析了不同喷嘴结构抑制压力反传的作用，以及对旋转爆震波传播特性的影响，研究了喷注面积、燃烧室直径和长度对旋转爆震波高度与 RDE 推进性能的影响，上述研究加深了人们对 RDE 流场结构的认识，为燃烧室的结构设计提供了重要参考。Tsuboi 等（2015，2017，2018）考虑了详细化学反应机理，研究了带尾喷管 RDE 的推进特性，认为当量比和发动机尺寸均会影响发动机的比冲。Driscoll 等（2016）在二维冷态条件下，分析了可燃气体供给流量、喷注面积和喷孔位置对燃料和氧化剂掺混效果的影响。

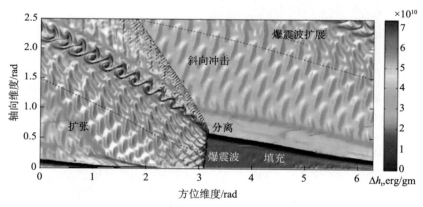

图 2-77　旋转爆震波的二维流场结构

Katta 等（2019）研究了环形燃烧室宽度对旋转爆震波传播特性的影响，当燃烧室宽度增加时，旋转爆震波在燃烧室外环处的峰值压力更高，旋转爆震波强度更大，如图 2-78 所示。Wolański（2013）指出，数值模拟为人们认识旋转爆震波的传播特性提供了很好的帮助，同时为优化 RDE 的喷注结构和燃烧室结构提供了重要参考，数值模拟是研究 RDE 的一种有效手段。

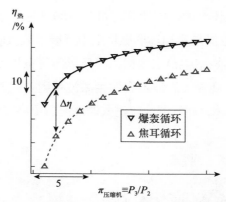

图 2-78　爆震燃烧与等压燃烧的循环效率分析

国内包括清华大学、北京大学、南京理工大学等也开展了 RDE 的基础研究工作。清华大学的 Xie 等（2018）以氢气和空气为推进剂，在贫油条件下分析了旋转爆震波的不同传播模态，试验结果如图 2-79 所示，阐明了不同传播模态的压力波形和传播特点。南京理工大学的周胜兵（2018）开展了旋转爆震波的起爆特性研究，验证了普通火花塞实现旋转爆震波起爆的可行性（彭磊等，2016）；基于圆盘形燃烧室结构，分析了圆盘内旋转爆震波的传播特性和模态转换机制（夏镇娟等，2020）。南京理工大学与空军工程大学的研究人员相继以汽油（郑权等，2018）和煤油（Zhong et al.，2019 a）为燃料，实现了基于液态燃料旋转爆震波的稳定传播，并分析了液态燃料旋转爆震波的传播特性。

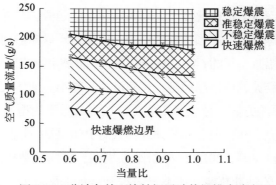

图 2-79　贫油条件下旋转爆震波传播模态分布

由于二维计算模型忽略了燃烧室宽度和曲率的影响，所以计算结果与实际情况存在明显差别。同时，随着计算机硬件水平的快速发展，更多的研究人员开展了基于三维模型的数值计算。如图 2-80 所示，北京大学的唐新猛等（2013）分别在无内柱燃烧室和环形燃烧室中开展了数值研究，验证了旋转爆震波能够在无内柱燃烧室中稳定传播，与环形燃烧室相比，无内柱燃烧室由于省去了内柱结构，旋转爆震波不会发生激波反射。同时，无内柱燃烧室中心区域为高温易燃气体，新鲜混合气进入燃烧室后更易发生提前燃烧。

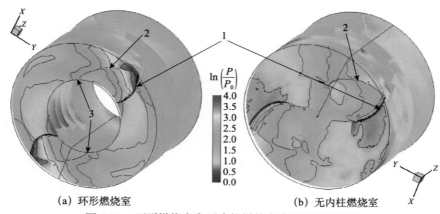

$$\ln\left(\frac{P}{P_0}\right)$$

（a）环形燃烧室　　　　　　　　　（b）无内柱燃烧室

图 2-80　环形燃烧室和无内柱燃烧室中的旋转爆震波

图中，1：爆轰波；2：斜激波；3：激波反射

南京理工大学基于旋转爆震波的传播特点，通过数值模拟及试验开展了旋转爆震燃烧室与涡轮导向器组合结构的试验研究（李帅，2018；周胜兵等，2018；Zhou et al.，2017），如图 2-81 所示。研究结果表明，随着当量比的增加，燃烧室内旋转爆震波的传播速度呈先增大后减小的趋势。在导向器出口仍存在与燃烧室内旋转爆震波同主频的振荡压力，但相对于导向器前的振荡压力，出口振荡压力的振幅减小了约 64%，旋转爆震波传播速度的相对偏差先减小后增大，并且旋转爆震波的传播越稳定，其速度损失越小。清华大学提出了一种完整的连续 RDE 系统方案，建立了主要工作过程的数学模型及参数化整机性能分析模型，并研究了涡轮前总温等设计参数对 RDE 总体性能的影响（Ji et al.，2019，2020；计自飞等，2018）。分析结果表明，与同参数传统燃气涡轮发动机相比，RDE 总体性能优越，比冲显著提升且耗油率降低。南京航空航天大学针对旋转爆震涡轮发动机中爆震波会对上游压气机稳定性产生影响的问题，开展了旋转爆震波逆向压力传导特性及消波机理的研究（潘鑫峰，2018），研

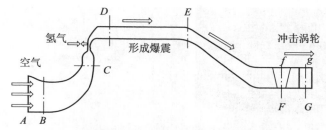

图 2-81　旋转爆震与涡轮组合研究示意图

图中，*A*：进口截面；*B*：集气腔进口截面；*C*：喉道进口截面；*D*：爆震燃烧室进口截面；
E：爆震燃烧室出口截面；*F*：涡轮导向器截面；*G*：涡轮叶片截面

究装置如图 2-82 所示。总体来说，目前国内关于旋转爆震涡轮发动机的研究
还主要集中在可行性试验验证及旋转爆震燃烧室与涡轮的相容性等方面，对
发动机总体性能的方案论证和综合性能评判的研究较少。

图 2-82　旋转爆震波逆向压力传导特性及消波机理研究装置

在 RDE 应用转化方面，Wolański（2011）在国际爆震推进研讨会上介绍
了旋转爆震燃烧室用于涡扇发动机、火箭冲压发动机和吸气式冲压发动机的
几种形式。如图 2-83（a）所示，旋转爆震燃烧室替代涡扇发动机常规燃烧室
的构想，爆震具有自增压能力，同等推力条件下可降低压气机级数，涡轮级
数也相应减少，简化了发动机结构，保持压气机和涡轮级数不变，发动机可
产生更大的推力。同时，旋转爆震燃烧室也可用于结构更简单的冲压发动机，
图 2-83（b）是将旋转爆震燃烧室应用于冲压发动机的结构示意图，旋转爆
震波在冲压发动机燃烧室头部的环腔内自持传播，燃烧产物的压力大幅提高，
从而提升了推进性能。

 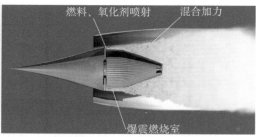

（a）涡扇发动机　　　　　　　　　　（b）亚声速火箭冲压发动机

图 2-83　采用旋转爆震燃烧室的不同发动机形式

　　目前，关于旋转爆震冲压发动机的工程级试验的报道相对较少，面临较多问题：一是冲压工作模式下旋转爆震波稳定自持传播；二是脉动高热流条件下的主 / 被动热防护技术；三是整机 / 部件关键性能指标优化，如图 2-84 所示。

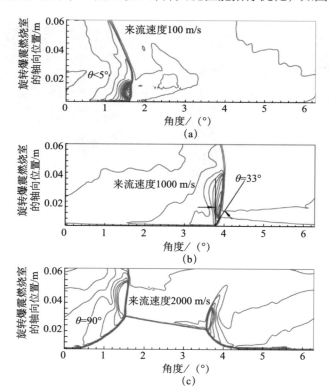

图 2-84　来流速度对压力场的影响

作为一种吸气式推进系统，为保证其正常工作，需要解决燃烧室与进气道的匹配问题，其本质为来流和旋转爆震波的相互作用问题。Shao 和 Wang（2010）研究了喷注速度对旋转爆震波传播模态的影响，发现 50～100 m/s 速度范围内的旋转爆震波均能稳定传播。王超（2016）通过直连试验证实了连续旋转爆震波可以在超声速和高总温空气条件下长时间稳定工作。张仁涛（2020）通过数值模拟研究了非定常反压对进气道波系结构的影响，发现由于旋转爆震波的作用，进气道中出现沿上游传播的运动激波，经过一段传播距离后形成结尾激波，如图 2-85 所示。

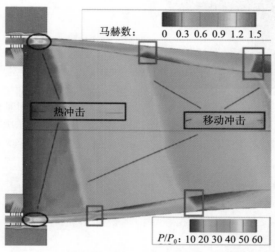

图 2-85　非定常反压对进气道波系结构的影响

北京动力机械研究所开展了基于液态碳氢燃料的吸气式 RDE 研究，成功实现了液态碳氢燃料的旋转爆震燃烧组织，设计了吸气式 RDE 地面原理样机，开展了直连和自由射流试验，成功实现了发动机进气道、燃烧室和尾喷管的协同稳定工作，通过试验手段验证了吸气式 RDE 原理的可行性，如图 2-86 所示。

在热防护方面，Theuerkauf 等（2015）采用高频薄膜热通量计对氢气-空气 RDE 外壁面的热通量进行了测量，发现峰值热通量超过了 9 MW/m²。Stevens 等（2018）为获得 RDE 壁面准稳态传热规律，设计了两种水冷通道，如图 2-87 所示，通过水温的变化计算得到壁面热流密度。日本的 Goto 等（2018）以乙烯 / 氧气为反应物，采用碳 / 碳复合材料进行热防护，如图

2-88 所示。使用热电偶测量壁面不同深度的温度，成功进行了 4.4 s 长程试验，得到的热通量为 2.4 ~ 3.79 MW/m²。Kawasaki 等（2019）在低背压条件下，在一个小型空筒燃烧室内进行了试验，使用乙烯 / 氧气作为反应物，同时使用气态氮气作为冷却气体，设计了相应的气膜冷却结构。结果表明，气膜冷却的效果比较明显，但是冷却剂质量流量在一定范围内时才会产生旋转爆震波。

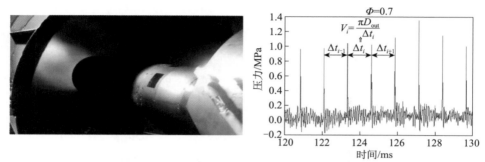

图 2-86　吸气式 RDE 自由射流试验图片及高频压力传感器测量旋转爆震波压力

图中，V_i：波的传播速度；D_{out}：燃烧室外径；t_i：时间间隔

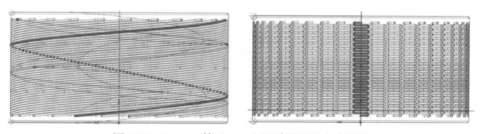

图 2-87　Stevens 等（2018）设计的两种水冷通道

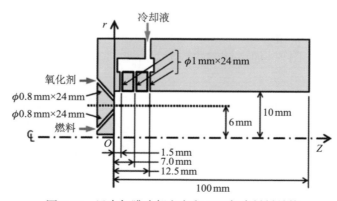

图 2-88　日本气膜冷却方案和 C/C 复合材料结构

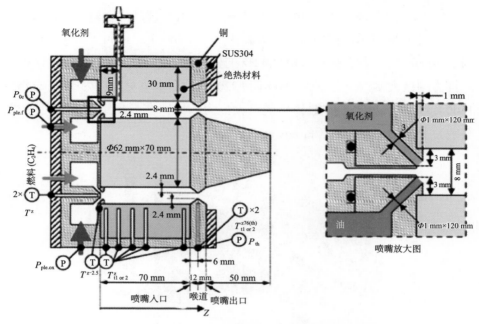

图 2-88　日本气膜冷却方案和 C/C 复合材料结构（续）

在总压增益方面，Kaemming 等（2020）对冲压 RDE 的损失进行了量化分析，在考虑一系列损失后，冲压 RDE 在马赫数 4 之前均能实现正的总压增益，而传统冲压发动机的总压增益范围为 –20%～–10%，因而冲压 RDE 相较于传统冲压发动机具有明显的性能优势，如图 2-89 所示。

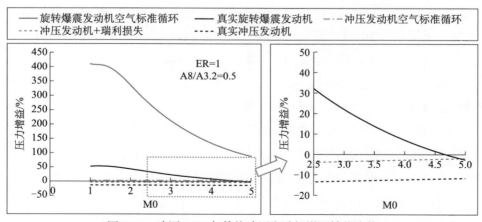

图 2-89　冲压 RDE 与传统冲压发动机增压性能比较

俄罗斯的 Frolov 等（2017）使用脉冲风洞对冲压 RDE 进行了风洞试验，如图 2-90 所示，在来流马赫数为 4～8 的条件下，得到了相应特征频率为 1250 Hz 的连续爆震模态和 900 Hz 的轴向脉冲模态。基于燃料的比冲与总推力的最大实测值分别为 3600 s 和 2200 N，在来流马赫数为 5.7、总温为 1500 K 条件下，冲压 RDE 模型的最大推力和比冲在当量比为 1.25 处获得，分别为 1550 N 和 3300 s（Frolov et al.，2018）。

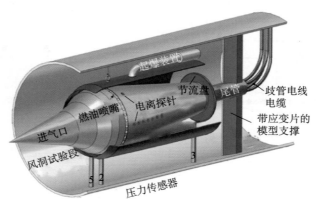

图 2-90　俄罗斯的冲压 RDE

国防科技大学以氢气和空气为推进剂实现了旋转爆震波的稳定传播，阐明了旋转爆震波的不同传播模态，分析了喷注结构、燃烧室结构和喷管结构对旋转爆震波传播模态与速度的影响，探究了影响旋转爆震波稳定传播的关键因素（刘世杰，2012）；基于直连试验台，开展了吸气式 RDE 的试验研究工作（王超等，2016）；随后，验证了自由射流条件下 RDE 稳定工作的可行性，试验结果表明，在马赫数 4.5、高 18.5 km 的高空高速来流条件下，旋转爆震波的传播速度为 1063 m/s，约为理论值的 62%，基于燃料的最大比冲为 2510 s（Liu et al.，2017），如图 2-91 所示。

空军工程大学针对冲压 RDE 在低马赫数飞行时来流总温较低、爆震组织困难的问题，开展了煤油预燃裂解活化的技术探索（Song et al.，2019，2020），如图 2-92 所示。利用部分煤油燃烧提供高温环境，再将大量煤油喷入高温燃气实现富油裂解，从而产生高活性气体，改善燃料的反应活性，实现了煤油燃料在低总温来流条件下的成功起爆。该技术通过对煤油燃料的分级使用，避免了携带额外燃料或能源的问题，从而实现了煤油燃料反应活性的提高。

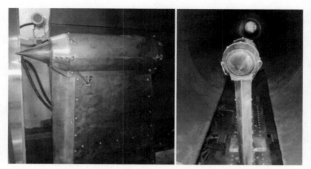

图 2-91 国防科技大学的冲压 RDE

图 2-92 预燃裂解反应器结构剖面图

通过改变裂解煤油和预燃煤油的比例，获得了宽流量范围内预燃裂解效果，如图 2-93 所示，对裂解气进行组分分析，发现产物中富含氢气、甲烷、乙烯、乙炔和一氧化碳等高活性组分，对比不同组分爆震胞格尺寸发现，裂

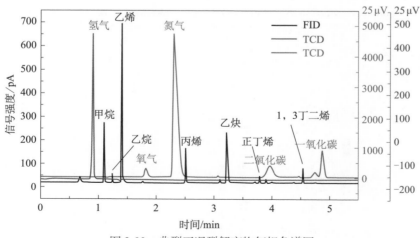

图 2-93 典型工况裂解产物气相色谱图

图中，FID：flame ionization detector，氢火焰离子检测器；TCD：thermal conductivity detector，热导检测器

解气起爆难度显著下降。裂解气的检测结果充分验证了预燃裂解可以将煤油裂解成容易爆震的气态组分，有望极大地降低煤油–空气的爆震胞格尺寸和临界点火能量，为突破煤油–空气无法在低总温来流条件下直接起爆的难题提供了技术途径。

Zhong 等（2019 b）将预燃裂解和旋转爆震燃烧室组合开展了验证试验，如图 2-94 所示。燃料选用 RP-3 航空煤油，补油比为 6，在空气来流温度降低至 419 K 的情况下，成功实现了煤油–空气连续旋转爆震的起爆与稳定传播。时频图（图 2-95 和图 2-96）清晰地展示了旋转爆震波传播频率随时间的变化情况，其值在 1410 Hz 附近波动，与快速傅里叶变换得到的主频十分接近。验证了采用预燃裂解手段可有效拓宽冲压连续爆震来流低温范围，拓宽了马赫数下边界。

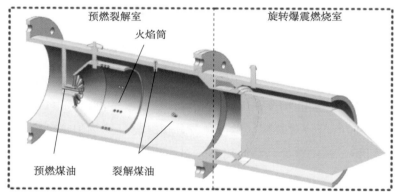

图 2-94 煤油预燃裂解旋转爆震示意图

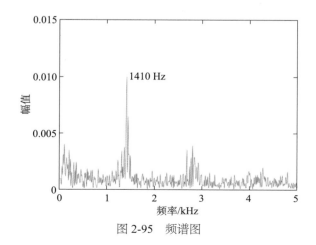

图 2-95 频谱图

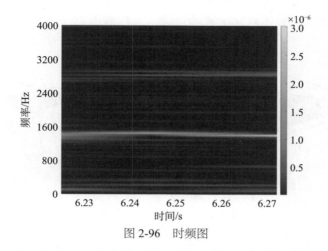

图 2-96　时频图

综上所述，世界范围内许多国家均积极开展了 RDE 的研究工作，并取得了许多卓有成效的研究进展，为 RDE 的工程应用积累了丰富的经验，也奠定了一定的基础。RDE 的数值研究工作加深了人们对流场结构和旋转爆震波传播特性的认识，掌握了喷注器的结构形式、尾喷管、燃料种类和燃烧室尺寸等对旋转爆震波的影响规律，为试验提供了丰富的理论支撑。同时，国内外多个研究机构开展了 RDE 与冲压进气道匹配的试验研究，但依然处于初期论证阶段。为了实现 RDE 的工程应用，仍需要突破多个关键技术，包括宽工况可靠稳定爆震、热防护技术、旋转爆震燃烧室与进气道和喷管匹配技术等。

（二）斜爆震发动机

对于更高马赫数范围内的吸气式发动机，斜爆震发动机被认为是非常具有发展潜力的吸气式发动机。如图 2-97 所示，斜爆震发动机概念几乎是与超燃冲压发动机概念同时期提出的，是超燃冲压发动机在高马赫数范围内的拓展和补充。斜爆震发动机是利用能够在高超声速气流中驻定的斜爆震组织燃烧的吸气式动力装置。斜爆震发动机是当前最适合应用于马赫数 8 以上飞行器的动力装置，结构形式与在研的超燃冲压发动机相似，主要由进气道、燃料喷注单元、燃烧室和喷管四部分组成。斜爆震发动机的工作过程为：来流空气经过前体和进气道压缩，与喷注的燃料混合后进入燃烧室，通过前体和燃烧室进口处的激波系构建，混气在燃烧室斜激波压缩作用下直接达到着火点，短距离内可完成燃料化学能的释放，高温高压燃气通过尾喷管膨胀产生推力。

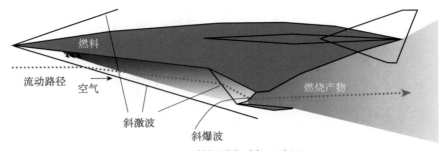

图 2-97　斜爆震发动机示意图

斜爆震发动机能够适应较宽范围（大于 C-J 爆震速度）的高超声速飞行，且具有爆震发动机的高热循环效率，在高马赫数飞行工况下具有显著优势。斜爆震发动机的特点主要体现在以下几个方面：①爆震燃烧允许进入燃烧室的气流速度高（马赫数 > 4），进气过程无需大的压缩比，总压损失小；②燃烧室静温低，为燃料化学能的释放留出了更大的温差空间，发动机可工作的油气比范围宽，推力调节范围大；③斜爆震燃烧放热过程近似等容，循环热效率高，可获得更高的比冲性能；④斜爆震燃烧放热过程的时间 / 空间尺度小，燃烧室长度可大幅缩短，高热载荷内流道面积小，大大降低了热防护的难度。

斜爆震发动机除了图 2-98（a）所示的燃料在前体 / 进气道喷注的典型构型外，还有另外一种与常规超燃冲压发动机结构形式更相似的燃料内喷构型，如图 2-98（b）所示，即燃料在进气道出口的掺混段与经进气道压缩的空气混合，达到一定掺混程度后，再进入斜爆震燃烧室燃烧释热，通常称前者为外喷构型，称后者为内喷构型。对于内喷构型，在飞行马赫数很高时，过高的气流速度导致燃料在进气道之后喷注面临掺混段过长的问题。外喷构型将燃料喷注提前至前体或进气道内，利用高马赫数飞行器前体及进气道细长的特点，大幅增大了掺混距离，保证了进入燃烧室前燃料与空气的均匀混合。因此，从原理上看，外喷构型相比于内喷构型更加适合更高马赫数的飞行条件，并且内喷构型可以看作常规超燃冲压发动机向更高马赫数发展时与外喷构型斜爆震发动机之间的一种过渡构型。但对于外喷构型斜爆震发动机，将进气

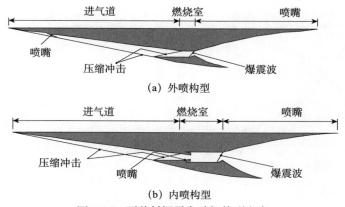

(a) 外喷构型

(b) 内喷构型

图 2-98　两种斜爆震发动机构型方案

压缩与燃料掺混紧密耦合，同时需要避免高总温来流条件下燃料在进入燃烧室前的提前自燃，由此给设计及工程化研制带来了诸多新的技术挑战。

北京动力机械研究所针对斜爆震发动机研究面临的诸多关键技术难题，包括斜爆震发动机总体技术、斜爆震燃烧组织技术等，开展了大量理论评估、数值模拟和试验研究，重点探索了斜爆震在高马赫数吸气式动力装置中应用的原理可行性和工程可实现性。此外，结合斜爆震发动机的工程应用背景，还开展了大量面向发动机的斜爆震机理及应用基础研究。

北京动力机械研究所通过对斜爆震发动机各部件热力过程进行简化分析，基于多组元变比热假设，建立了斜爆震发动机总体性能分析模型，开发了斜爆震发动机总体性能分析程序。针对 40 kPa 飞行动压、7～15 倍声速飞行速度，对氢和碳氢燃料斜爆震发动机的总体性能进行了计算，系统分析了进气道压缩程度、燃料类型对斜爆震发动机燃烧损失及斜爆震发动机总体性能的影响。通过总体性能优化分析，掌握了斜爆震发动机各部件之间参数的匹配规律，获得了不同飞行马赫数下斜爆震发动机进气道最佳压缩马赫数及对应的发动机比冲性能，如图 2-99 和图 2-100 所示。

在斜爆震应用基础研究方面，北京动力机械研究所针对斜爆震在推进系统中应用可能面临的工程实际问题，通过建立一定的假设简化模型，探索发动机内复杂的斜爆震燃烧现象及规律，重点针对斜爆震波的起爆特性、波面稳定性、非定常特性及波面胞格结构重构等方面开展了一系列研究（Zhang et al., 2016 a, 2018 a）。

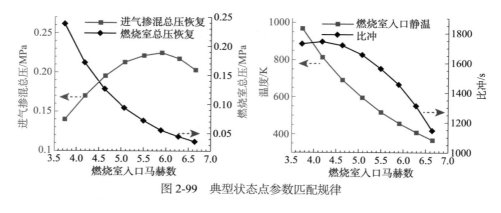

图 2-99　典型状态点参数匹配规律

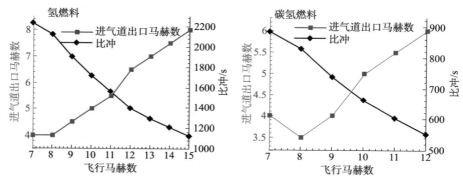

图 2-100　马赫数 7～15 氢 / 碳氢燃料斜爆震发动机进气道最佳压缩马赫数与比冲性能

对于斜爆震波的起爆特性，针对发动机高空飞行工况条件，采用基元反应模型，研究了氢气–空气预混气当量比对斜爆震波结构的影响，获得了起爆区结构和特征长度对化学反应当量比的依赖关系，如图 2-101 所示。

对于斜爆震波的非定常效应，研究了均匀预混气中来流角度突变导致的斜爆震波结构的变化。采用单步反应模型模拟了来流角度突变的影响，即来流角度较小、起爆位置靠近下游的斜爆震波如何转变为来流角度较大、起爆位置靠近上游的斜爆震波（图 2-102），或者相反。研究发现，斜爆震波从上游到下游是一个整体结构移动的过程，而从下游到上游是一个重新起爆的过程，两者存在极大的差异。即使上、下游两个稳定结构均为光滑过渡型的起爆区结构，非定常效应也会导致斜爆震波出现复杂的突变结构。来流的非定常可能导致斜爆震波结构发生非定常变化，进而影响发动机工作的稳定性和推进性能，这方面的研究是斜爆震燃烧从基础理论研究向工程应用研究转变的关键所在。

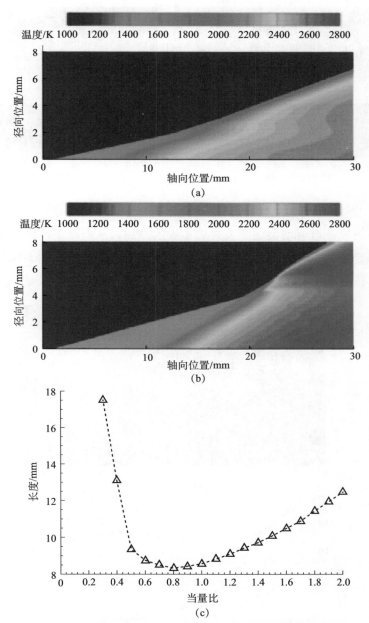

图 2-101　非均匀混气对斜爆震起爆结构及起爆区长度的影响

对于斜爆震波的波面稳定性,采用单步反应模型研究了不同气体中(活化能)的斜爆震波面胞格结构的形成及失稳规律的影响。研究发现,波面失稳在较低活化能条件下主要取决于活化能的变化,但是对于较高的活化能,

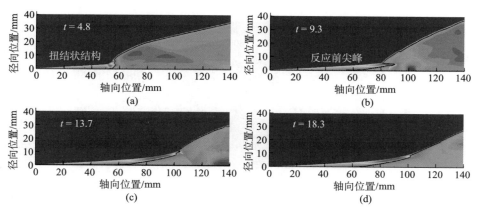

图 2-102　斜爆震非定常效应研究来流条件突变引起的斜爆震波结构转变过程

起爆导致的局部过驱动会逐渐发挥更重要的作用，从而抵消活化能增加带来的不稳定性效果，如图 2-103 所示。由此阐明了燃烧（活化能）和流动（过驱动度）在斜爆震波面失稳中发挥的不同作用。

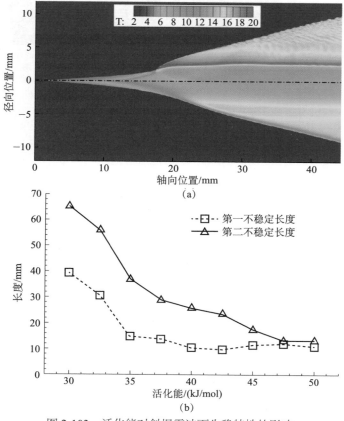

图 2-103　活化能对斜爆震波面失稳特性的影响

采用氢气−空气基元反应模型，从起爆区波系结构出发，数值模拟系统研究了高空飞行工况下发动机内斜爆震波形态及稳定边界。研究结果表明，飞行高度及飞行马赫数改变影响起爆区压缩波汇聚程度，引起斜爆震波形态变化。根据起爆区波系结构的差异，分析了四种典型斜爆震波形态及转变规律，如图 2-104 所示。从压缩波汇聚角度提出了具有一定普适性的斜爆震波起爆类型预测准则，如图 2-105 所示。针对飞行工况下氢气−空气斜爆震波及两种碳氢燃料斜爆震波，验证了预测准则的可行性与普适性。

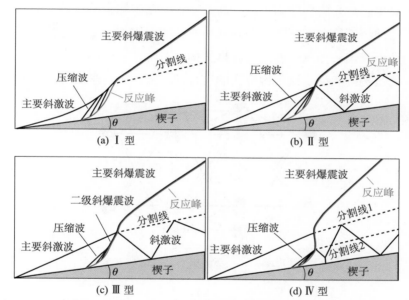

图 2-104　高空飞行工况下四种典型的斜爆震波形态及转变规律（θ 表示夹角）

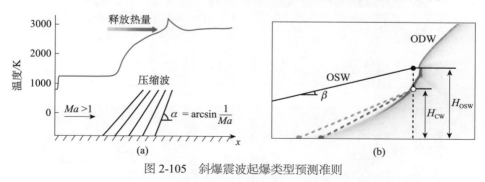

图 2-105　斜爆震波起爆类型预测准则

图中，OSW：oblique shock wave，斜激波；

ODW：Oblique detonation wave，斜爆震波；α、β：激波角；H：激波高度

耦合斜爆震发动机进气压缩与斜爆震燃烧过程，讨论了低飞行马赫数工况下斜爆震波稳定边界，研究发现，低飞行马赫数工况下斜爆震波会失稳前传，降低当量比可以稳定失稳斜爆震波。基于诱导区斜激波后气流马赫数与混气 C-J 马赫数大小的差异，提出了低马赫数斜爆震波稳定边界预测准则：当斜激波后气流马赫数小于混气 C-J 马赫数时，斜爆震波会失稳前传。从燃烧与流动的角度提出了低马赫数工况斜爆震波应用准则：快速起爆及稳定驻定。

开展了基于机器学习方法的爆震波面胞格结构重构研究，如图 2-106 所示，针对爆震波面胞格结构小尺度高时变难以精确测量的难题，提出了一种基于人工神经网络和特征正交分解降维方法的爆震波面重构方法，利用容易获得的波后流场来预测爆震波面胞格结构。对管道正爆震波和斜爆震波面胞格结构的重构均验证了该重构方法的可行性。借助机器学习方法研究爆震波

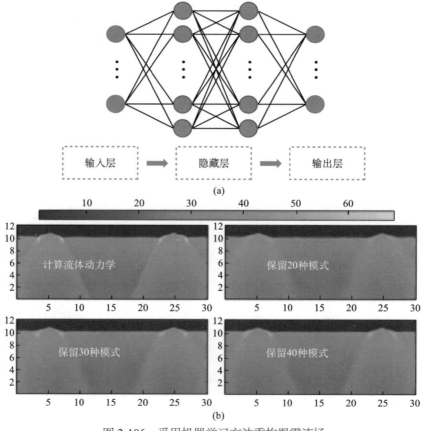

图 2-106 采用机器学习方法重构爆震流场

面胞格结构，为爆震波面动力学过程的深入研究提供了新思路。

　　由于试验技术非常困难，所以一直处于概念研究阶段，缺乏试验研究结果。北京动力机械研究所的 Gong 等（2017）在燃烧加热直连试验台设备上搭建了斜爆震燃烧地面试验研究平台，如图 2-107 所示，以氢气为燃料，模拟马赫数 8 飞行工况来流焓值条件，开展了来流总温 2400 K、非预混来流条件下钝楔诱导斜爆震波试验，在长达 2 s 的试验时间内得到了驻定的斜爆震波，如图 2-108 所示。采用高速纹影和高速摄影观察到了氢气−空气斜爆震燃烧火焰与激波清晰结构，以及斜爆震波面横波结构向下游的运动过程，获得了非预混来流条件下斜爆震波的完整起爆过程及斜爆震波驻定波系结构，分析了非预混斜爆震波起爆过程中的波系结构不稳定现象以及驻定斜爆震波面横波结构的发展规律。

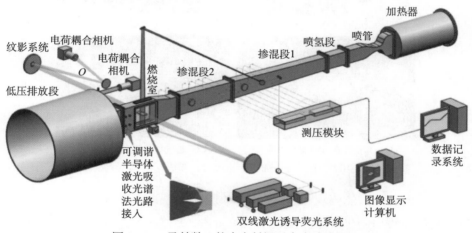

图 2-107　马赫数 8 状态点斜爆震直连试验模型

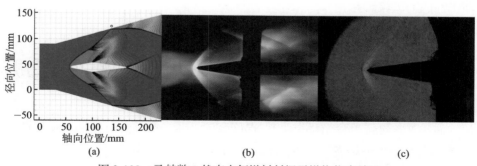

图 2-108　马赫数 8 状态点氢燃料斜爆震燃烧仿真结果

2020 年，中国科学院力学研究所设计了总长为 2.8 m 的全尺度斜爆震发动机模型，在激波风洞中开展了马赫数 9 状态下的斜爆震发动机稳定燃烧机理试验研究，以氢气作为燃料，获得了持续稳定的斜爆震流场，验证了斜爆震发动机的技术可行性，如图 2-109 所示。斜爆震发动机燃烧室非常短，热负荷和热耗散也非常低，理论运行范围为马赫数 6～16，将斜爆震发动机与涡轮发动机、亚燃 / 超燃双模态冲压发动机进行组合，可以实现更宽工作速域和空域的飞行。

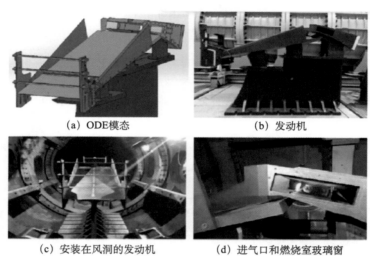

(a) ODE模态　　　　　　　　　　(b) 发动机

(c) 安装在风洞的发动机　　　　(d) 进气口和燃烧室玻璃窗

图 2-109　中国科学院力学研究所斜爆震发动机试验件

当前对斜爆震燃烧现象及机理的数值模拟研究已较为深入，但对斜爆震发动机的工程研制仍处于关键技术攻关阶段，后续应进一步开展斜爆震燃烧及发动机关键部件的地面试验验证，推动斜爆震发动机整机的集成设计和发动机性能的试验研究。

第三节　涡轮 / 火箭基组合循环高超声速航空发动机

涡轮 / 火箭基组合循环发动机是涡轮发动机、火箭引射冲压发动机和双模态冲压发动机三种发动机的组合。与 TBCC 发动机中的涡轮发动机与冲压发动机分别拓包线不同，T/RBCC 发动机利用火箭引射冲压发动机实现涡轮发动机与冲压发动机"推力鸿沟"的衔接。

一、发展概况

20 世纪 60 年代，RBCC 发动机的概念开始在型号中得到应用，最早的应用型号为苏联的 Gnom 火箭（陈兵等，2019）。该火箭是一种空气增强型火箭，它的助推段采用冲压发动机，依靠空气中的氧气飞行，可应用于洲际弹道导弹。与常规火箭相比，Gnom 火箭的重量减轻了 50%，性能得到了大幅提升（陈健和王振国，2007）。与此同时，美国也开展了 RBCC 发动机组合推进系统的研究工作，主要是为 1975 年以后的航天运载飞行器提供动力储备。这个时期的 RBCC 发动机组合推进系统的研究工作分为几个阶段，最大研究成果是确定了两种 RBCC 发动机推进方案，即增压引射型冲压（supercharged ejector ramjet，SERJ）发动机（Escher et al.，2000）和超燃冲压型液体空气循环发动机（scram liquefied-air-cycle engine，Scram-LACE）（Miki et al.，1991）。其中，SERJ 发动机的研究工作由马夸特（Marquardt）公司负责，其先后对 SERJ 发动机射流混合及燃烧过程开展了大量试验研究，并对 SERJ 发动机缩比发动机进行了一系列地面试验。1968 年，RBCC 发动机的研究出现了第一次热潮。后来由于美国的航天飞机项目决定采用全火箭推进方案，所以放弃了对组合推进的投入，对 RBCC 发动机的研究也由此搁浅。

20 世纪末，美国又提出了"先进航天运输计划"（Escher，1995）。其中，ARSTTP掀起了 RBCC 发动机研究的第二次热潮。1996 年 8 月，美国 NASA 马歇尔航天飞行中心开展了吸气式火箭综合系统测试（integrated system test of an airbreathing rocket，ISTAR），主要针对航空喷气公司的支板型 RBCC 发动机、洛克达因公司的 A5-RBCC 发动机、美国 NASA 格林研究中心（当时称为刘易斯研究中心）GTX 计划中轴对称型 RBCC 发动机和航空喷气公司基于支板型 RBCC 发动机提出的 ISTAR 发动机的样机开展研究。整个研究分为三个阶段进行（Debonis and Yungster，1996）。第一阶段（1997 年初～1999 年中期）主要进行支板型引射火箭（图 2-110）的研究，对航空喷气公司和洛克达因公司提出的两种一体化流道进行研究。研究认为，RBCC 发动机是单级入轨可重复使用航天器最有希望的推进装置，但其潜力与其重量及复杂性紧密相关。第二阶段主要针对 RBCC 发动机的轻质耐高温材料、主动冷却技术、推进装置气动热设计、发动机循环设计及整体优化而展开。2000 年，航空喷气公司、PW 公司和洛克达因公司在参与 ISTAR 计划的概念设计过程中达成组建组合循环委员会的一致意见，并于 2001 年 3 月 19 日正式签订协议，合力进行 RBCC 发动机推

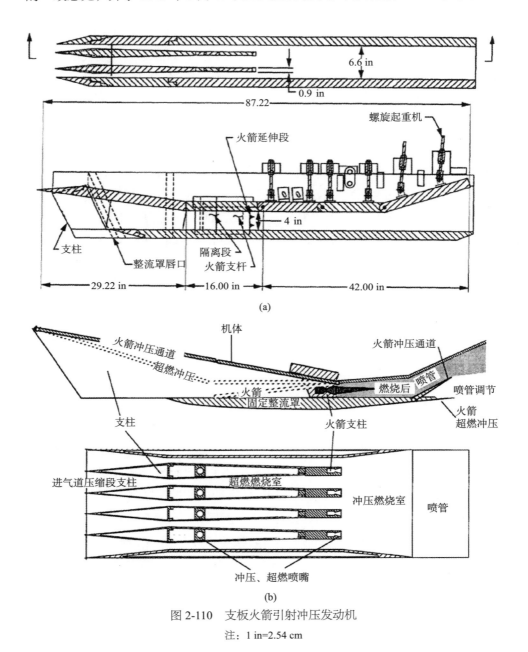

图 2-110 支板火箭引射冲压发动机

注：1 in=2.54 cm

进系统的研制。关于第三阶段的研究工作，目前尚未见到公开报道。

日本计划在 21 世纪 20 ～ 30 年代研制出采用吸气式 / 火箭组合发动机作为推进系统的、水平起降、完全可重复使用的单级入轨空天飞机。为此，日本国家空间实验室正在进行相关的方案研究和技术储备。在推进技术方面，日本国家空间实验室已经初步选定了四种候选方案：火箭 / 超燃冲压发动机、液化空气循环 / 超燃冲压发动机、预冷涡轮喷气 / 超燃冲压发动机、引射亚燃冲压 / 超燃冲压发动机。可以看出，这些推进方案采用的都是动力组合的方式，而且有两种引入了火箭推进。

真正组合三种发动机的 T/RBCC 概念最早出现在 1995 年 4 月召开的第 6 届美国航天航空学会（American Institute of Aeronautics and Astronautics，AIAA）国际航天飞机和高超声速系统与技术会议上。法国宇航研究院的Lepelletier 等（1995）针对吸气式运载器的组合推进系统提出了四种组合概念，其中的涡轮火箭 / 超燃 / 火箭推进概念和空气引射火箭 / 冲压 / 超燃 /火箭推进概念实际上就是早期的 T/RBCC。但是，从 1999 年召开的第 9 届AIAA 国际航天飞机和高超声速系统与技术会议的相关文献中获悉，日本横滨国立大学的研究人员于 1992 年也提出了吸气式火箭组合循环（airbreathing rocket combined cycle，ARCC）发动机的概念（Yamanaka et al.，1999）。1995年，日本横滨国立大学与国家空天实验室正式开启了 ARCC 发动机的联合研究工作。2001 年第 10 届 AIAA 国际航天飞机和高超声速系统与技术会议对ARCC 发动机的后续研究工作进行了详细报道。ARCC 发动机综合了涡喷发动机、冲压发动机和固体火箭发动机单独工作时的优点，同时弥补了各自的不足之处，使采用这种发动机的飞行器在不同的飞行条件下都具有良好的推进性能。

T/RBCC 发动机在 2010 年左右进入了一个新的发展阶段，其标志性事件是美国航空喷气公司提出的一种由涡轮发动机、引射冲压（ejector ramjet，ERJ）发动机和双模态冲压（dual-mode ramjet，DMRJ）发动机构成的新型组合循环推进系统——三喷气（TriJet）发动机（Bulman and Siebenhaar，2011）。由于获取马赫数 4 量级的高马赫数涡轮发动机还有一定困难，因此美国航空喷气公司考虑了一种利用现货涡轮发动机的替代方案。目前，现货涡轮发动机的最高工作马赫数为 2.5，为了填补马赫数 2.5 ～ 4 的推力空白，引入一台引射冲压发动机，使其为 DMRJ 发动机在跨声速以及低马赫数工作状态下提供推力。为了达到以上要求，另一台涡轮发动机提供了足够大的起飞推力，并为跨声速运行条件提供推力。这种组合发动机的概念就是上述 TriJet 发动机。TriJet 发动机可以使飞行器实现从地面静止状态起飞一直工作到马赫数 7 巡航状态。

TriJet 发动机有效解决了并联式 TBCC 发动机接力困难的问题，但其采用三种发动机、三通道并联布局，结构复杂度和空间占用相对较大。因此，中国航天科工集团第三研究院在此基础上创新性地提出了一种新型组合循环发动机。这种发动机方案为一种涡轮辅助火箭增强冲压组合循环发动机（turbo-aided rocket-augmented ramjet combined cycle engine，TRRE）。厦门大学经过优选论证也提出了一种由 2 台涡轮动力、1 台引射亚燃冲压动力与 1 台超燃冲压动力组合形成的多动力组合发动机（Zhu et al.，2019）。西北工业大学在 RBCC 发动机研究的基础上，提出了一种串联式燃气涡轮增强火箭冲压组合（gas turbine reinforced combination，GTRC）发动机。

二、TriJet 发动机

TriJet 发动机是由波音公司和美国航空喷气公司共同资助研究的一类高超声速航空发动机，旨在开发和评估结合 TriJet 发动机组合循环推进系统的高超声速巡航飞行器的性能潜力。

TriJet 发动机的概念最初来源于 2002 年波音公司和美国洛克达因航太控股公司合作提出的基于高马赫数变循环燃气涡轮发动机技术或带预冷技术的高超声速航空发动机（PyroJet）方案，其中涡轮发动机的最大飞行速度达到 4 倍声速。该方案通过高马赫数涡轮发动机克服马赫数 3～4 时由涡轮至冲压过渡的"推力鸿沟"问题。但 PyroJet 方案需要马赫数 4 级涡轮发动机，当前技术难以实现，因此该方案只能作为中远期的验证计划。为了满足短期内高超声速推进系统的设计需求，美国航空喷气公司以 PyroJet 方案为基础，开发了新型的三动力组合方案——TriJet 发动机。相比于 PyroJet 方案，TriJet 方案是一种近期解决方案，可提供马赫数 0～7 的推进动力，利用当前可用的马赫数 2.5 级涡轮发动机，并辅以引射冲压发动机，以克服涡轮发动机与双模态冲压发动机之间的"推力鸿沟",从而使马赫数 0～6 的高超声速飞行成为可能。

最初的 PyroJet 方案由两个马赫数 4 级高速涡轮发动机和一个双模态冲压发动机组成高超声速推进系统,其结构布局示意图及推力曲线见图 2-111。马赫数 4 级涡轮发动机在短期内的不可用性催生了一种替代推进方案 TriJet,其采用现有马赫数 2.5 级涡轮发动机,用引射冲压发动机代替 PyroJet 方案中的一个马赫数 4 级涡轮发动机,在跨声速和低马赫数的工作状态下提供推力。其中,传统涡轮发动机必须比 PyroJet 方案中的更大,以提供足够的起飞推力和跨声速推力,以此三种推力形式的组合实现"推力鸿沟"的跨越以及高超声速的飞行,TriJet 发动机示意图及推力曲线见图 2-112 (Siebenhaar and Bogar,2009)。

TriJet 发动机的关键部件包括进气道、隔离段、燃烧室及喷管,采用的都是类圆形结构。20 世纪 60 年代早期曾出现过圆形结构和内转进气道。圆形结构为推进系统提供了结构、冷却和内部阻力优势,并很好地集成到导弹中。内转进气道非常适合向圆形燃烧室横截面的气流过渡,当时超燃冲压发动机的开发人员就已经认识到,这种进气道系统的性能要高于等效的二维进气道系统。20 世纪 60 年代后期,开发人员放弃了圆形结构的优势,而转向矩形作为二维横截面。

1997 年,美国航空喷气公司提出了双燃烧冲压喷气发动机的概念,采用圆形亚声速燃烧室和圆形超声速燃烧室。内转式流道的复兴发生在 2002 年,当时波音公司和美国洛克达因航太控股公司合作,开发出革命性的基于 PyroJet 方案的涡轮冲压组合发动机,从此圆形结构逐渐回归到开发人员的视野中。圆形结构的回归主要包含以下几个理由。①实现了圆形优势。结构、冷却、减少拐角流动效应和摩擦阻力优势都是通过采用圆形结构实现的。②宽工作范围。高超声速巡航飞行器对超燃冲压发动机的工作马赫数要求更低,从而减少了对高度可变几何形状的需求。③燃油喷射挑战。采用带顺流喷射的圆形燃烧室,利用稳定中心环的概念,具有为燃油喷射提供额外位置的优势且重量轻得多。④计算仿真工具。自 NASP 成立以来,计算仿真工具得到了巨大发展,允许超燃冲压发动机设计出符合要求的流道。⑤进气道性能高。采用内转进气道,通过提供调节内部收缩率的能力解决了典型的内转进气道的起动难题。⑥飞行器一体化。圆形超燃冲压发动机实际上可以比二维进气道更有效地一体化到飞行器中。特别地,内转进气道使其适合飞行器平台型线前缘,并且可以容易地从任何前缘横截面形状转换成圆形燃烧室。当对喷管使用类似的方法时,这种集

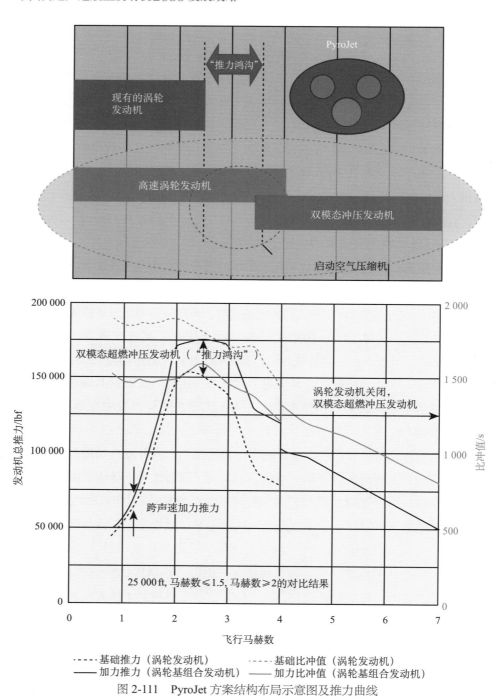

图 2-111   PyroJet 方案结构布局示意图及推力曲线

注：1 lbf=4.45 N

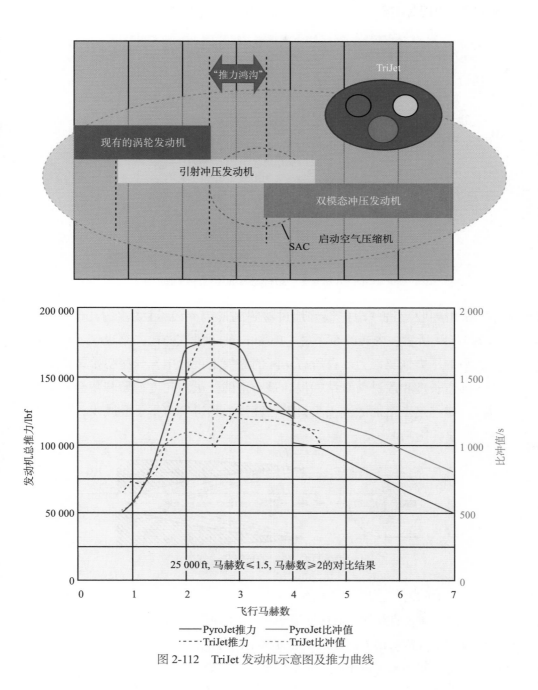

图 2-112　TriJet 发动机示意图及推力曲线

成方法可以同时实现推进性能和飞行器升阻比的最大化，如图 2-113 所示。

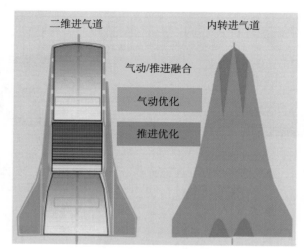

图 2-113　矩形结构与圆形结构的对比

　　采用内收缩进气道能很好地过渡到圆形隔离段 /燃烧室的几何形状。如图 2-114 所示，内转的布泽曼（Busemann）进气道比二维进气道系统具有更高的压力恢复能力。在所有实际的进气道设计中，一些初始转角对减小进气道长度和改进前缘结构设计是有用的。虽然几度初始转角会使进气道在一定程度上增加激波损失，但黏性损失和进气道重量会减少，所以对性能的总体影响很小。

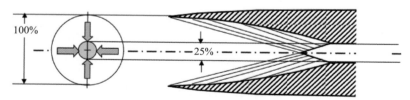

图 2-114　截短的布泽曼进气道

　　已起动的进气道具有更大的质量捕获和压力恢复，因此以尽可能低的速度起动进气道是有益的，低速通道与内转进气道一体化设计如图 2-115 所示。低速发动机气流由切入高速进气道内部的前分流板提供，这将内部收缩减小到进气道的起始极限以下。在更高的速度下，该分流板可以倾斜下降，增大收缩以提高性能。与前分流板一致，还有一个相应的后分流板，控制为涡轮发动机提供气流。

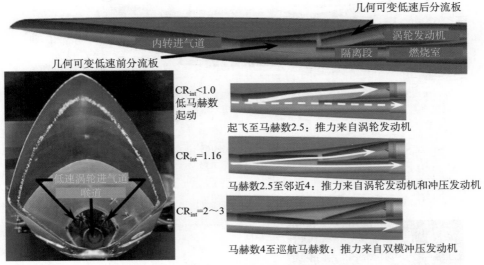

图 2-115　低速通道与内转进气道一体化设计

图中，CR：面积比

　　2007 年，美国 NASA 对该进气道进行了广泛测试，在马赫数 2.3～4.6、雷诺数 $2 \times 10^6 \sim 4.95 \times 10^6$、迎角 0°～2.5°的条件下进行了试验，将这个进气道的概念付诸实践。该试验项目旨在表征内转进气道概念的可操作性范围。试验表明，通过分流板驱动和背压进行流量重新分配、对称和不对称运行以及稳定的进气道可操作性，验证了其可操作性和良好性能，如图 2-116 所示（Bulman and Siebenhaar，2011）。

　　由于高超声速双模态冲压发动机有一个直径为 2～3 ft 的大型进气道，所以如果只使用壁面燃油喷射，隔离段和燃烧室长度将达 30～50 ft。这种尺寸的发动机不仅带来了飞行器一体化问题，而且在高效燃烧、热管理、性能和重量方面面临严峻挑战。使用基于支板的内喷射方案，将隔离段和燃烧室的长度都减少了 50% 以上。如图 2-117 所示，支柱安装在隔离段中，增加了浸湿周长和激波串间隙，减少了所需的隔离段长度。燃料喷射器安装在支柱和外壁上，导致混合间隙显著减小。悬臂支柱承受颤振载荷，可能会增加隔离段的重量，在中心将支柱系在一起可以减少这些负荷。由于先导区位于燃烧室中心线上，喷射阵列可以将燃烧限制在燃烧室的核心，远离壁面。如图

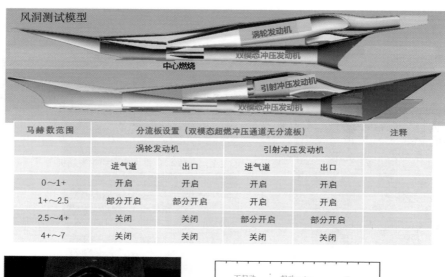

马赫数范围	分流板设置（双模态超燃冲压通道无分流板）				注释
	涡轮发动机		引射冲压发动机		
	进气道	出口	进气道	出口	
0~1+	开启	开启	开启	开启	
1+~2.5	部分开启	部分开启	开启	开启	
2.5~4+	关闭	关闭	部分开启	部分开启	
4+~7	关闭	关闭	关闭	关闭	

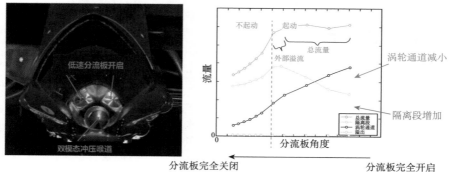

图 2-116　进气道试验模型及性能

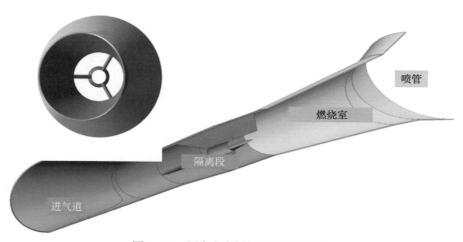

图 2-117　隔离段和燃烧室模型示意图

2-118 所示的核心燃烧隔离段及燃烧室试验模型表明，燃烧室热负荷减少了40%～50%，其中包括传递到支座列上的热量。随着圆形双模态冲压发动机结构测试的成功，其技术成熟度也随之提高。

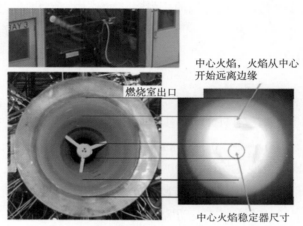

图 2-118　核心燃烧隔离段及燃烧室试验模型

在喷管下游正确的位置注入助推发动机外流，将生成气动扼流，阻止DMRJ 发动机燃烧室进口和助推器外喷管之间的气流加速。持续气动扼流使DMRJ 发动机变成一个具有大燃烧室气流面积的冲压发动机，产生更大的推力，如图 2-119 所示。

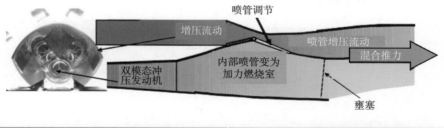

图 2-119　喷管及推进系统示意图

三、TRRE

TRRE 是由北京动力机械研究所提出的一种涡轮辅助火箭增强冲压组合循环发动机，它将涡轮、火箭和冲压发动机的结构高度集成，而且对热力循环和工作过程进行了有机组合，为临近空间和空天动力的发展提供了新思路（韦宝禧等，2017）。

（一）概念内涵

TRRE 采用成熟涡轮与火箭冲压复合燃烧室并联、共用进排气系统的方案，能够在马赫数 0～6+、0～33 km 范围内稳定工作，并具有较高的综合性能，TRRE 的概念原理图如图 2-120 所示。它利用火箭技术使发动机具备灵活的推力调节能力，实现了涡轮与冲压的平稳接力，缓解了高超声速下的推阻矛盾；利用涡轮技术提高了发动机在低速模式下的比冲性能；适合亚声速、超声速、高超声速巡航，并在全速域范围具有较强的机动能力；具有强的工作鲁棒性，通过火箭射流增强燃烧，大幅拓展了稳定工作边界，火箭燃气可以富燃、富氧并可直接作为燃油喷注器，适合在低动压等条件下工作，为飞行器总体性能优化和热防护方案优化提供了更多可行空间。TRRE 为实现全飞行剖面下的综合性能最优开拓了新思路。

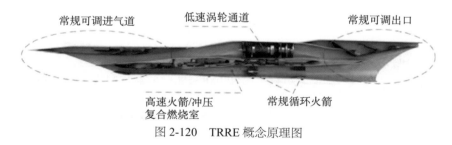

图 2-120　TRRE 概念原理图

TRRE 的工作过程示意图见图 2-121，其典型工作过程如下：①马赫数 0～2 时发动机处于涡轮工作模式，若起飞或跨声速时推力不足，则可开启高速通道引射火箭，工作于高低速通道组合模式；②马赫数 2 左右关闭低速通道，完成高低速通道模式转换；③马赫数 2～6 加速过程中处于冲压工作模式或火箭冲压工作模式；④马赫数 6 巡航状态时处于冲压工作模式；⑤根据高马赫数、低动压飞行和机动突防需求，可适时开启引射火箭，处于火箭冲压工作模态。

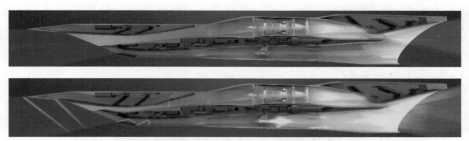

(a) 马赫数0～2涡轮发动机工作模态或高低速通道组合模态

(b) 马赫数2时模态转换

(c) 马赫数3～6亚燃冲压/火箭冲压工作模态

(d) 马赫数6超燃冲压/火箭冲压工作模态

图 2-121　TRRE 工作过程示意图

（二）发展历程

经过多年的论证、仿真研究、性能评估等，目前已初步验证了该方案的可行性，完成了 TRRE 原理样机流道方案设计及数值仿真研究，经过多轮迭代设计，形成了 TRRE 原理样机方案。数值仿真结果显示，原理样机可在马赫数 0～6+ 全飞行包线内匹配工作，验证了高低速通道一体化协同工作、模态转换过程稳定可靠接力和高速通道马赫数 1.5～7 极宽范围一体化流道火箭冲压协同工作原理的可行性，并基于该流道完成了直连和自由射流试验模型结构方案的设计与加工，如图 2-122 所示。

图 2-122　TRRE 原理样机的自由射流试验模型

TRRE 的发展规划（图 2-123）如下：① 2020 年前为原理与核心技术验证阶段，采用小型涡轮构建地面原理样机，验证工作原理，依托技术验证机深化对关键技术的认识；② 2025 年前采用现役成熟涡轮发动机形成工程可用的方案，支持完成小规模水平起降自主飞行演示测试；③ 2030 年前随着更高马赫数超燃冲压发动机、适应宽范围工作的可调燃烧室冲压发动机、高速涡轮基、轻质高效预冷等技术的突破，可通过技术融合进一步拓展 TRRE 的工作范围，提升综合性能，满足更高性能水平起降高超声速临近空间侦察打击平台、两级入轨一级平台以及单级入轨飞行器的动力需求。

TRRE 通过成熟涡轮与 RBCC 发动机并联较好地兼顾了临近空间、空天飞行器对发动机性能指标的需求及动力装置的工程可实现性。该技术的关键是如何以最小的质量代价、空间代价实现发动机全流道一体化紧凑设计，实现发动机宽范围稳定可靠工作，并获得尽可能高的推进性能。

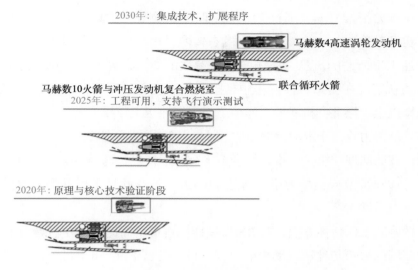

图 2-123　TRRE 发展规划

（三）推进性能

TRRE 的推进性能主要体现在推力增益、推力衔接和协同工作特性三个方面。首先是引入火箭之后的推力增益，将其定义为（实际推力 − 理想火箭推力）/ 理想火箭推力，其中，理想火箭推力表示按照煤油 − 氧火箭室压 15 MPa 喷管恰当膨胀条件计算获得的火箭推力。图 2-124 显示了不同马赫数下推力增益随引射火箭流量的变化情况。在马赫数 1.8 状态下，相比理想火箭最大获得了 65% 的推力增益，随着引射火箭流量的增大，推力增益逐渐下降。在马赫数 6 状态下，低动压工况相比典型动压工况推力增益有了较大提升，表明火箭射流辅助燃烧作用改善了冲压气流的燃烧性能。

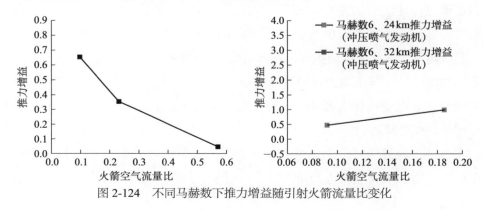

图 2-124　不同马赫数下推力增益随引射火箭流量比变化

在推力衔接方面，通过 TRRE 原理样机的数值仿真获得了模态转换性能，在马赫数 1.8、11 km 等高速模态转换过程中，低速通道能够满足涡轮降转速工况所需的流量、流场畸变等参数的要求，高速通道进气道持续保持起动状态。在模态转换过程中，整机推力变化较平稳，接力推力可达到 3.6 kN 以上。原理样机涡轮工作模态至火箭冲压工作模态转换过程实现了平稳、可靠接力。由于涡轮绝对推力较小，原理样机模态转换接力具有较大的余量。按照原理样机接力推力折合至飞行演示样机，马赫数 2 时进行模态转换，考虑尺度效应，接力推力可达 110 kN，基本满足飞行器提出的模态转换总体接力需求。

在协同工作特性方面，TRRE 原理样机实现了高速通道在马赫数 1.5～7 极宽范围内火箭与冲压发动机的协同工作。马赫数 4～6 时纯冲压工作模态比冲性能达到设计范围马赫数 4～6+ 的双模态超燃冲压发动机指标的 90% 左右，马赫数 6 状态时通过火箭推力增强作用可获得较冲压工作模态 2 倍以上的推力。初步验证了马赫数 1.5～7 极宽范围高速通道火箭与冲压发动机协同工作原理。

（四）关键进气部件特性

1. 进气系统设计方案

TRRE 既需要马赫数 0～6+ 的飞行范围，又需要传统涡轮的应用。双流道方案有限，包括低速流道（用于涡轮）和高速流道（用于火箭与双模态冲压发动机一体化），模态转换发生在马赫数 1.8。在马赫数 1.8～6+ 时，空气只能通过高速流道，为适应火箭与双模态冲压发动机的一体化，进气道压缩系统应适应大范围的自由流速度。在确定设计条件后，马赫数 1.8 起动和高马赫数超常工况问题面临挑战；在马赫数 0～1.8 时，空气具有两个流道的流动自由度。为了与主动力涡轮进行匹配，低速进气道需要为涡轮提供足够的空气量，这也受到总压畸变的限制；在马赫数 1.8 时，双流道模态与单流道模态的转换必须顺利完成。

当进气道设计条件为马赫数 6 左右时，锥角相对较小，不利于热防护，前后布置增加了高速流道的黏滞损失。三维变几何和控制方案比二维变几何和控制方案更为复杂，二维变几何和控制方案可以提供简单的变几何和控制方案的能力。

2. 可变几何进气道设计方法

TRRE 采用了双流道、上下变几何进气道，包括高速流道和低速流道，如图 2-125 所示（Hui et al., 2017）。模态转换是进气道设计中的一个关键问题。进气道设计条件设定为攻角 α=0 时的飞行速度为 6 倍声速。考虑到二维混合压缩系统具有变几何的优势、低马赫数起动和广泛的工作范围，因此选择了二维混合压缩系统。外部压缩系统由三个满足唇边激波条件的恒强激波组成，内部压缩系统包括唇边反射激波和喉道激波，前缘和唇边均采用圆柱截断与修正，膨胀轮廓和泄流设计在靠近肩部。

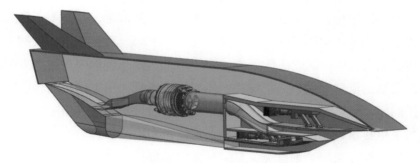

图 2-125　可变几何进气道模型

3. 进气道工作特性

当唇上激波为马赫数 6 时，通过喉道激波调节实现了进气道在马赫数 1.8 时的起动能力。组合发动机的另一种模式是涡轮为马赫数 0～1.8 的飞行过程提供高功率（大推力）输出，也就是说，低速流道应该捕获足够的自由气流并相应地压缩它们，这取决于分流器和第二个坡道。当自由流为亚声速流时，涡轮的吸力作用决定了低速流道的流动；当自由流为超声速流时，捕获面积和激波系统都会造成流量限制。基于传统涡轮机的工作需求，随着自由流马赫数的增加，$q(Ma)$ 函数从 0.4 线性降低到 0.2，意味着马赫数 0 与马赫数 1.8 情况下的流量需求差为 21%～23%。基于旋转分流板和内外压缩面，也可以实现低速流道的性能。

四、XTER 发动机

XTER 发动机是由厦门大学提出的一种吸气式组合循环发动机，为三动力四通道、进排气共用的发动机，由涡喷发动机、宽范围组合进气道、火箭引射系统、火箭引射亚燃燃烧室、双模态超燃冲压燃烧室、混合排气尾喷管、控制系统、热管理系统、热电转换及冷却系统等组成，具有全速域范围内推力连续过渡、热电转换的功能。

（一）概念来源

如图 2-126 所示，对各类动力形式进行分析可以发现，单独的涡轮发动机的工作范围显然不满足高马赫数飞行要求；火箭冲压发动机虽然推力重量比大，但是比冲小；传统的 TBCC 发动机方案，无论是串联方案还是并联方案，由于目前涡轮发动机的工作马赫数仅为 0～2.5，而冲压发动机的工作马赫数达 3 以上，所以涡轮工作模式转为冲压工作模式过程中存在推力陷阱是限制其发展的重要因素。为了解决涡轮工作模式与冲压工作模式转换时的推力衔接问题，可以对涡轮发动机采取射流喷水预冷扩包线，但喷水量大，严重增加了机载重量；采用强预冷涡轮火箭技术和连续爆震组合有望提高发动机推力，但其技术攻关难度大，目前技术成熟度比较低。因此，在推力衔接时采用火箭来增加推力即可实现推力连续，技术成熟度相对更高。

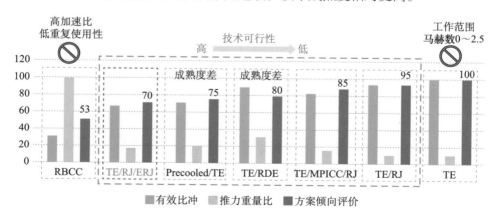

图 2-126 各类高超声速航空发动机系统方案的定性对比

图中，TE：涡轮发动机；RBCC：火箭冲压；TE/MPICC：射流预冷涡轮机；
RJ：冲压发动机；ERJ：引射冲压发动机；Precooled：强预冷；RDE：旋转爆震发动机

　　为了分析 XTER 发动机的工作模态，将飞行任务剖面分为起飞段、加速爬升段、巡航段、减速下降段及滑跑段五个阶段，如图 2-127 所示，其中，在起飞段，涡轮发动机工作，推动飞行器快速滑跑加速，加速至马赫数约 0.6 时拉起脱离地面。加速爬升段又可细分为三个阶段：第一阶段爬升段中涡轮发动机工作，推动飞行器爬升至马赫数约 1.8，随后引射冲压发动机点火，推动飞行器爬升至马赫数约 2.5，涡轮发动机关闭，完成模态转换；第二阶段爬升段中引射冲压发动机和冲压发动机工作，推动飞行器爬升至马赫数约 4，随后关闭引射冲压发动机，再次完成模态转换；第三阶段爬升段是纯冲压发动机工作，继续加速至马赫数 6.0+。巡航段为纯冲压发动机工作模态，巡航高度为 30 km，巡航速度为马赫数 6.0+。与加速爬升段对应，减速下降段同样分为三个阶段，模态转换点分别对应火箭冲压发动机开启和涡轮发动机开启。最后是滑跑段，此时涡轮发动机工作，飞行器着陆。

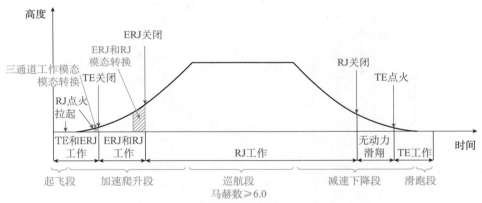

图 2-127　XTER 发动机全速域工作模态

（二）飞机-发动机一体化评价

　　为了实现飞机-发动机一体化条件下的组合动力系统性能综合评价，构建了飞机-发动机一体化方案设计层面、整机级层面、部件级层面的总体建模，为实现组合动力的匹配设计及最优控制奠定了基础。

　　在飞机-发动机一体化方案设计层面，从宽速域飞行器的动能及重力势能特性出发，采用基于能量态近似的飞机-发动机一体化总体方案概要分析方法，开展了典型飞行器及组合动力的设计域分析，阐述飞机-发动机一体化性能及巡航马赫数等典型参数的影响规律。其中，基于能量态近似的理论，将重力势能与动能归一化为海平面相同马赫数下的总能量，建立了基于能量态近似的飞机–发动机一体化总体方案概要分析方法，并对总能量进行分析，可实现对推进系统尺寸、飞行器最远航程等参数的宏观把握，可得到宽速域飞行器/组合动力系统的设计可行域。图 2-128 给出了不同比冲、升阻比及推力重量比对爬升燃油消耗及组合动力质量与飞行器总质量之比的变化（郭峰等，2021）。

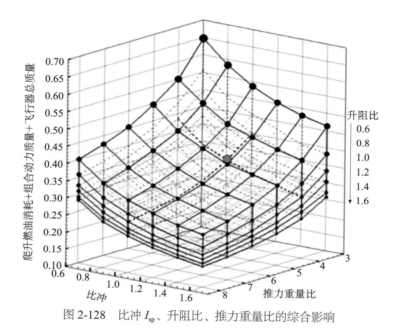

图 2-128　比冲 I_{sp}、升阻比、推力重量比的综合影响

在整机级建模层面，开展了整机层面的总体建模及匹配设计，建立了基于航迹优化技术的飞行器/推进系统性能耦合分析方法，并分别针对典型火箭辅助型 TBCC 发动机动力方案，面向加速型飞行器及巡航型飞行器的任务需求，分别开展了飞行器/推进系统一体化性能分析及匹配优化设计。其中，通过将组合动力的性能分析问题转换为特定飞行器的航迹优化求解问题，引入最优航迹理念评判了飞行器的加速时间、燃油消耗、航程等指标，建立了一种基于航迹优化的整机级总体性能分析评价方法，实现了飞机–发动机一体化层面的组合动力总体方案的综合评价，并着重从效率及能量的角度分析了火箭辅助型 TBCC 发动机的优势。其中，受巡航升阻比及巡航燃油占比的综合影响，

对于可行的 TBCC 发动机方案（起飞推力重量比为 1.0），引入合适的推力火箭不仅可实现爬升加速时间的明显降低，而且对巡航航程有一定的提升（4% 起飞重量推力火箭可增加航程 0.97%）。对于不可行的 TBCC 发动机方案（起飞推力重量比为 0.8），引入火箭不仅可实现方案收敛，而且其巡航航程相比起飞推力重量比为 1.0 的 TBCC 发动机方案最多可增加 7.9%，如图 2-129 所示。

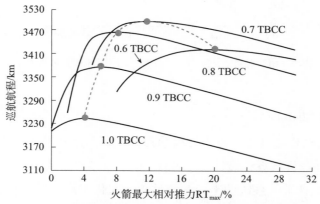

图 2-129　不同推力 TBCC 发动机的火箭匹配方案巡航航程

在部件级建模层面，集成飞机–发动机一体化部件级建模、多变量控制规律设计、基于最优控制规律的匹配优化三个层面的设计工作，提出了一种基于最优控制规律的涡轮基组合动力总体设计方法，获得了考虑飞机–发动机一体化的涡轮基组合动力部件级匹配设计方案及其最优控制规律。其中，涡轮 / 火箭 / 冲压三组合动力通过局部火箭助推的方式，可实现跨声速、模态转换及高马赫数速域推力的合理补充，大幅降低了模态转换过程对涡轮发动机最大工作速度的要求；相比于最大工作马赫数 2.9 的高速涡轮 / 冲压组合动力，基于马赫数 2.5 的现货涡轮发动机引入了 20% 起飞重量推力的火箭，可减少共用进排气及冲压燃烧室 20% 的尺寸，有效减少了超声速进气道与涡轮发动机匹配过程中的溢流损失，而且进排气系统在模态转换过程中的面积控制规律更为光顺，如图 2-130 所示。总体而言，通过局部火箭助推可弥补典型涡轮基组合动力在跨声速、模态转换及高马赫数速域的推力，大幅降低了模态转换过程对涡轮发动机最大工作速度的需求，有效减小了超声速溢流损失且进排气面积调节规律更为光顺，但低速条件下须引入辅助进气门等引流装置以匹配涡轮发动机的工作状态。

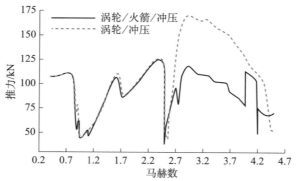

图 2-130　涡轮/火箭/冲压与涡轮/冲压的推力特性对比

（三）发动机设计方法

XTER 发动机是基于三维内转概念设计的，因此其设计方法主要体现在进气系统设计与排气系统设计两个方面。其中，在进气系统设计方面，为了尽可能提高组合进气系统的出口气流性能，迭代了两轮进气系统设计方法，分别对应选取的是具有较高出口气流均匀性的内收缩流场和双入射激波基本流场。相较于传统内收缩流场，双入射激波基本流场具有更多的设计变量，一方面可以提高设计马赫数时基本流场的压缩效率，另一方面可以将内转进气道直接作为前体，实现前体/进气道完全一体化设计。此外，采用此流场设计的组合进气系统在冲压工作模式下具有高效的压缩能力，可对来流进行充分压缩，从而降低喉道马赫数，提高进气道在极限状态下的性能。同时，在涡轮工作模式下使来流始终处于压缩状态，可以避免气流在分流板转轴位置的膨胀。图 2-131 给出了双入射激波基本流场的马赫数云图。

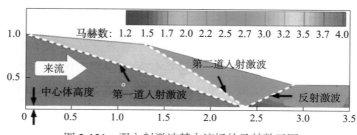

图 2-131　双入射激波基本流场的马赫数云图

XTER 发动机进气系统涉及涡轮通道、冲压通道和引射通道，因此通道型面的设计方法不尽相同。其中，根据冲压通道出口截面形状生成冲压通道扩张段，即可获得进气道的冲压工作模态型面。冲压通道扩张通道的主要设计参数为中心线及截面积变化关系，为保证气流从压缩型面顺利进入扩张通道，扩张通道的中心线起始端应与喉道气流流向平行且其出口中心线应与冲压通道出口截面垂直。此外，由于冲压通道工作在较高马赫数，为避免通道内激波脱体导致总压恢复降低，扩张通道的面扩张比应尽量平缓。涡轮和引射通道则需要先根据流量需求及分流板允许的膨胀角度设计出分流板，并在此基础上生成扩张通道。扩张通道的主要参数与冲压通道相同，考虑到工程实际需要，其喉道位置必须有一个小的楔角以保证进气喉道的壁厚及结构强度。由于进气系统分流板末端绕固定轴旋转扫过的面为矩形，所以通道进口截面的形状必须为矩形，而通道出口需要满足发动机进口的几何要求，故将涡轮通道和引射通道出口截面确定为与下游动力部件直径相同的圆形。在通道的型面设计中，其中心线的变化规律决定了通道中气流的偏转情况以及流通截面上的压力梯度和二次流特征，因此矩形转圆形扩张段型面设计主要基于对其中心线的设计。最终的 XTER 发动机组合进气系统如图 2-132 所示。

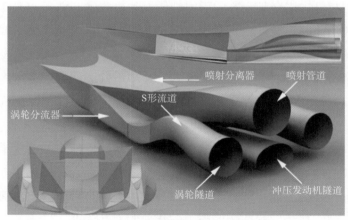

图 2-132　XTER 发动机组合进气系统

在排气系统设计方面，基准流场的性能直接决定了流线追踪方法设计的喷管性能。常见的几种轴对称喷管基准流场有饶（Rao）氏最大推力喷管、最短长度喷管和给定壁面压力／马赫数分布反设计喷管。以喷管出口的轴向最大推力为目标，推导得出了相应喷管出口面气动参数的分布方程。在设计推力喷管的基准流场时，首先考虑使用 Rao 氏最大推力喷管，如图 2-133 所示。Rao 氏最大推力喷管设计的基本问题为：确定一个轴对称的喷管型线，使其在两个约束条件（喷管质量流率一定、长度一定）下产生的推力最大，在数学上这是一个有约束的积分极值问题。应用拉格朗日乘子法联立目标方程和约束方程，根据变分原理求解泛函极值，泛函积分的边界需要满足恒解性条件，当喷管的出口参数已知时，可以通过特征线法得到具体的喷管型线坐标。

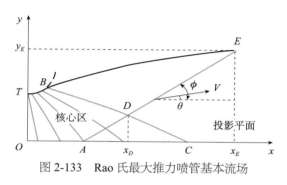

图 2-133　Rao 氏最大推力喷管基本流场

　　XTER 发动机排气系统以增压冲压发动机（supercharged ramjet，SRJ）尾喷管为基础喷管，组合其上方的引射冲压发动机喷管与两侧的涡轮发动机喷管来构造共用排气系统。由于引射冲压发动机喷管进口面积相对较大，所以排气系统的进口布局对组合布局形式提出了较高的要求。XTER 发动机迭代了三类组合布局形式。①并联布局方式：上中下并联的通道依次为引射冲压发动机、预先汇合的涡轮发动机和 SRJ，调节机构为 SRJ 上膨胀面部分，通过旋转调节涡轮发动机和引射冲压发动机通道的喉道面积与开合程度。②分流板转动方式：将两侧的涡轮发动机通道分别从侧方插入 SRJ 通道，模态转换和喉道调节的方式不变，仍然采用旋转调节的方法。③侧壁平动方式：冲压通道尾排气系统由前半部分和后半部分组成。前半部分的壁面由椭圆形进口逐渐转为类矩形，该部分的型面由流线追踪方法得到；后半部分为带有侧向膨胀的拟二元膨胀型面，由三片空间曲面构成。如图 2-134 所示，在图中分别用红色和绿色标明。这三片空间曲面由原流线追踪得到的 SRJ 通道后半段修剪而来，为 SRJ 通道、引射冲压发动机通道和涡轮发动机通道的共用膨胀壁面，可以独立地沿某一方向进行滑动，以实现涡轮发动机通道和引射冲压发动机通道的开合，并且可进行涡轮发动机喷管和引射冲压发动机喷管喉道面积的调节，从而适应上游燃烧室的燃气质量流率变化。

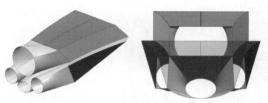

图 2-134　组合排气系统的三维示意图

（四）关键部件特性

XTER 发动机的关键部件特性主要反映在流量分配特性、创新调节方式、鲁棒控制策略、引射增推特性和试验测试技术三方面。

1. 流量分配特性

XTER发动机在不同工作模态下的流量分配特性也各不相同，具体可以分为涡轮工作模态、涡轮向火箭冲压过渡模态、火箭冲压向超燃过渡模态、火箭冲压工作模态。其中，在涡轮工作模态下，组合发动机所有通道均处于开启状态，而在涡轮向火箭冲压过渡模态下，两侧涡轮通道逐渐关闭，模型由四通道结构转为双通道结构。由于模态转换过程中的进气道来流条件维持不变，所以进气道总的流量系数几乎维持不变，如图 2-135 所示。同时，涡轮通道的流量与分流板角度存在相应的线性关系，即可进一步推测出涡轮通道入口面积与流量存在相应的线性关系，因此可以通过模态转换过程中流量系数的变化规律，结合发动机的需求控制分流板的调节规律，实现模态转换过程中的流量控制。在火箭冲压向超燃过渡模态下，进气道总的流量捕获同样保持不变，但引射通道的流量系数与分流板的关闭角度并不类似于涡轮通道呈线性关系。在火箭冲压工作模态下，涡轮发动机及火箭发动机处于关闭状态，涡轮通道分流板闭合，火箭通道分流板开启一定角度，用于排除进气道上壁面的低能流。进气道保持较高的捕获效率，捕获流量满足设计需要且具有较高的总压恢复系数。

2. 创新调节方式

为了满足 XTER发动机的调节需求，根据分流机构的边界条件进行因果

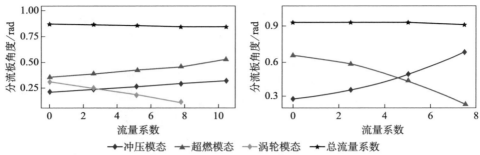

图 2-135　涡轮向火箭冲压过渡模态和火箭冲压向超燃过渡模态的流量分配特性

链分析、设计参数耦合分析和系统资源分析，并提出了解决方案。调节机构因果链关系如图 2-136 所示。分流板的性能主要由涡喷通道出口和冲压通道出口的总压恢复系数、喉道马赫数、进气道流量捕获系数三个参数共同决定。分流板在模态转换过程中能实现有效分流，而且分流板偏转角度变化范围越小，通道出口的总压恢复系数越高。分流板偏转角度的变化是由气流使分流板下壁产生抬头力矩造成的。同时，通道出口的总压恢复系数也与模态转换时间有关，伴随分流板位置的调节和分流板上受力的复杂变化，分流板的速度变化趋势出现了小波动。分流板上受力复杂变化的原因一方面是推杆对分流板的作用力不足，另一方面是分流板内部的弹性力随着自身的变形和外界流场的作用而发生变化。具体而言，推杆推力不足一方面是由推杆所供力臂和电机的驱动不足导致的，另一方面是由进气道底面与分流板产生的摩擦力的影响导致的。进气道内壁和分流板的阻力与进气道粗糙程度、分流板的底面积和分流板的重量有关。进气道和分流板的材料可分别决定其粗糙程度与重量。通过上述分析，最终提出了远端推门的解决方案。

3. 鲁棒控制策略

XTER 发动机组合鲁棒控制策略首先需要建立涡轮、火箭冲压和超燃三种动力的部件级模型，在此基础上，提出了非线性变参数（nonlinear parameter varying，NPV）系统和吸引域估计控制方法。目前，广泛应用的线性变参数（linear parameter varying，LPV）系统仅是原系统在工作点的一阶近似，并不能反映原系统的完整特性。为了得到更精确的组合系统面向控制模型，提出以多项式和时变参数结合的形式表现出系统非线性与时变特性的

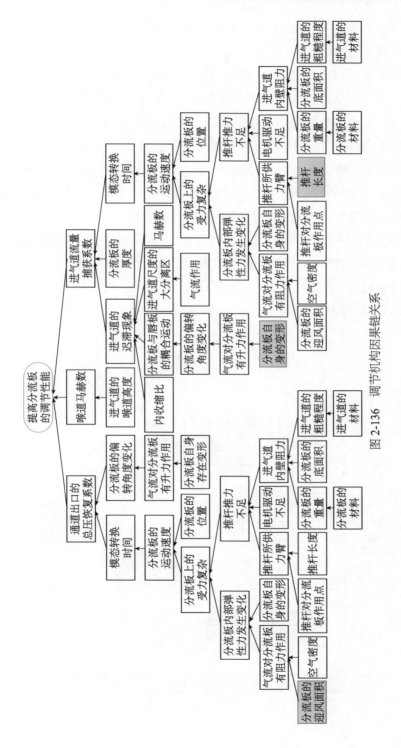

图 2-136　调节机构因果链关系

NPV 系统，其囊括了常见的 LPV 系统及非线性时不变多项式系统，能够更完整地反映原系统的特性。对于可稳定运行的系统，若系统状态处于吸引域内，则该系统处于可稳定运行的范围内，由此可以根据系统当前的状态及吸引域精确地判断系统状态是否处于可稳定运行的范围内。基于吸引域的概念，有理由认为，对于两个可稳定运行的模态，若当前模态的系统状态处于下一模态的吸引域内，则系统可以稳定进行模态转换，从当前模态转换至下一模态，模态转换起动失稳边界为估计出的吸引域边界。为降低吸引域估计的保守性，采用基于系统体系的 NPV 系统鲁棒吸引域估计控制方法，避免了使用复杂的迭代计算求解双线性凸优化问题，降低了计算复杂度。

为了实现对控制策略的研制，采用高级精简指令集处理器（advanced RISC machines，ARM）构建了多参数多回路的分布式控制系统，其 ARM 控制器采用多核 ARM 为主控单元，采用嵌入式 LINUX 内核作为操作系统，采用高速以太网和路由器构造分布式控制网络，结构如图 2-137 所示，显示了

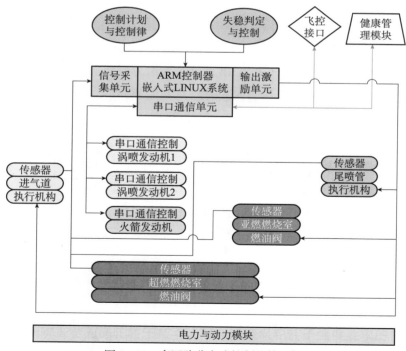

图 2-137　多回路分布式控制网络结构

组合系统的多回路分布式控制结构。按照 XTER 发动机组合系统控制器的开发流程，建立了硬件在回路仿真系统模拟真实系统的各发动机控制、信号采样与传递、通信协议、多参数多回路分布式控制、控制系统结构及测试 ARM 控制器。为了高度逼近真实动力系统，采用独立的 ARM 控制板分别模拟涡喷发动机、引射冲压发动机、亚燃冲压发动机、超燃冲压发动机、进气导流板和可调节尾喷管。

4.引射增推特性

XTER 发动机引射亚燃通道中的火箭通过引射卷吸作用将外界的空气吸入，把能量和动量传递给低温低速的二次流，从而实现引射增推。将变推力引射火箭内嵌于引射亚燃通道，有利于借助火箭出口的高温高压为亚燃冲压发动机创造更好的工作环境。该引射冲压发动机拟采用过氧化氢作为氧化剂，与涡轮发动机和超燃冲压发动机共用再生冷却煤油燃料。引射冲压发动机的工作模态示意图见图 2-138。

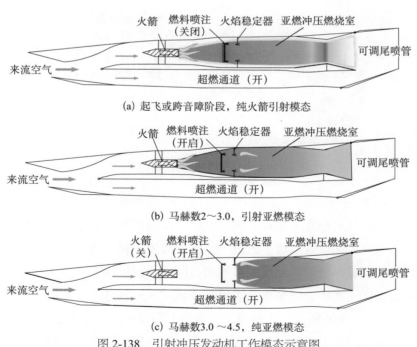

(a) 起飞或跨音障阶段，纯火箭引射模态

(b) 马赫数2～3.0，引射亚燃模态

(c) 马赫数3.0～4.5，纯亚燃模态

图 2-138　引射冲压发动机工作模态示意图

为了满足 XTER 发动机在加速段和模态转换过程的推力需求，对置于亚燃通道内的引射火箭、火焰稳定器及该通道与进气道的匹配特性进行了研究设计。

引射亚燃通道由仿翼型支撑架、引射火箭、掺混段、扩压段、燃料支板和等直燃烧段组成，如图 2-139 所示。其中，引射火箭通过三支呈120°角分布的仿翼型支撑架安装于中心流道中，氧化剂、煤油及测控管路分别设置于仿翼型支撑架内。掺混段设计遵循主火箭背压与二次流通道静压平衡原则，长度是 9 倍于火箭喷管出口直径。为满足等直燃烧室亚燃燃烧组织的需求，扩压段按照出口马赫数 0.3 设计。等直燃烧室进口布置有设计占空比为 0.2 的燃料支板，环壁面周向等间距分布，用来组织火箭射流剪切层内的二次燃料喷注与燃烧，以提升引射亚燃通道出口温度并改善温度分布的均匀程度。

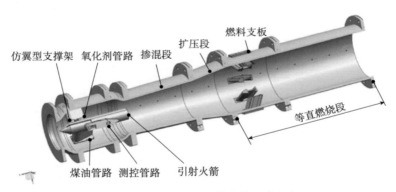

图 2-139　引射亚燃通道结构设计方案

XTER 发动机由涡轮工作模态向引射亚燃模态转变过程中，火箭推力室室压变化对进气道稳定工作具有重要影响。火箭推力室低室压起动后，火箭射流形成的高压区反向前传导致进气道结尾激波前移，直至达到压力平衡状态后在某一区域内驻定。随着火箭推力室室压逐步提高，燃烧形成的反压超过进气道抗反压能力，结尾正激波将被前推进入进气道，导致进气道无法正常工作，如图 2-140 所示。由此可见，准确把握火箭起动和室压切变的时机，可以有效避免燃烧室反压前传影响进气道，从而确保涡轮向引射亚燃模态的成功转换和 XTER 发动机的正常工作。

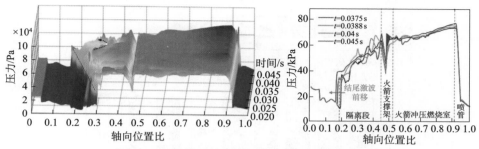

图 2-140　增推引射火箭与进气道动态匹配特性

5. 试验测试技术

为了对 XTER 发动机进行性能测试，开发了组合动力健康管理系统和先进传感采集系统。

XTER 发动机组合动力健康管理系统设计需求主要包括两个方面：一是提供组合发动机部件级或模块组件级地面验证的检测 / 监测，二是提供组合发动机系统级健康管理能力（机载级）。

XTER 发动机组合动力健康管理系统的设计任务可分为三个部分。首先是组合动力健康管理系统方案设计，具体包括组合动力系统失效模式分析及测量参数选择和确定、传感器选型及数据采集单元与解调方案、健康管理系统架构设计、健康管理系统地面演示系统；其次是组合动力系统寿命周期监测数据平台搭建，具体数据来源包括组合动力系统总体性能数值仿真数据注入、传感器单元测试数据、部件级（进排气系统、涡喷发动机、火箭发动机、亚燃 /超燃发动机）和组件级（如分流机构）试验测试数据、组合动力系统高空台整机测试数据；最后是机载健康管理系统，具体包括机载传感器、高性能数据采集单元、机载系统部署、地面监控系统。XTER 发动机是一个复杂的集成系统，根据 4 个通道之间的相互关系，将其分为系统级、分系统级、子系统级与关键部件级 4 个级别，建立 XTER 发动机的相关拓扑结构，如图 2-141 所示。

为了满足试验测试需求，采用先进传感采集系统。其中，如图 2-142 所示的硅谐振式压力传感器是目前精度最高、应用最广泛的一类压力传感器，它灵敏度高、体积小、重复性好、过载能力强、频率响应宽。该传感器通过硅岛键合的方式将谐振结构封装在一个真空参考腔内部，压力敏感膜上的硅岛通过键合的方式将谐振梁和压力敏感膜耦合起来，也就是一种二次敏感的模式，

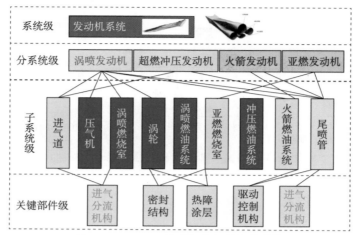

图 2-141　XTER 发动机的相关拓扑结构

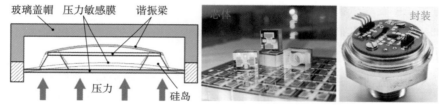

图 2-142　硅谐振式压力传感器复合结构与实物

谐振结构在交流信号的驱动下发生谐振，当外界压力发生变化时，压力敏感膜受到均匀分布的压力后发生形变，使得键合在硅岛上的谐振梁受到压力或者拉力的作用，导致谐振梁刚度发生变化，从而使得谐振梁固有频率发生变化，固有频率的变化间接反映了加载气压的大小。硅谐振式压力传感的结构主要分为压力敏感层、谐振层和盖帽层。其中，压力敏感层主要包括压力敏感膜和硅岛，主要用以敏感于外界压力，将压力信息转换为横向位移，然后作用到谐振层；谐振层主要包括谐振梁、驱动电极与检测电极；盖帽层主要是将谐振梁封装在一个真空参考腔中，以降低梁在振动时由空气阻尼带来的影响。

五、GTRC 发动机

西北工业大学燃烧、热结构与内流场国防科技重点实验室从 1999 年开始对宽域火箭冲压组合动力技术进行研究，围绕超宽范围燃烧室鲁棒点火与释热调控这一核心问题，开展了以下三方面的研究工作。

（1）提出了超高速和低总温复杂流动条件下鲁棒点火与火焰稳定方法，将变参数高焓富燃射流和流线型减阻支板、凹腔进行一体化设计，实现了增强点火与火焰稳定，有效解决了马赫数 1.5～6+ 工作范围内发动机稳定高效燃烧的难题，并将工作动压成功下探至 20 kPa，大幅拓展了点火与稳燃边界，使宽速速域冲压发动机具有更强的任务适应性。

（2）建立了基于分布释热热力调节的宽速域高效燃烧调控方法，获得了适用于固定几何扩张型燃烧室的精细化分布式燃料优化喷注策略。通过多变量鲁棒控制方法对燃油喷注规律进行精细化实时调节，在发动机运行过程中动态实现了热壅塞的生成、移动和消失，完成了燃烧模态的转换，实现了固定燃烧室流道马赫数 0～7 超宽范围的高效燃烧调控。

（3）发明了含有几何辅助调节的宽速域高效集中释热调控方法，实现了基于流线追踪低阻喷油支板的集中燃烧释热调控方法，并巧妙地将气动调节和几何结构可调的燃烧室流道相结合，在马赫数 1.5～5 实现可调几何喉道的亚声速燃烧释热，在马赫数 5～7 实现可调扩张比的超声速燃烧释热，在提升燃烧性能的同时大幅缩短了燃烧室流道长度，对实现燃烧室再生冷却和流道结构轻质化非常有利（石磊等，2015）。

在突破超宽速域鲁棒点火与释热调控方法的基础上，通过与变结构进气、再生冷却热防护等关键技术的结合，实现了同一流道马赫数 0～7 RBCC 发动机宽范围高效工作，国内首次完成了马赫数 3 引射/亚燃模态过渡自由射流试验验证，首次完成了飞行器/发动机一体化马赫数 4 和 5 自由射流试验验证，如图 2-143 所示，首次完成了多模块发动机/飞行器一体化马赫数 5 和 6 自由射流试验验证，实现了较好的一体化匹配性能，为后续开展集成样机研制和飞行演示奠定了良好的基础。

在 RBCC 发动机研究的基础上，西北工业大学进一步提出了 GTRC 发动机，在低速段利用燃气涡轮对来流进行主动增压，在低速段（马赫数 0～2）大幅提升了组合发动机比冲，从而有效提升了组合发动机的平均比冲性能。基于该方案完成了 GTRC 发动机几何可调全流道方案构建和全流道数值模拟，完成了 GTRC 发动机缩比原理样机研制，完成了核心机地面增压性能试验验证和串联结构火箭冲压燃烧室马赫数 0～6 宽域典型工况的燃烧性能试验验证。

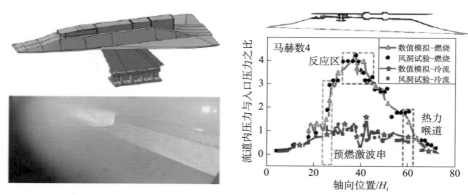

图 2-143　西北工业大学 RBCC 发动机试验样件和自由射流试验

　　在基础研究方面，西北工业大学开展了基于任务需求的总体方案设计、飞行器和发动机多学科设计优化、适应宽包线的发动机部件设计技术、多模态一体化高效热力调节技术和机理、长时间工作及可重复使用的热管理技术、飞行器和发动机一体化性能分析、多场耦合的并行数值模拟技术，已成功应用于 RBCC 发动机和 GTRC 发动机的方案论证与性能研究中。

　　尽管对 GTRC 发动机的研究已经取得了一定的进展，但仍有以下几项关键技术亟待解决。

　　一是宽适应性串联式可调流道一体化匹配及优化设计技术。一方面，为适应宽包线全速域高效工作，要求采用变结构进气道和尾喷管适应宽范围来流形成精细化的激波配置，并与压气机和冲压流道形成良好匹配；另一方面，为了满足涡轮增压工作模态和火箭/冲压工作模态的需求，多涵道燃烧室同样需要进行流道结构调节，在流道结构调节的过程中，多涵道进行流动和高效燃烧匹配。因此，可调流道一体化匹配及优化设计技术是核心技术，涉及与多涵道匹配的变结构进排气设计、多涵道多模态工作燃烧室优化匹配设计和变结构全流道一体化匹配设计。

　　二是宽域多模态多股射流共用的超级燃烧组织与增强技术。在宽速域条件下，多模态共用燃烧室是串联式可调流道的重要特征，能够大幅降低发动机的结构质量。但共用燃烧室内涉及空气、驱动涡轮的燃气、火箭燃气、燃油等多股流动的掺混与化学反应，燃烧过程中的损失对发动机性能的影响十分显著。对于各种工作模态，都需要在理论分析的基础上充分考虑各种损失的影响，尤其是对于多股高速气流掺混释热，如果损失过大，将导致发动机无法正常工作。因此，宽域多模态多股射流共用的超级燃烧组织方法是本项目的关键技术，涉及剪切流高效掺混、宽速域稳燃与低阻高效释热、多股射流协同的燃烧增强等技术。

三是变结构多涵道先进热防护与高温动密封技术。发动机从零速起动到马赫数 8，多涵道燃烧室经历了多个工作模态，燃烧室内存在空间 / 时间非均匀的强热流环境，同时变几何燃烧室在高热流条件下需要实现动密封设计，给热防护和热结构设计带来了很大的挑战。在获得非均匀强热流的耦合传热特征条件下，结合基于新型燃料催化重整主动冷却、液膜冷却和发汗冷却等技术获得高效复合主动冷却，并针对动密封结构开展结构-传热-流动耦合的拓扑优化设计，并基于增材制造技术实现高效热结构设计。

四是共用流道的多模态动态转换与发动机协同控制技术。GTRC 发动机的涡轮增压工作模态和冲压工作模态共用部分进气道、燃烧室和尾喷管。在共用流道的条件下，如何实现多工作模态之间的平稳转换是一个关键问题。对于涡轮增压工作模态向冲压工作模态的转换过程，需要研究模态转换的最佳工况及转换控制方法。

第四节　空气涡轮火箭高超声速航空发动机

ATR 发动机是一种基于涡轮发动机和火箭发动机的吸气式组合发动机，采用火箭推力室产生富燃燃气驱动涡轮带动压气机增压，并在燃烧室与富燃燃气燃烧产生推力，将压气机与涡轮进行气动解耦，进一步可通过预冷实现高超声速推进，并具有较大的推力重量比。ATR 发动机动力最大的特点是通过组合扩大了吸气式发动机的工作空域、速域范围，使飞行器具有自由进出临近空间及在临近空间特定区域内机动巡航的基本能力，是临近空间飞行器的理想动力。ATR 发动机是唯一可用作亚声速、高声速的吸气式动力，并且具有简单、高效等优势。ATR 发动机的动力技术与成熟液体推进剂预包装技术相结合，可适用于超高空防卫武器、高空高速无人飞行器、高机动对地攻击系统飞行器平台，以较低成本实现现有武器系统动力升级及新型战术飞行器动力。通过技术发展采用液氧、甲烷等清洁推进剂后，ATR 发动机可以拓展为未来天地往返运输系统的高性能、可重复使用的一级动力系统。

一、发展概况

1932 年，罗伯特·戈达德（Robert Goddard）提出了 ATR 发动机的概念，但是当时火箭发动机和航空发动机均已满足各类飞行器的应用需求，ATR 发动机的研究一直处于热力循环理论特性研究的过程中。随着远程打击、高空高速突防等现代战争概念的提出，地空导弹、空地导弹、无人机等武器装备越来越多，相关的各项技术得到了蓬勃发展。ATR 发动机的工作空域范围大、工作速域范围宽、结构简单、易于实现等潜力和特点逐渐得到美国军方的重视与认可。从 20 世纪 80 年代开始，在美国空军、海军的支持下，美国航空喷气公司、美国陆军航空导弹司令部、刘易斯研究中心等研究机构和马里兰大学、密苏里大学等高校相继开展了各类 ATR 发动机的试验研究，进行了大量的地面试验，并提出了多种 ATR 发动机的总体应用方案，展示出 ATR 发动机的在战术导弹应用方面的巨大技术优势。ATR 发动机主要包括两种，即燃气发生器循环 ATR 发动机和预冷膨胀循环 ATR 发动机。

燃气发生器循环 ATR 发动机的工作原理示意图见图 2-144（李平等，2011）：利用自身携带的氧化剂和燃料在燃气发生器内燃烧，产生高温、高压富燃燃气来驱动涡轮，带动压气机对进气道捕获的空气进行增压，高压空气经外涵道进入主燃烧室，与驱动涡轮后的富燃燃气进行二次燃烧，燃气通过喷管膨胀产生推力。

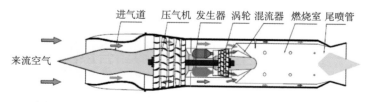

图 2-144　燃气发生器循环 ATR 发动机的工作原理示意图

预冷膨胀循环 ATR 发动机的工作原理示意图见图 2-145（Mizobata et al.，2003）：液氢经涡轮泵增压首先进入进气道后的空气预冷器，对来流空气进行预冷，然后进入燃烧室中的换热器进一步吸热升温，驱动涡轮发动机膨胀做功，带动压气机对预冷后的空气进行增压，增压后的空气经外涵道进入主燃烧室中，与驱动涡轮后的氢气进行燃烧，通过喷管产生推力。

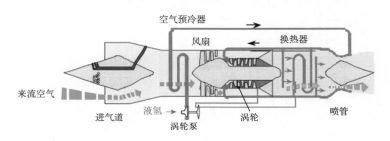

图 2-145　预冷膨胀循环 ATR 发动机的工作原理示意图

1956 年，美国 NASA 就研究过一种燃气发生器循环 ATR 发动机，它使用汽油和硝酸作为氧化剂来驱动气体发生器，设计条件为马赫数 2.3，工作高度为 14 km。在超声速巡航时，风扇为空转状态，发动机呈现为冲压工作状态。1992 年，法国斯奈克玛（SNECMA）公司将燃气发生器循环 ATR 发动机和冲压发动机进行组合，并申请了一项专利。1995 年，研究人员对燃气发生器循环 ATR 发动机进行了非设计分析，并画出了不同飞行条件下先进风扇的工作线。1999 年，研究人员研究了固态燃料的燃气发生器循环 ATR 发动机。由此可见，目前关于 ATR 发动机的大部分研究工作是针对燃气发生器循环 ATR 发动机的。预冷膨胀循环 ATR 发动机于 20 世纪 80 年代由日本提出，用于助推一种可重复使用两级入轨航天飞机到马赫数 6，首次使用液氢来冷却来流空气和燃烧室壁面。

预冷膨胀循环 ATR 发动机的工作原理是（Fernandez et al.，2014；Rodriguez et al.，2012）：来流空气首先经进气道压缩后进入风扇系统，而风扇系统由涡轮进行驱动，在其工作时，使用一个涡轮泵加压，并利用位于燃烧室周围的换热器对燃料进行加热，加热后的燃料进行膨胀并穿越涡轮，使涡轮带动涡轮泵和风扇工作，燃料最终喷入燃烧室，与压缩空气进行混合燃烧。燃气发生器循环 ATR 发动机利用一个预燃烧室使燃料与自身携带的氧化剂混合燃烧产生热气体，通过涡轮带动风扇工作，富油气体最终排放在主燃烧室与空气混合燃烧。而部分膨胀器型 ATR 的燃料在进入预燃烧室之前先通过换热器进行预加热，工作原理示意图见图 2-146。

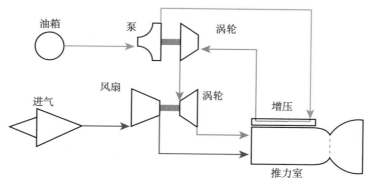

图 2-146　ATR-EXP 发动机的工作原理示意图

　　ATR 发动机的独特之处在于输送给风扇的轴功率与风扇性能及飞行范围无关。ATR 发动机的最大工作速度和高度在本质上比涡喷发动机高，因为 ATR 发动机受温度影响的部件是压气机而不是涡轮。ATR 发动机的涡轮入口温度比涡喷发动机低，如 ATR-EXP 发动机的涡轮入口最高总温可低至 806 K。与冲压发动机相比，ATR 发动机的最大工作高度更高，因为 ATR 发动机的压气机使燃烧室的压力增加比单独使用冲压压缩要高，而且膨胀式循环还有一套协同再生系统，它使用燃料作为冷却剂和工作介质，增大了热力学效率。

　　ATR 发动机的研究历程如图 2-147 所示。

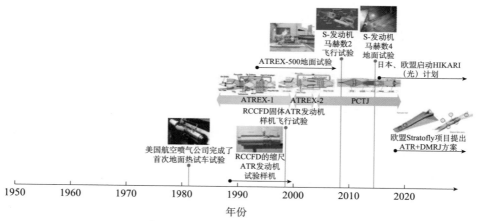

图 2-147　ATR 发动机的研究历程

美国航空喷气公司是美国较早开展 ATR 发动机技术研究的单位之一。1982 年，美国航空喷气公司组建了地面试验系统，并成功完成了首次地面热试车试验，该试验样机达到推力量级 4000 N，获得单组元肼 ATR 发动机实测性能参数，证明这种新型组合发动机的性能优势明显、应用前景良好。美国航空喷气公司还研制了 1000 N 推力量级的液体单组元肼 ATR 发动机试验样机，如图 2-148 所示。该试验样机共进行了 39 次 ATR 发动机点火试验，获得了大量试车数据，验证了 ATR 发动机的节流特性、喷管喉部直径、涵道比及混流器方案等因素对 ATR 发动机性能的影响，证明了 ATR 发动机在战术武器上的应用可行性。

图 2-148　美国航空喷气公司的单组元肼 ATR 发动机试验样机

从 20 世纪 90 年代开始，RCCFD 在美国空军合同的支持下，致力于战术导弹的单组元肼 ATR 发动机研究（Calvo et al., 1986），对 ATR 发动机系统方案、总体应用进行了全面研究，完成了直径为 76 mm 的缩尺 ATR 发动机试验样机和 3000 N 量级的固体 ATR 发动机地面验证试验件研制，1999 年 ATR 发动机动力导弹进行了飞行试验，如图 2-149 所示。RCCFD 还对 ATR 发动机的进气道、压气机、涡轮转子系统、发生器、栓式节流阀、燃烧室等组件和

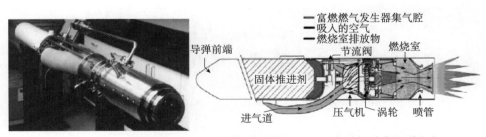

图 2-149　RCCFD 的缩尺 ATR 发动机试验样机、ATR 发动机动力导弹方案

单项技术进行了深刻分析。RCCFD 还开展了以液氧煤油推进剂 ATR 发动机为一级、火箭发动机为二级的微型卫星运载系统的研究，如图 2-150 所示，将 ATR 发动机的工程化研究和应用向前推动了一大步（Thomas et al.，2000）。

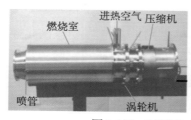

图 2-150　RCCFD 的液氧煤油双组元 ATR 发动机试验样机

　　马里兰大学、密苏里大学等高校完成了针对 ATR 发动机的部分理论研究工作。马里兰大学对燃气发生器循环 ATR 发动机和预冷膨胀循环 ATR 发动机进行了对比研究，证实 ATR 比涡喷发动机推力高且控制简单。密苏里大学的研究结果表明，以 ATR 发动机为动力，在射程相同、系统重量增加 43% 的条件下，所用时间是以涡喷发动机为动力的飞行器的 2/3。

　　日本也是很早提出和开展 ATR 发动机研究的国家之一，而且在技术先进性、系统复杂程度和深度方面处于领先水平。日本把 ATR 发动机和超燃冲压发动机并列为未来运载火箭的动力系统，ATR 发动机用作高超声速飞行器或两级入轨可往返式空天飞机的推进系统。日本 ISA 从 1986 年开始 ATREX 发动机的研究，1990 年研制了进气道直径为 300 mm 的 ATR 发动机地面缩尺试验件（Tanatsugu et al.，1994），如图 2-151 所示。截至 2003 年，日本共完成包括地面静态试车、地面风洞试车在内的 63 次 ATR 发动机热试车，总试车时间为 3600 s。同时，日本开展了基于 ATREX 发动机的重复使用两级入轨飞行器方案论证（Clough and Lewis，2003）。

图 2-151　日本 ATREX 发动机地面试验照片及 ATREX 发动机动力运载器方案

日本防卫省技术研究本部（Technical Research Development Institute，TRDI）从 1995 年开始以靶机等武器系统为应用背景开展 ATR 发动机基础研发计划。TRDI 研制了固体发生器、双组元液体发生器的 ATR 发动机试验样机，如图 2-152 所示，典型高声速和亚声速工况下的试车均获得成功（Hasegawa et al.，2001）。

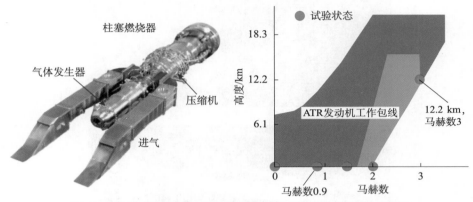

图 2-152 日本战术武器 ATR 发动机试验样机及直连试验工况点

近年来，日本正在开展针对马赫数 2 高速无人机应用的液氧酒精推进剂 ATR 发动机技术研究，如图 2-153 所示，已经完成了试飞器的研制，并基于航空发动机开展了试飞器的飞行验证。完成了演示发动机的设计和关键组件研制与试验验证，2014 年开展发动机系统热试车验证试验（Minato et al.，2013）。

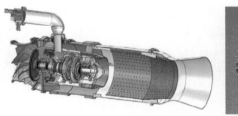

图 2-153 液氧酒精 ATR 发动机方案及涡轮试验件

欧洲多年来一直致力于 ATR 发动机技术研究和应用。2013 年，欧洲导弹集团公开了基于 ATR 发动机的 CVS302 "重装步兵"（HOPLITE）导弹概念，为陆军和海军提供了间接的精确打击能力。包括两种型号，即 HOPLITE-S：

全弹质量 120 kg，外包络 ϕ180 mm×3200 mm，马赫数 1.5～3.5，射程 160 km；
HOPLITE-L：全弹质量 135 kg，外包络 ϕ180 mm×3750 mm，马赫数 0.6～
3.0+，射程 140 km，如图 2-154 所示。

图 2-154　欧洲导弹集团 ATR 发动机动力空射导弹方案

　　欧洲在 LAPCAT 计划下，针对马赫数 8 的高超声速飞行器应用提出了
ATR 与双模态超燃冲压发动机组合方案，如图 2-155 所示，工作速度 0～8 倍
声速、高度 0～35 km，进行了发动机方案论证和飞行器总体应用论证。ATR-
EXP 的工作速度为 0～4.5 倍声速，工作高度为 24 km，在马赫数 4.5 后，由
双模态冲压 / 超燃冲压发动机进一步加速到高超声速巡航状态。在欧盟"地

　　　　　　(a) 外观　　　　　　　　　　(b) 内部流路
图 2-155　ATR 与双模态超燃冲压发动机组合方案

平线 2020"计划的支持下，继续对该方案进行深入研究，将技术成熟度等级提升到 3～4，计划 2035 年完成验证机的研制工作（Roncioni et al.，2013；Langener et al.，2012；Steelant，2009）。

　　为满足马赫数 5 高超声速客机的动力需求，在协同吸气式火箭发动机（synergetic air breathing rocket engine，SABRE）的基础上简化了热力循环，形成一款新型涡扇基空气涡轮火箭发动机"弯刀"（Scimitar）（Villace and Paniagua，2010），其结构示意图见图 2-156，在飞行器加速阶段保证了发动机的高效率。Scimitar 发动机具有两个模态：涡扇发动机模态和 ATR 模态。从起飞到马赫数 2.5 是涡扇发动机模态，主流经过中心涡轮驱动风扇，然后与旁路管道的空气混合，加速阶段通过旁路燃烧增加推力到马赫数 2.5 之后切换到 ATR 模态，ATR 发动机搭配旁路冲压发动机的燃烧，主流进入核心燃烧室及旁路风扇，加速阶段旁路喷管通过可变外形使得捕获流量随马赫数的增大逐渐减小，马赫数 5 巡航阶段，旁路关闭，推力仅由 ATR 发动机提供，气流在经过预冷器后温度降到 635 K。

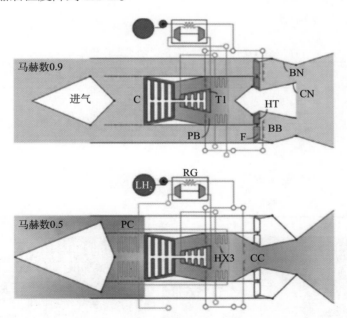

图 2-156　Scimitar 发动机结构示意图

图中，C：空气压缩机；PC：预冷器；HT：轮毂涡轮；BN：旁路喷嘴；T1：氦气涡轮；PB：预燃器；CN：中央喷嘴；RG：再生器；F：风扇；BB：旁路燃烧器；CC：中央燃烧

Scimitar 发动机的进气道需要在宽速域（马赫数 0～5）内满足进气质量流量和总压恢复水平，做到跨声速阶段溢流阻力最小化，以满足加速需求，同时在巡航阶段唇罩阻力最小，由此进气道确定为混压式变几何二元分叉进气方式，喉道面积随马赫数及进气量的需求而改变，如表 2-1 所示。主要有以下特点：一级压缩面角度为 6°，满足马赫数 5 的质量捕获要求；为满足马赫数 2.5～5 加速阶段的激波贴唇口需求，二级压缩面角度变化范围为 14°～28°；亚声速扩压器扩张面安装于二级压缩面后缘，主要用于拦截横向唇罩反射的高强度斜激波；两个压缩面之间的放气槽用于吸除上游沿轴向形成的边界层，降低入口边界层厚度，抑制因唇罩激波入射导致的大尺度分离。从设计点马赫数 5 的波系分布分析，激波在进气道前方贴唇口，未产生分离流动，在喉道内为亚声速流。同时，考虑一体化设计并缩短进气道长度，发动机在飞行器上的安装方式从翼尖安装调整为机翼下方安装，由机翼下表面代替一级压缩面。与轴对称进气道相比较，可调二元进气道能在更大的速域范围内实现质量捕获及满足总压恢复指标，并且通过一体化设计减小了阻力增量，如图 2-157 所示。

表 2-1　Scimitar 组合发动机工作模态

马赫数	方法	模式	BB	BN
0～0.9	亚声速加速度	涡轮发动机	开	开
0.9	亚声速巡航	涡轮发动机	关	全开
0.9～2.5	亚声速加速度	涡轮发动机	开	开
2.5～5.0	亚声速加速度	冲压发动机＋涡轮发动机	开	开
5.0	亚声速巡航	空气涡轮发动机	关	关

图 2-157　Scimitar 发动机进气道试验模型

我国较早开始关注 ATR 发动机技术的进展，中国航天科工集团有限公司第六研究院对液体 ATR 发动机进行了研究，西北工业大学、中国航天科技集团有限公司第四研究院联合对固体 ATR 发动机方案进行了研究，中国科学院工程热物理研究所进行了对转冲压 ATR 发动机的相关研究。

二、常规布局空气涡轮火箭发动机

西安航天动力研究所长期开展 ATR 发动机技术的研究，基本突破和掌握了 ATR 发动机组合动力系统优化设计和结构布局优化设计技术、高效气–气混合燃烧及热防护技术、大范围变流量燃气发生器技术、宽速域高性能涡轮发动机设计技术等。目前，西安航天动力研究所已经完成了 20 kN 级 ATR 发动机的设计，并完成了部件研制。同时，该所开展了 ATR 发动机与冲压发动机的新型组合动力方案，可以实现在马赫数 0～6 范围内工作，如图 2-158 所示。

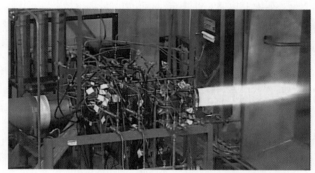

图 2-158　西安航天动力研究所的 ATR 发动机试验

在一体化设计技术方面，西安航天动力研究所建立了发动机设计平台，经过了大量的试验考核校验，完成了 4900 N 推力发动机研制，累计完成 100 余次直连试验及马赫数 3.5 自由射流试验，创下了涡轮发动机最高工作马赫数的纪录，掌握了发动机设计方法和评估方法，突破了核心技术。

在双流路可调进气道及流量分配技术方面，针对 ATR 发动机与冲压组合模式、高低速流道在不同工作范围内的流量捕获需求、总压损失性能、溢流要求等，设计了双流路二元进气道，开展了吹风试验，掌握了马赫数 0～6 双流路二元进气道气动优化、流道调节策略、几何结构与气动参数耦合规律。

在宽工况范围涡轮发动机技术方面，针对宽工况范围、高马赫数工作特点，设计了宽适应性压气机，在发动机试验中，验证了 288～750 K 来流工况的稳定性、气动性能和强度特性，掌握了宽工况范围且适应高温工况的压气机设计和评估方法。

在可调燃气发生器技术方面，针对发动机在宽工况范围工作的涡轮功率调节需求，通过可变面积喷注器设计实现了 5∶1 大变比设计要求，采用分区燃烧组织实现了宽混合比富燃燃烧和边区可靠热防护，掌握了宽工况范围可调燃气发生器设计技术。

在宽范围气-气混合燃烧组织技术方面，针对发动机来流空气温度288～750 K、燃气温度 800 K、余气系数变化范围 0.5～1.5，开展了非均匀来流条件下空气/富燃燃气掺混燃烧组织方案和火焰稳定装置的仿真、设计，提出了喷油、稳焰、混合一体的气体扰流装置，实现了宽工况范围稳定高效燃烧，突破了宽工况范围气-气混合燃烧组织技术。

在模态转换技术方面，针对组合发动机的模态转换，设计了原理样机，完成了高低速通道气动特性试验，开展了流道调节方法、几何结构与气动参数的匹配规律、高低速流道性能考核验证，实现了模态转换技术的考核验证。

三、对转冲压空气涡轮火箭发动机

（一）总体思路

针对我国空天动力发展需求，中国科学院工程热物理研究所集成自主创新的对转冲压压气机和与之匹配的对转涡轮，提出了满足临近空间可重复使用高速飞行平台动力需求的对转冲压 ATR 发动机，有机融合了火箭发动机、涡轮发动机和冲压发动机循环的特点，与传统组合动力相比具有模式简单、推力重量比高、加速性好、左边界宽和机动性强等优点，能够无模态地转换水平起飞进入临近空间，具有优良的综合性能，是我国马赫数 0～4 水平起降临近空间飞行器动力的重要技术途径之一，进一步与预冷技术结合，可以实现马赫数 0～8 推进。

对转冲压 ATR 发动机主要由进气道、对转冲压压气机、燃气发生器、对转涡轮、燃烧室及尾喷管等部件构成，如图 2-159 所示。

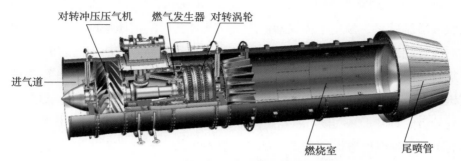

图 2-159　对转冲压 ATR 发动机的结构简图

对转冲压 ATR 发动机包含空气流路和富燃燃气流路，对转冲压 ATR 发动机的工作原理图如图 2-160 所示。在空气流路，空气自进气道入口 0 进入进气道后，从压气机入口 1 进入对转冲压压气机中压缩增压，压缩后的空气从压气机出口 2 流出并通过主燃烧室入口 6 进入燃烧室；在富燃燃气流路，燃料与氧化剂通过燃气发生器入口 3 进入燃气发生器，在燃气发生器中发生富燃燃烧，生成的富燃燃气从涡轮入口 4 流出进入对转涡轮膨胀做功将气体的焓转换为机械功，对转涡轮驱动对转冲压压气机，通过涡轮出口 5 排出的富燃燃气进入燃烧室，与压气机出口 2 排出的空气在燃烧室中掺混燃烧，产生的高温燃气通过喷管入口 7 进入尾喷管膨胀后排出，产生推力。

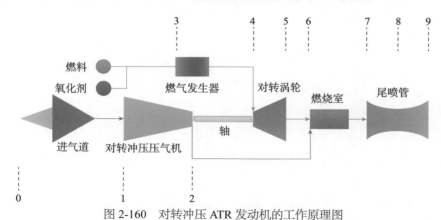

图 2-160　对转冲压 ATR 发动机的工作原理图

图中，0：进气道入口；1：压气机入口；2：压气机出口；3：燃气发生器入口；4：涡轮入口；
5：涡轮出口；6：主燃烧室入口；7：喷管入口；8：喷管喉部；9：喷管出口

对转冲压 ATR 发动机的对转冲压压气机采用自主创新的低熵增对转冲压激波增压技术，颠覆了传统轴流压气机气流折转的增压原理，利用转子的相对旋转制造超声速气流，建立低熵增激波系实现高效增压与高通流，变激波"被动接受"为"主动制造"，减小了压缩系统的尺寸和重量，并拓宽了压气机流量适应性。对转冲压压气机由多级对转涡轮驱动，大幅度降低了高低压涡轮级间导叶折转程度，甚至可以取消高低压级间导叶，提升了涡轮效率，从而降低了涡轮膨胀比和重量。对转冲压 ATR 发动机集成对转冲压压气机和对转涡轮，降低了发动机旋转部件的长度和重量，能够显著提高发动机的推力重量比。

对转冲压 ATR 发动机利用对转冲压压气机级压比高的特点，能够比传统 ATR 发动机获得更高的比冲和推力。ATR 发动机比冲和单位推力受压比的影响如图 2-161 所示，提高压气机压比能够同时提高 ATR 发动机的比冲和推力。传统 2 级轴流压气机一般能实现 2～3 的总压比，而相同级数的对转冲压压气机能实现 4 左右的总压比，发动机比冲和推力能够提高 20%～30%。

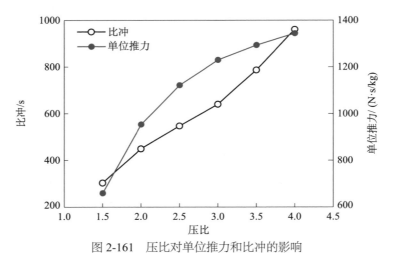

图 2-161　压比对单位推力和比冲的影响

与涡轮冲压组合发动机在流路上布置两个发动机（涡轮发动机和冲压发动机）不同，传统 ATR 发动机有机融合了火箭发动机、涡轮发动机和冲压发动机的循环特点，从地面到临近空间具有均衡的综合性能。与涡轮冲压发动机相比具有如下优点。一是模式简单。ATR 在马赫数 0～4 的速度范围内不需要模态转换即可从地面水平起飞进入临近空间。与 TBCC 发动机相比不存在"推力鸿沟"，没有复杂的变循环控制结构，提高了可靠性。二是推力重量比高。ATR 发动机主要通过加力燃烧产生推力，较高的尾喷管进气温度使单位推力得到明显提升。ATR 压气机级数一般为 2 级或 3 级，涡轮工质流量仅为压气机的 10% 左右，旋转部件的重量明显降低，推力重量比能够比 TBCC 发动机提高 1 倍以上。三是加速性好。ATR 发动机的压比为 3～5，这是由于涡轮不消耗压气机压比，较少的压气机级数和较低的压气机压比即可满足发动机的增压需求，在全包线内压气机压比的变化范围较小，有利于降低折合流量在高速飞行条件下的衰减程度，从而较好地保持推力，在马赫数 0～4 内具备较强的加速能力。四是左边界宽。在高空低速环境下，涡轮发动机的低压涡轮存在低雷诺数流动分离问题，而 ATR 发动机涡轮工质为自身携带的氧化剂和燃料产生的富燃燃气，涡轮不接触大气，状态不受飞行条件的影响，不存在高空低雷诺数的问题，能够明显拓宽发动机包线左边界。另外，ATR 压气机压缩来流来提高燃烧室总压，同样拓宽了飞行包线左边界。五是机动性强。当涡轮冲压发动机在冲压工作模式时，空气直接进入燃烧室，飞行器机动时易导致燃烧室熄火，而 ATR 发动机有压气机主动整流，更容易保持燃烧稳定。

对转冲压 ATR 发动机不仅具有传统 ATR 发动机的优点，而且在采用对转冲压压气机和多级对转涡轮后，进一步提升了性能。在马赫数 4 高速飞行条件下，压缩系统的进口总温达到 1000 K 左右，超出了钛合金的使用范围，必须使用密度更大的高温合金，导致压缩系统的重量明显增加。由于 ATR 发动机压缩系统的空气流量是涡轮燃气流量的 8～10 倍，ATR 发动机压缩系统是发动机重量的重要来源，降低压缩系统的重量可以明显降低 ATR 发动机的整机重量。对转冲压压气机具有比传统压缩系统更高的级负荷，能够降低压缩系统重量的 50% 左右，因此能够使 ATR 发动机推力重量比提高 20% 以上。

对转冲压压气机不仅在降低 ATR 发动机重量方面具有优势，在提高 ATR 发动机全包线性能方面也具有优势。在高马赫数飞行条件下，压缩系统远离设计工况，主要依靠气流折转的传统压气机易产生较大的流动分离，降低了发动机空气流量和推力。对转冲压压气机利用激波增压，叶片折转角较小，在高马赫数飞行条件下的通流能力能够比传统压气机提高 20% 左右，发动机推力因此提高了 20% 左右。

对转涡轮驱动对转冲压压气机，同样能为对转冲压 ATR 发动机带来性能优势。对转涡轮利用高低压转子反向旋转使高压级为下游转子提供进气预旋，减少甚至取消高低压级间导叶。相比于传统涡轮，对转涡轮在气动方面，对转消除了下游静叶排，从而提高了气动效率；在冷却方面，对转消除了下游静叶排，从而降低了对冷却空气的需求；在结构方面，对转使涡轮叶排轴向长度缩短，从而减轻了结构质量，缩短了涡轮端长度；在飞机方面，对转使传到飞机上的合力矩大幅度减小，陀螺力矩减小，从而提高了飞机机动性和飞行可靠性。对转涡轮大幅度减少了高低压级间导向器叶片数量，效率能够达到 82% 以上，比传统涡轮提高 2% 以上，因此能降低推进剂的供应压力，从而使推进剂供应系统的重量减轻 15% 以上。

（二）研究进展

中国科学院工程热物理研究所在对转冲压 ATR 发动机总体性能 / 结构方案、宽范围部件匹配方法、宽速域对转冲压压气机设计方法（赵庆军等，2020；肖翔等，2008）、低碳烟富燃燃气发生器燃烧组织方法、富燃燃气对转涡轮设计方法、高效密封设计方法和地面模拟高空环境试验方法等方面开展了研究工作，关键部件已经完成性能试验考核。在对转冲压压气机和对转涡轮方面的研究工作包括如下方面。

1. 对转冲压压气机

高级压比、高效率和宽稳定工作范围是对转冲压压气机持续追求的目标，随着对转冲压压气机向高级压比方向发展，其高压转子进口相对马赫数不断提高，实现更高进口相对马赫数气流的高效稳定增压是实现对转冲压压气机性能提升的关键。当高压转子进口相对马赫数较高时，激波强度急剧增加，并且激波、边界层和叶顶泄漏流相互作用，引起较大的流动损失和堵塞，制约了压气机气动性能的提升。在非设计工况下，进口相对马赫数降低会导致高压转子难以起动，使得对转冲压压气机通流能力和气动性能衰减。针对对转冲压压气机亟待解决的问题，中国科学院工程热物理研究所开展了对转冲压压气机基元级分析、通流设计、气动设计和流动控制方法的研究，揭示了对转冲压压气机内部流动损失机理，建立了对转冲压压气机激波／边界层干涉和叶顶泄漏流抑制方法，以及对转冲压压气机变工况气动性能优化方法，完善了对转冲压压气机的设计体系。

1）对转冲压压气机基元级分析和通流设计

对转冲压压气机结合反预旋和高圆周速度建立高马赫数全超声速进气条件，在高进口相对马赫数下，高压转子利用低损失激波系进行减速增压，采用叶型反向偏折抑制边界层分离，可使对转冲压压气机的压力比两级单转子压气机、1+1 对转压气机和 1/2+1 对转压气机提升 50% 以上。图 2-162 为不同压气机方案基元级分析。在基元级分析的基础上，基于流函数矩阵法进行上述各压气机的通流计算和设计、各叶片环量分布规律。

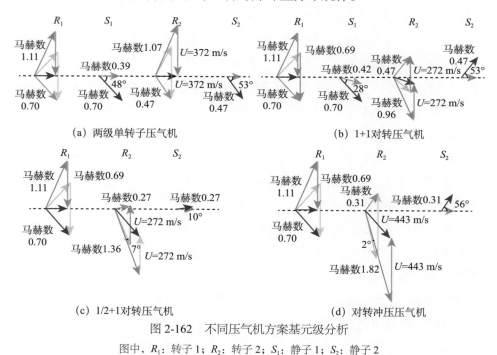

图 2-162 不同压气机方案基元级分析

图中，R_1：转子 1；R_2：转子 2；S_1：静子 1；S_2：静子 2

2）对转冲压压气机流动损失分析

为了揭示各压气机方案的内部流动损失机理，对数值模拟获得的各压气机方案的内部流场进行分析。通过数值计算得到的各压气机方案设计点的中径马赫数云图如图 2-163 所示。各压气机的低压级跨声速转子叶片通道中存在前缘激波和通道激波共存的双波结构，由于叶型折转主要在叶片后部完成，所以在激波之后未发生明显的边界层分离。对于两级单转子压气机，第一级导叶由于气流折转角较大，负荷水平较高，在叶片尾缘附近发生了较明显的边界层分离；第二级转子通道内存在前缘激波和通道激波共存的双波结构，由于第二级转子激波前马赫数和叶型折转角处于常规水平，所以流场中未出现明显的边界层分离。对于 1+1 对转压气机，第一级导叶叶型折转角低于两级单转子压气机，负荷水平降低，使得第一级导叶尾缘附近的边界层分离得到了抑制；第二级转子通道同样存在前缘激波和通道激波，第二级转子叶型折转角较大，负荷水平较高，在叶片尾缘出现了明显的边界层分离，导致其效率较低。对于 1/2+1 对转压气机，其进口相对马赫数与两级单转子压气机、1+1 对转压气机相比较高，流场中由前缘激波引起的损失增加，而通道激波前仅有马赫数 1.1，并且叶型折转角较小，在激波后未发生明显的边界层分离。对于对转冲压压气机，第二级转子具有缩放型叶片通道，前缘激波在收缩段内经过反射，前缘激波和收缩段内的反射激波构成了流道内的斜激波系，在喉口下游的扩张段内存在结尾正激波，实现了超声速气流向亚声速气流的转变，结尾激波前可达到马赫数 1.4，在结尾激波后的叶片表面两侧均存在边界层分离引起的低速区。可以看出，对转冲压压气机高压转子通道激波在叶片吸力面和压力面均会诱发边界层分离，而常规压气机转子通道激波通常引起叶片吸力面发生边界层分离。

基于数值模拟结果分析得到的激波增压叶栅总压损失的沿程变化如图 2-164 所示。为了计算激波增压叶栅各项损失的分布，根据多激波流场结构特点沿着气流方向取了 10 个计算截面，通过总压损失评估损失大小，每项损失值均除以叶栅出口的总损失来进行无量纲化。以 99% 主流区速度为当地主流和边界层的分界点，从叶片表面至 99% 主流区速度位置范围内的损失为边界层损失。由图可知，内伸激波、外伸激波和反射激波导致的总压损失较小，约占总压损失的 1.5%；结尾激波损失约占总压损失的 5%；激波诱导的边界层分离损失和尾迹损失占总压损失的比例较大（>40%），成为激波增压叶栅损失的主要部分。

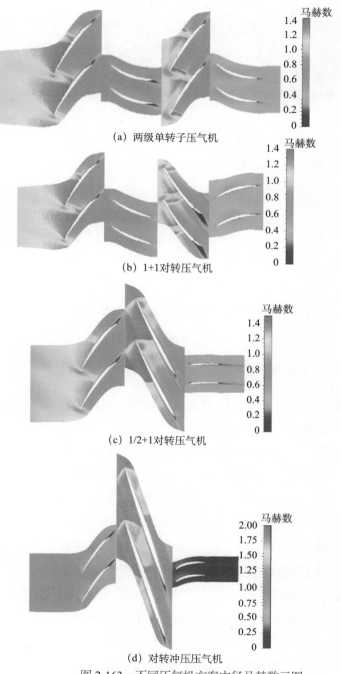

图 2-163　不同压气机方案中径马赫数云图

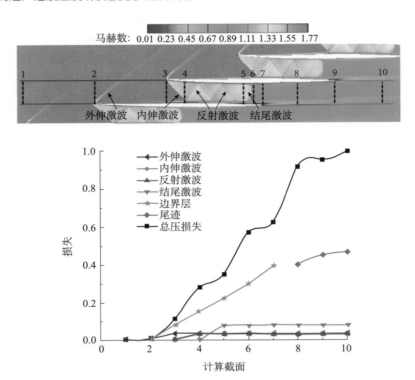

图 2-164 激波增压叶栅总压损失的沿程变化

端壁边界层、叶表边界层内径向流动和叶顶泄漏流等三维效应对对转冲压转子效率具有重要影响，有必要分析对转冲压转子三维流动损失机制。对转冲压转子叶表极限流线及垂直于流向各截面的熵分布云图如图 2-165 所示。可以看出，压力面和吸力面结尾激波后的角区分离、压力面中径附近结尾激波后的边界层分离、吸力面高展向位置前缘激波入射点后的边界层分离、叶顶泄漏流引起的较大熵增，是造成对转冲压转子内部流动损失的主要原因。其中，压力面和吸力面叶根结尾激波后的角区分离、叶顶泄漏流引起的高熵增区域较大，即两者引起的损失在总损失中的占比较大，进而造成对转冲压转子叶顶和叶根区域的效率较低。在叶根区域，超声速气流受结尾激波的诱导以及轮毂和叶片吸力面、压力面的双重作用，在结尾激波下游靠近吸力面和压力面的角区形成了明显的分离，边界层内的低速流体沿径向发生潜移，其影响范围达到 80%～90% 叶高。在叶顶区域，叶顶泄漏流在往下游发展过程中会穿过斜激波和结尾正激波，并与叶片压力面的边界层相互作用，诱发

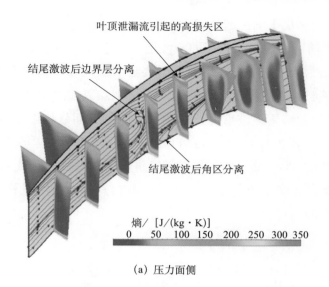

叶顶泄漏流引起的高损失区

结尾激波后边界层分离

结尾激波后角区分离

熵/ [J/(kg·K)]
0　50　100　150　200　250　300　350

（a）压力面侧

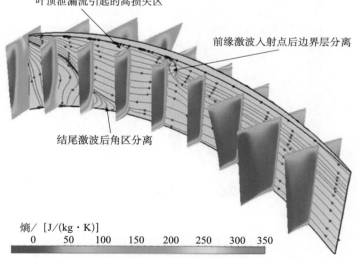

叶顶泄漏流引起的高损失区

前缘激波入射点后边界层分离

结尾激波后角区分离

熵/ [J/(kg·K)]
0　50　100　150　200　250　300　350

（b）吸力面侧

图 2-165　对转冲压转子叶表极限流线及垂直于流向各截面的熵分布云图

较大的流动损失。

3）流动损失控制

通过调节缩放流道的收缩比来控制喉口处的马赫数，以及采用反偏折叶型减小了结尾激波后叶表两侧叶型的曲率变化，能够降低对转冲压转子结尾激波/边界层干涉引起的损失。图 2-166 对比了进口相对马赫数为 1.8 左右时优化前后高压转子内部的激波边界层干涉流场，优化前高压转子流道的收缩比为 0.9，对应的喉口马赫数为 1.65，叶型折转角为 2°；优化后高压转子流道的收缩比为 0.85，对应的喉口马赫数为 1.4，叶型折转角为 –2°。优化后结尾激波后的边界层分离得到了明显抑制，调节流道收缩比使压气机效率由 77.0% 提高到 80.5%，采用反偏折叶型使压气机效率进一步提高到 82.3%。而当对转冲压转子进口相对马赫数降低到 1.6 左右时，在能够实现自起动的条件下高压转子的喉口马赫数可降低到 1.1，压气机效率可达到 85% 以上。

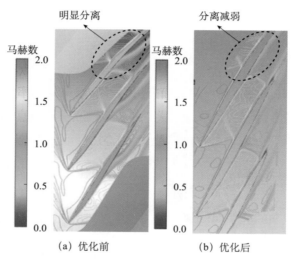

图 2-166　优化前后高压转子进口相对马赫数云图

4）试验验证

在中国科学院工程热物理研究所双轴双涵压气机试验台上进行了气动性能试验，如图 2-167 所示。该试验台由单轴双涵试验段与双轴单涵试验段组成。其中双轴单涵试验段采用动力对置、径向进气的结构方案；单轴双涵试验段采用轴向进气的结构方案，并共用双轴单涵试验段的高压轴电机。利用双轴单涵试验段进行试验，双轴单涵试验段最高排气压力为 2.0 MPa、低压轴或高压轴最大功率为 2 MW 或 3 MW、低压轴或高压轴最高转速为 35 000 r/min 或 45 000 r/min。与试验结果相比，通过数值计算得到的对转冲压压气机设计压比下的效率偏差小于 1%，流量偏差小于 0.5%，实现了预期的气动性能。

图 2-167　双轴双涵压气机试验台

2. 对转涡轮

富燃工质对转涡轮具有体积流量小、载荷高和叶片排数多的特点，提高涡轮效率、降低振动碰磨风险是设计中的难点。涡轮采用富燃工质，具有进口总压高、体积流量小和膨胀比大的特点。采用常规轴流涡轮流量系数和载荷系数等的设计准则形成涡轮总体方案，导致涡轮叶片通道内三维黏性损失过大。对转涡轮叶片通道涡占据整个流道，通道二次流的过偏转效应导致叶片端区出口气流角不易控制，制约了多级涡轮实现良好的级间流场匹配，涡轮的二次流损失和多级匹配问题比航空发动机涡轮更加突出。此外，多级涡轮轴向长度大导致叶盘质心与支点间距增大，减小了转子临界转速裕度，易引起突出的转子振动问题，需要从转子动力学影响参数分析、转子结构形式等方面提出优化转子临界转速裕度的新方法、新结构。针对上述问题，本节提出低进口马赫数的富燃工质涡轮总体方案设计方法和设计准则，建立涡轮端区黏性损失抑制和流场控制方法，提出富燃工质多级涡轮转子动力学优化设计方法，对提高发动机推力重量比和比冲具有积极作用。

1）高负荷大折转低进口马赫数富燃工质多级涡轮总体方案设计方法

本节提出低进口马赫数全周进气对转涡轮总体方案，避免了部分进气涡轮方案导致的涡轮转子过大、非定常气动激励和级间匹配困难的问题。富燃燃气热物性对涡轮气动载荷存在明显的影响，富燃燃气高定压比热导致相同负荷下富燃工质涡轮叶片的轴向速比约为常规涡轮的80%，叶片气流折转角将增加10%左右，如图2-168所示。针对富燃工质涡轮的大折转流动特点，参数化分析和建立了叶片展弦比、进口马赫数、轴向速比、轮毂比与气流折转角之间的最优关系，提出了富燃工质涡轮轴向速比选取准则，实现了具有合理叶高和子午流道的高负荷富燃工质涡轮总体设计方案，能以较少的涡轮级数提升涡轮设计点效率和变工况流量变化能力，降低涡轮燃料工质供应压力；在相同级载荷条件下，相比现有设计方法能够降低发动机涡轮燃料供应系统压力50%以上，减少涡轮级数20%以上。

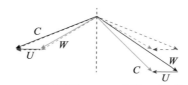

◀━━ 常规涡轮　◀╌╌ 富燃工质涡轮

图 2-168　高负荷大折转涡轮速度三角形

图中，C：绝对速度；U：叶片速度；W：相对速度

2）低展弦比大折转涡轮叶片端壁损失机理及抑制方法

富燃工质对转涡轮进口总压高、体积流量小，导致高压涡轮叶高通常在10 mm以下、叶片折转角在145°以上。因此，涡轮叶片流道中存在强烈的径向二次流动，端壁损失在总损失中的占比达到60%以上，导致涡轮内部流动损失显著增加。端壁边界层在叶片前缘分离形成马蹄涡，马蹄涡压力面分支在通道横向压差作用下迅速迁移至相邻叶片吸力面，与马蹄涡吸力面分支相交后形成下端壁通道涡，通道涡沿着叶片吸力面径向迁移至90%叶高处，与上端壁通道涡汇聚成一个复杂旋涡结构，并占据整个叶片通道，受该旋涡结构的影响，下端壁低能流体径向迁移至叶顶，并在叶顶区域汇聚，减少了下端壁的黏性损失，增加了叶顶的二次流损失，图2-169为涡轮端壁涡系分布情况，图2-170为涡轮端壁熵增分布情况。为此，提出降低通道涡强度和损失的后加载叶片载荷分布设计准则，配合叶片吸力面进口降载的涡轮叶片设计技术，减小了低展弦比大折转涡轮叶片通道涡的发展和作用范围，如图2-171和图2-172所示，能够提高涡轮效率1.5%以上。

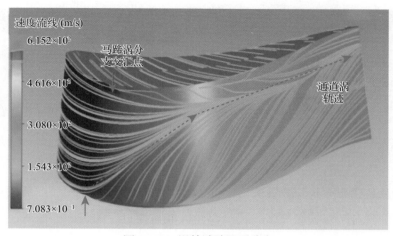

图 2-169　涡轮端壁涡系分布

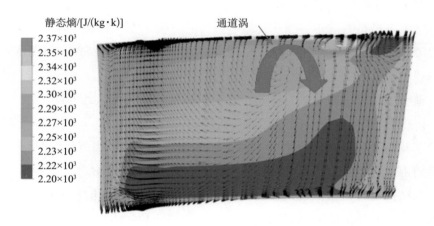

图 2-170　涡轮端壁熵增分布

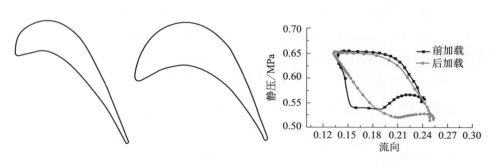

（a）前加载叶型　　　（b）后加载叶型　　　（c）叶表静压分布

图 2-171　叶型及叶表压力分布

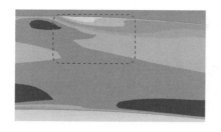 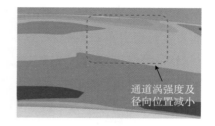

（a）优化前　　　　　　　　　　　　　　　（b）优化后

图 2-172　转子出口熵云图

3）低展弦比大折转多级涡轮级间匹配特性优化方法

　　高负荷对转涡轮级数多，提高涡轮性能需要良好的级间匹配机制。低展弦比大折转涡轮叶片端壁通道涡在叶顶处汇聚为复杂漩涡结构，导致多级涡轮攻角不易匹配。随着涡轮展弦比的降低，叶片端区出口气流落后角增大，需要考虑落后角的修正。为此，需要分析低展弦比大折转涡轮叶片通道径向二次流对涡轮出口气流角与涡轮出功的影响效应，涡轮上下端壁通道涡在近叶顶处汇聚形成的复杂旋涡结构。一方面，卷吸下端壁低能流体至叶顶，致使叶顶损失及涡轮做功能力降低、下端壁损失减小、涡轮出功增加；另一方面，该旋涡导致的叶片通道内径向二次流动，增加了叶片下端壁出口气流角，增大了其后面级叶片前缘攻角。在正攻角条件下，气流绕流前缘时过膨胀，致使前部载荷增加，通道涡强度及损失变大，恶化了涡轮性能。与此同时，该旋涡结构与叶顶泄漏涡涡核旋转方向相反，如图 2-173 所示，在二者共同作用下涡轮叶片上端区出口气流角减小，如图 2-174 所示，降低了多级涡轮级间匹配性能。在此基础上，通过参数拟合方式修正了低展弦比大折转涡轮端区落后角计算模型，调整了落后角与马赫数的线性关系，减小了叶片下端区出口气流角和涡轮出功，增大了上端区出口气流角和涡轮出功，改善了多级涡轮匹配特性，使涡轮级载荷设计误差降低到 0.5% 以下。

4）富燃工质多级涡轮转子动力学优化设计方法

　　涡轮转子的动力学特性决定了涡轮转子的临界转速与工作转速范围间的相对关系，影响着涡轮工作时的振动、变形、间隙等。对于悬臂支承的涡轮转子，其一阶振型为涡轮转子摆动，可在兼顾涡轮转子强度要求的情况下，尽可能将涡轮转子径向质量分布集中于盘心处，以提高涡轮转子的临界转速

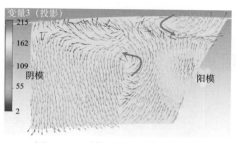

图 2-173　转子出口二次流矢量图

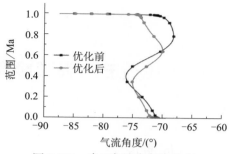

图 2-174　出口气流角径向分布

裕度；对于简支形式的涡轮转子，其转子一阶振型为轴系平动，因此优化涡轮转子径向质量分布对改善其临界转速意义不大。无论是悬臂支承的涡轮转子还是简支形式的涡轮转子，转子重心与支点的距离对转子临界转速都有较大的影响，缩短转子重心与支点的距离，可显著提高转子临界转速，有利于拓宽转子临界转速裕度。因此，参数化分析了涡轮盘径向质量分布、转子支点位置与涡轮转子临界转速之间的影响关系，利用涡轮盘子午面质量分布优化和涡轮转子支点位置优化互为耦合的方式，提出富燃工质多级涡轮转子动力学涡轮优化设计方法。同时，为实现富燃工质多级涡轮转子动力学的优化结果，从结构设计角度提出高压前倾式、低压后倾式的 T 形涡轮盘设计（图 2-175），相比于传统涡轮盘结构临界转速裕度提高了 10% 以上。

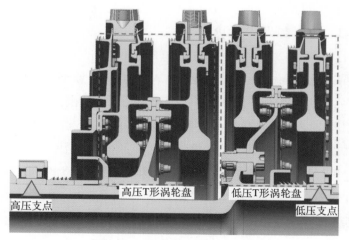

图 2-175　涡轮转子 T 形涡轮盘

第五节　强预冷高超声速航空发动机

一、发展概况

强预冷发动机主要通过对涡轮发动机进口气流进行冷却，使其性能得到提升，然后与冲压发动机或火箭发动机组合，形成一种独特的组合循环发动机。例如，强预冷发动机与冲压发动机的组合实际上就是 TBCC 发动机，与冲压发动机、火箭发动机的组合实际上就是 T/RBCC 发动机。因此，强预冷发动机具有广阔的发展前景。

在强预冷发动机中，根据预冷器中的工作介质属性，可以分为燃料直接换热预冷与闭式循环间接换热预冷两种类型。在燃料直接换热预冷方面，有 LACE、RB545、深度冷却空气涡轮火箭（deeply cooled air turbo rocket, ATRDC）发动机、卡林那（Klina，KLIN）发动机、吸气式涡轮冲压膨胀循环发动机、预冷涡喷（pre-cooled turbojet, PCTJ）发动机等多种发动机方案。在闭式循环间接换热预冷方面，以英国反应发动机公司（Reaction Engines Limited, REL）的"佩刀"（SABRE）系列发动机为典型代表。

20 世纪 60 年代，为了解决火箭比冲较低所导致的有效载荷占比过小的问题，马夸特（Marquardt）公司提出了 LACE 方案（Varvill and Bond, 2003）。在氢氧火箭发动机的基础上增加了吸气模态（工作范围为马赫数 0～7），在 0～30 km 工作时，利用液氢并通过预冷器将来流空气进行液化。吸气模态和火箭模态共用燃烧室与喷管，发动机结构紧凑，推力重量比较高。但由于将空气液化（空气露点温度为 81.7 K）所消耗的燃料过多，发动机的比冲仅为 800 s。1982 年，在借鉴 LACE 的基础上，在 HOTOL 项目中提出了 RB545 发动机方案。该方案避免了 LACE 方案中将空气液化时冷却剂消耗过高的问题，在马赫数 0～5 范围内，来流空气通过预冷器被液氢进行深度冷却但未进行液化。RB545 发动机地面比冲约为 2000 s，比 LACE 方案有了很大提升；但预冷器面临氢脆及结冰等问题，随着 HOTOL 项目的取消，RB545 发动机的研究也终止了。

1991 年，俄罗斯中央航空发动机研究院提出了 ATRDC 发动机方案（Rudakov and Balepin，1991）。该发动机采用液氢通过预冷器对来流空气进行深度冷却，随后 50% 的氢进入吸气式燃烧室燃烧，另外 50% 用于驱动涡轮，随后直接排出。当空气压气机的入口温度降至 98～112 K 时，空气压气机的压比为 20～40。当空气压气机的压比为 40 时，ATRDC 发动机在马赫数 0～6 的平均比冲约为 2500 s，推力重量比预估为 18～22。但该发动机的预冷器换热功重比较低，预冷器重量约占整机重量的 40%。2000 年左右，美国提出了 KLIN 发动机方案（Balepin and Liston.，2001），该发动机为深度冷却涡喷（deeply cooled turbo jet，DCTJ）发动机与火箭发动机的组合，其中火箭发动机全程工作，DCTJ 发动机可以工作到马赫数 6，涡喷发动机和火箭发动机的液氢燃料全部用来冷却涡轮发动机的来流空气。

在燃料换热预冷发动机方面，日本开展了大量研究工作，自 20 世纪 80 年代起，日本航空航天科学研究所研制了可用于高超声速飞机和两级入轨飞行器一子级动力的吸气式涡轮冲压膨胀循环发动机（Tanatsugu et al.，1997）。通过在压气机前加装液氢空气预冷器来实现对来流空气的冷却，可工作至马赫数 6，平均比冲达 3000 s 以上。该预冷器换热功重比较低，仅约为 16.5 kW/kg。此外，需通过在预冷器前喷注甲醇等方法来解决预冷器结冰的问题。随后日本宇宙航空研究开发机构（Japan Aerospace Exploration Agency，JAXA）在 ATREX 发动机的基础上开展了工程可实现性更高的马赫数 6 级 PCTJ 发动机的研制工作（Sato et al.，2010），已开发了 1 kN 推力量级的 PCTJ 发动机原理样机，即 S-发动机，并先后完成了部件试验、地面静止台试验、马赫数 4 模拟高温条件下的地面试验及马赫数 2 飞行试验，取得了显著进展。

从以上几种典型的燃料换热预冷发动机方案特性对比（表 2-2）来看，由于需要满足马赫数 5～7 级高温来流的冷却需求，所以均采用了高热沉的低温液氢作为燃料及冷源。对来流温度的冷却程度越高，压气机可实现的压比越高，使得吸气式燃烧室和火箭燃烧室、喷管可以共用，进而提高整机的推力重量比。但是对来流进行深度冷却，同样会导致燃料消耗过高，发动机比冲降低，需要根据飞行器的总体需求，在进行发动机方案设计时综合权衡，合理选择预冷程度。由于采用液氢进行深度冷却，所以预冷器面临结冰及影响发动机安全工作的氢脆问题。受制于材料及制造技术，上述预冷器的换热功重比较低，也会对整机推力重量比带来不利影响。

表 2-2　燃料换热预冷发动机方案特性对比

发动机方案	研制国家	工作范围、性能及应用对象	典型技术特征
LACE	德国	（1）吸气模态马赫数 0～7，比冲为 800 s；火箭模态马赫数 7+； （2）适用于 SSTO 飞行器	（1）采用液氢作为冷源； （2）将空气冷却至露点温度（81.7 K）以下，预冷器存在"夹点"问题，燃料消耗量大，导致比冲低； （3）吸气模态与火箭模态共用燃烧室和喷管
RB545	英国	（1）吸气模态马赫数 0～5，火箭模态马赫数 5+； （2）发动机起飞推力为 367 kN，海平面比冲为 2000 s； （3）适用于单级入轨飞行器 HOTOL	（1）采用液氢作为冷源，部分氢气驱动涡轮 （2）压气机入口温度冷却至高于露点温度，空气压气机压比约为 150； （3）预冷器面临氢脆及结冰问题； （4）吸气模态与火箭模态共用燃烧室和喷管
ATRDC	俄罗斯	（1）吸气模态马赫数 0～6，火箭模态马赫数 6+； （2）不带冲压通道，平均比冲为 2500 s；在马赫数 2 以上耦合冲压通道，平均比冲约为 4000 s； （3）推力重量比为 18～20	（1）采用液氢冷却空气，部分氢气驱动涡轮 （2）液氢冷却当量比约为 2.0； （3）压气机入口温度为 98～112 K，空气压气机的压比为 20～40； （4）预冷器约占整机重量的 40%； （5）吸气式燃烧室和火箭燃烧室独立
KLIN	美国	（1）吸气模态马赫数 0～6，火箭模态马赫数 6+； （2）适用于 SSTO 飞行器或 TSTO 飞行器第一级； （3）比冲较氢氧火箭发动机最大可提高 60%； （4）推力重量比可达 33	（1）火箭和深度预冷涡喷发动机热力耦合； （2）在地面空气压气机入口常温空气被冷却至 110 K，压气机压比约为 30，在马赫数 6 被冷却至 200～250 K； （3）喷注液氧防止预冷器结冰
ATREX	日本	（1）马赫数 0～6；适用于高超声速飞行器或 SSTO 飞行器第一级； （2）平均比冲为 3000 s	（1）采用液氢作为燃料和冷源； （2）地面状态下将空气冷却至 160～220 K； （3）液氢当量比为 1.3～1.5； （4）预冷器采用外径 3 mm、壁厚 0.15 mm 的不锈钢管制造，换热功重比约为 16.5 kW/kg； （5）喷注甲醇抑制预冷器结冰
PCTJ	日本	（1）马赫数 0～6；适用于高超声速飞行器或 SSTO 飞行器第一级； （2）地面比冲为 4800 s，马赫数 5 比冲为 1587 s	（1）采用液氢作为燃料和冷源； （2）地面状态空气压气机入口温度为 200 K； （3）预冷器采用外径 2 mm、壁厚 0.15 mm 的不锈钢管制造； （4）液氢当量比：地面 1.2，马赫数 6 时 3.2； （5）喷注甲醇抑制预冷器结冰

在闭式循环间接换热预冷发动机研制方面，英国处于技术领先地位。20世纪 90 年代，在 RB545 发动机的基础上，采用了强预冷和闭式氦循环的协同吸气式火箭发动机 SABRE 方案，即"佩刀"，并成立了 REL 公司开展该发动机的研制工作（Varvill and Bond，2008）。通过采用革命性的紧凑快速强预冷技术，可将高温来流瞬时冷却 1000 K 以上且预冷器具有极高的换热功重比。通过引入中间闭式氦循环，避免了高温来流与低温液氢之间的直接换热所导致的换热毛细管氢脆问题，并实现了对来流热量的高效再利用。该发动机吸气式范围为马赫数 0～5.5，在该工作范围内，不存在一般 TBCC 发动机的涡轮工作模式与冲压工作模式之间的转换和再起动问题，以及涡轮或冲压不工作时的"死重"问题，具有单台推力大、推力重量比高、比冲高的综合性能优势。目前，英国 REL 公司已获得英国政府、欧洲空间局、AFRL、DARPA等机构的研发经费支持。同时，BAE 公司、罗罗公司、波音公司等航空航天巨头入股英国 REL 公司，提供资金和技术支持，加速了 SABRE 的研制。

二、PCTJ 发动机

在燃料换热直接预冷的强预冷发动机方案中，日本的 PCTJ 发动机研究得最为充分，并取得了丰硕的研究成果，可为类似的强预冷发动机的研制提供重要参考。

PCTJ 发动机的概念于 1988 年被提出（Powell and Glickstein，1988），主要由进气道、预冷器、加力燃烧室和尾喷管组成，如图 2-176 所示。燃料采用的是低温液氢燃料，一部分燃料直接喷入主燃烧室中与经压气机增压后的空气掺混燃烧，另一部分燃料则首先进入位于压气机入口前的预冷器中对来流空气进行预冷，然后流到加力燃烧室壁面对加力燃烧室进行冷却，最后喷入加力燃烧室中参与燃烧。有研究人员计算分析了 PCTJ 发动机在整个飞行任务剖面内的性能，并与常规高马赫数涡喷发动机和涡轮冲压发动机进行了比较（Hideyuki et al.，2001）。在 PCTJ 发动机中对压气机入口空气进行预冷的方式可以使发动机能够运行的马赫数上限增大，马赫数从 4 左右扩充至 5 左右。除了可以增大最大飞行马赫数，在高速来流的条件下，将进入压气机的空气提前冷却，可以显著提升发动机推力，此时发动机的共同工作点发生移动且空气流量得以增大。

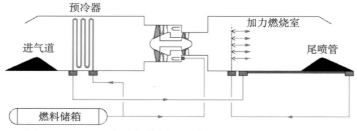

图 2-176　PCTJ 发动机的循环示意图（Hiroaki et al., 2012）

　　2001 年，日本国立宇航实验室的 Hideyuki 等（2001）以两级入轨为应用背景来论证马赫数能从 0 工作至 6 的推进系统方案，将 PCTJ 发动机与预冷 ATR 发动机、涡轮冲压发动机和火箭冲压发动机等方案的性能进行了比较分析，结果显示 PCTJ 发动机的性能是这些备选方案中最优的。日本空间与航天科学研究所同样针对两级入轨的发动机方案，采用遗传算法同时对发动机、机身和弹道进行了优化设计，并以有效载荷比作为评价函数，对 PCTJ 发动机、预冷 ATREX 发动机、预冷燃气发生器 ATR 发动机和涡轮冲压发动机这四种类型进行了定量比较，重点对比了发动机在加速阶段的比冲、当量比、压气机增压比、压气机叶尖转速和涡轮效率等发动机性能参数。结果表明，PCTJ 发动机是涡轮基组合循环发动机中最有发展前景的类型（Hiroaki and Nobuhiro, 2001a；Hiroaki et al., 2001b）。

　　2004 年，日本宇宙航空研究开发机构总结了前期日本在高马赫数涡轮发动机方向所做的研究工作，并梳理出预冷高速涡轮发动机发展路线图，将后续研究工作的重点转为开展 PCTJ 发动机的地面试验和飞行试验验证。飞行试验验证用发动机为 S-发动机，这是一台带有预冷器的高速涡喷发动机小尺寸验证机，目标应用对象是 JAXA 正在发展的一型 100 座级高超声速客机（图 2-177），其巡航速度达 5 倍声速，设想在日本东京与美国洛杉矶之间运营。

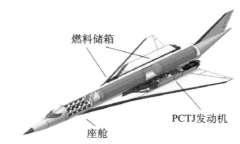

图 2-177　高超声速客机概念图（Taguchi et al., 2015）

S-发动机由进气道、预冷器、核心发动机（即压气机、燃烧室和涡轮）、加力燃烧室和尾喷管组成（Sato et al.，2010），如图 2-178 所示。进气道由三个斜坡组成，其中第二个斜坡和第三个斜坡可根据飞行马赫数进行调节，用以形成良好的激波压缩结构。预冷器是以燃料液氢作为冷却介质的管壳式换热器。考虑到核心发动机的尺寸、重量及性能都有严格的要求，选择了斜流式压气机、反向环型燃烧室和单级轴流式涡轮。可变几何的单斜坡矩形塞式尾喷管连接在加力燃烧室后方。该发动机的压气机入口半径为 0.10 m、空气流量为 1.1 kg/s、推力为 1.2 kN、比冲为 2100 s。

进气道　　预冷器　　核心发动机　　加力燃烧室　　尾喷管

图 2-178　缩比尺寸 PCTJ 发动机（S-发动机）各部件组成图（Taguchi et al.，2015）

2007 年，JAXA 对 S-发动机先后进行了两次点火试验（Sato et al.，2007）。第一次点火试验的发动机称为 PCTJ-1，用于验证压气机和涡轮的匹配。试验所用的压气机和涡轮通过转轴机械连接，但是两者在气动上相互独立，即压气机后的气流被喷射到外部，涡轮的驱动空气由外部储罐单独提供，如图 2-179 所示。此次点火试验验证了压气机和涡轮间的功率平衡，转速达到 70 000 r/min，为设计值的 85%。第二次点火试验的发动机称为 PCTJ-2，此次试验建立并测试了与飞行用模型相同的整体发动机系统，如图 2-180 所示。其中，主燃烧室的氢流量约为 8 g/s，通过位于核心机下游的蒸发器进行气化，然后在主燃烧室中以贫油的状态燃烧，产生高温高压的气体以驱动核心机中的涡轮；加力燃烧室中的液氢流量约为 52 g/s，这部分液氢先流经预冷器和尾喷管壁面后再喷入加力燃烧室中进行富油燃烧。

2008 年，JAXA 计划进行基于气球的 S-发动机超声速飞行试验（Hiroaki et al.，2008），基于气球的超声速飞行器全长 4.6 m，机身直径 0.556 m，总质量 600 kg，如图 2-181 所示。

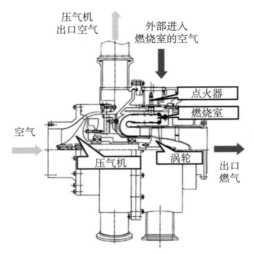

图 2-179　PCTJ-1 发动机测试用特殊结构（Sato et al.，2010）

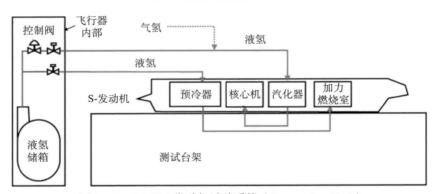

图 2-180　PCTJ-2 发动机试验系统（Sato et al.，2010）

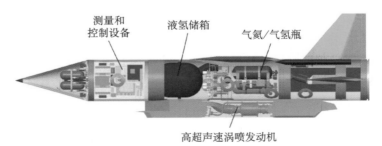

图 2-181　S-发动机的飞行试验用飞行器（Hideyuki et al.，2009）

2008 年，JAXA 对飞行试验用的发动机进行了试验测试。预冷器设计点的温度效率为 45%，换热管采用 648 根直径为 2 mm 的不锈钢管，壁厚 0.15 mm，总换热面积为 2.64 m²。试验结果表明，当发动机入口温度为常温（288 K）、不采用空气预冷时，若要维持 56% 的发动机转速（即 45 000 r/min），则燃油流量为 2.4 g/s，空气流量为 0.35 kg/s，压气机增压比为 1.8，涡轮前温度为 1123 K。当采用空气预冷时，若要维持 56% 的发动机转速（即 45 000 r/min），则燃油流量为 2.5 g/s，空气流量为 0.54 kg/s，压气机增压比为 2.4，涡轮前温度为 798 K。这表明，通过空气预冷可以改善发动机的稳态性能，主要表现为可以增加空气的质量流量（由 0.35 kg/s 增加至 0.54 kg/s），增大压气机的增压比（由 1.8 增大至 2.4），降低涡轮前温度（由 1123 K 降低至 798 K）等，见图 2-182。

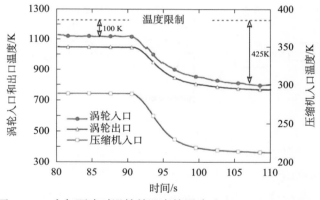

图 2-182　空气预冷对涡轮前温度的影响（Hiroaki et al.，2008）

2009 年，JAXA 对 S-发动机进行了地面点火试验验证（Hideyuki et al.，2009），如图 2-183 所示，试验装置流程图如图 2-184 所示。为了在预冷器中达到深度冷却的效果，此次试验选择了富燃燃烧工况。结果表明，预冷可以有效提高转子的换算转速、发动机的换算流量和压气机的增压比。在相同的换算转速下，采用预冷的发动机换算流量和压气机压比低于未采用预冷时发动机相应的性能参数，这可能是因为预冷导致了压力、温度的畸变。

2010 年 9 月，JAXA 进行了第一次马赫数 2 飞行试验。试验用基于气球的超声速飞行器从 40 km 高空通过自由落体运动加速至 2 倍声速。考虑到安全性，这次试验以氢气作为燃料、液氮作为冷却剂，完成了以液氢为冷却介

图 2-183　地面点火试验图（Hideyuki et al.，2009）

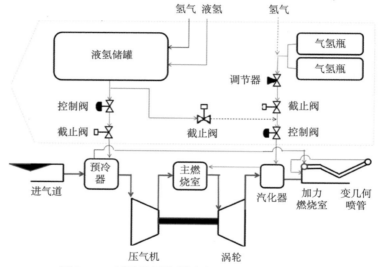

图 2-184　试验装置流程图（Hideyuki et al.，2009）

质的预冷器性能试验，相比于理想的逆流换热器，结霜等会导致预冷器的换热性能降低，在预冷器性能预测模型中对结霜等导致的换热性能降低进行了修正，修正后模型预测的预冷器空气温度效率和试验数据吻合得很好，如图 2-185 所示。

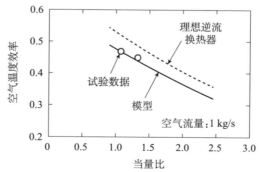

图 2-185　试验用预冷器的空气温度效率（Hiroaki et al.，2012）

2014 年，JAXA 进行了马赫数 4 级风洞试验（Hideyuki et al., 2014），用以验证 PCTJ 发动机的风车起动性能，如图 2-186 所示。在试验中，发动机转速先由来流冲压作用在 32 s 时加速至 35 000 r/min，然后转速从 42 s 开始由涡轮轴功带动而迅速增大，在 52 s 时达到 70 000 r/min。对于预冷器，在液氮开始供给后，预冷器出口空气温度开始迅速下降。在 50 s 时不同传感器所测得的预冷器出口空气温度为 440～520 K 不等，预冷器出口空气的平均温度为 480 K，对应于 270 K 的温降，如图 2-187 所示。

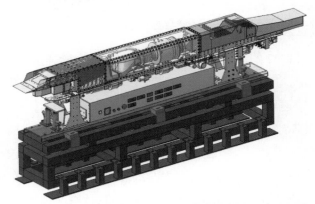

图 2-186　马赫数 4 级风洞试验中的 PCTJ 发动机（Hideyuki et al., 2014）

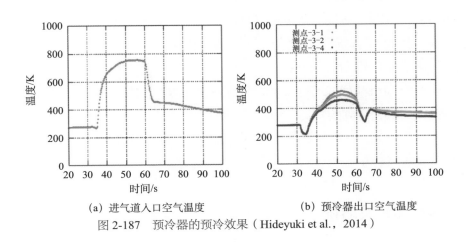

（a）进气道入口空气温度　　　　　（b）预冷器出口空气温度
图 2-187　预冷器的预冷效果（Hideyuki et al., 2014）

2015 年，JAXA 进一步开展了马赫数 4 级风洞试验，试验装置设置如图 2-188 所示（Taguchi et al., 2015）。在试验中，S-发动机共有 4 个可调变量：一是进气斜坡的角度，通过调节此变量可获得各马赫数下的最大总压恢复系

图 2-188　马赫数 4 级风洞试验装置设置图（Taguchi et al.，2015）

数；二是冷却剂 LN2 的流量，用以模拟 LH2 在加力燃烧室壁面的冷却能力；三是冷却剂流量，用以调节预冷器的换热量；四是主燃烧室内的燃油流量，用以改变转子转速。通过详细的试验研究，进一步获得了 S-发动机的起动特性、调节控制特性等。

目前，日本仍在推进 S-发动机的试验验证工作。从所制定的发展路线图来看，JAXA 今后的工作重点是评估和验证 S-发动机在马赫数 5 飞行条件下的性能，之后逐步开展飞行试验。用于试验的高超声速技术试验飞行器也正在研制中，该方案拟通过固体火箭推进器加速到 5 倍声速，以提供 S-发动机的试验验证环境。通过高超声速飞行试验进一步验证 S-发动机的部件性能，包括高马赫数飞行时高温条件下的预冷器流动换热性能、低压条件下的核心机工作能力和低温燃料供给系统等。

从 S-发动机的研发历程来看，基于液氢燃料的 PCTJ 发动机原理相对简单且已得到较为充分的验证，预冷器、可调进排气、发动机控制等关键技术也基本得到验证，具有较高的工程可实现性，是强预冷高超声速航空发动机后续重要的研究方向。

三、SABRE 发动机

自 20 世纪 90 年代起，英国 REL 公司经过近三十年的研究，在"佩刀"发动机技术上取得了丰硕的研究成果，引领了该类发动机的发展。

在飞行器应用方案研究方面，国外已提出多种 SSTO、TSTO 和高超声速飞机方案，如表 2-3 所示。英国 REL 公司提出了单级入轨飞行器 SKYLON 方案，该方案已历经多轮改进，目前 SKYLON-D1 方案的起飞规模约为 325 t，近地轨道的载荷运载能力为 15 t。2016 年，美国 AFRL 基于 SABRE，构建了两型两级入轨空天飞行器方案（Hellman et al., 2016）。2019 年，法国宇航局构建了起飞重量 400 t 级的两级入轨空天飞行器方案，近地轨道载荷运载能力达 15 t（Brevault et al., 2019）。2020 年，英国 REL 公司和欧洲空间局合作，在 SKYLON 方案的基础上构建了两级入轨飞行器方案（Arnodoa et al., 2020）。

表 2-3　SABRE 系列发动机飞行器应用方案

飞行器方案	结构示意图	主要参数
英国 SSTO 方案 SKYLON-D1		（1）起飞规模约为 325 t，近地轨道载荷运送能力为 15 t； （2）该飞行器采用两台起飞推力为 80 t 级的 SABRE-4 发动机； （3）吸气模态与火箭模态转换点：马赫数 5、25 km
美国 AFRL 的 TSTO 方案		（1）方案 1：可重复使用的第一级和一次性使用的第二级，起飞总重为 144 t、近地轨道载荷为 2.4 t，单发起飞推力约为 50 t； （2）方案 2：可重复使用的第一级和第二级，起飞总重为 590 t、近地轨道载荷为 9 t； （3）吸气模态与火箭模态转换点：马赫数 4.4、20 km
法国宇航局 TSTO 方案		（1）飞行器起飞重量为 368～425 t， （2）吸气模态与火箭模态转换点：马赫数 5、25 km； （3）15 t 近地轨道载荷
英国 TSTO 方案		（1）飞行器起飞重量为 400 t， （2）吸气模态与火箭模态转换点：马赫数 5.3、22 km； （3）15 t、400 km 的近地轨道载荷；7.5 t GTO 载荷；11.5 t ISS 载荷、5 t SSO 载荷
BAE 快速响应飞机		（1）高超声速快速响应飞行器； （2）用于快速信息支援和战场补给
欧盟 LAPCAT A1 飞机		（1）采用 Scimitar 发动机； （2）马赫数 5、25～28 km 巡航； （3）起飞重量为 400 t，具备 18 700 km 航程、300 名乘客的运载能力

注：GTO 为地球同步转移轨道（geostationary transfer orbit），ISS 为国际空间站（International Space Station），SSO 为太阳同步轨道（sun synchronous orbit）。

2016 年，英国 BAE 公司基于 SABRE 构建了快速响应高超声速飞行器方案，用于快速信息支援和战场补给的作战概念。2016 年，在欧盟 LAPCAT 计划中，与欧洲空间局合作，基于 Scimitar 发动机构建了马赫数 5 级巡航的高超声速客机方案，具备 18 700 km 航程、300 名乘客的运载能力（Steelant, 2009）。上述飞行器应用方案的研究有力地推动了 SABRE 的研制。

在发动机方案设计方面，SABRE 技术发展迭代过程中主要包括 SABRE-3 方案、SABRE-4 方案以及 Scimitar 发动机概念方案，这几种发动机方案的主要区别如表 2-4 所示。

表 2-4　SABRE/Scimitar 发动机主要技术特点

发动机方案	主要参数	技术特点
SABRE-3	（1）推力为 80～145 t； （2）马赫数 0 比冲为 2800 s，马赫数 5 比冲为 1634 s	（1）在马赫数 0～5 范围内，空气压气机入口温度约为 120 K，地面状态压比约为 140； （2）在马赫数 5 条件下，预冷器将 1250 K 高温来流降至 120 K； （3）燃烧室室压约为 100 bar，吸气模态与火箭模态共用燃烧室及喷管； （4）预冷器存在结冰或结霜问题
SABRE-4	（1）推力为 80～200 t； （2）马赫数 0 比冲为 4000 s，马赫数 5 比冲为 3600 s	（1）在马赫数 0～2 范围内预冷器不工作；在马赫数 5 条件下，预冷器将 1250 K 高温来流冷却至约 380 K；预冷器避免了结冰或结霜问题； （2）空气压气机地面状态压比约为 20，燃烧室室压约为 12 bar，吸气模态燃烧室与火箭模态燃烧室独立工作，共用部分喷管； （3）闭式循环较为复杂，但未引入新型部件
Scimitar	（1）起飞推力约 37 t，马赫数 0.33 比冲为 3132 s； （2）马赫数 5 推力 16.8 t，比冲为 3805 s	（1）无火箭模态； （2）具备马赫数 0.9 和马赫数 5 的巡航能力； （3）马赫数 5 条件下，预冷器将 1250 K 来流冷却至 650 K，空气压气机压比为 4.0；燃烧室压力约为 10 bar； （4）采用了极为复杂的闭式氦循环，部件数量众多，发动机可实现性低

注：1 bar=0.1 MPa。

SABRE-3 方案（图 2-189）利用超临界氦作为中间换热介质，通过预冷器对高温来流空气进行深度冷却。燃烧室压力高（约为 100 bar），使得发动机在吸气模态下具有高推力重量比的特点（图 2-190）。但燃烧室高室压要求及压气机工作限制，要求预冷器对空气温降极高（在马赫数 5 工作时达 1100 K以上），冷却所需液氢用量远超发动机燃烧所需用量（马赫数 5 工况下当量比约为 2.8），使得发动机比冲性能较低，仅为 1634 s。除此之外，该方案中压比达 140 的空气压气机、吸气模态与火箭模态共用燃烧室等部件实现难度大，而且预冷器需要采用喷注甲醇的方式防止结冰或结霜。

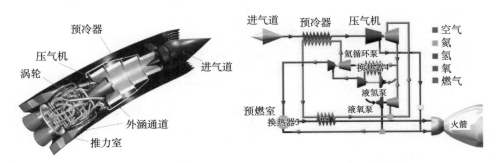

(a) 气动热力结构布局   (b) 热力循环构型

图 2-189 SABRE-3 方案构型及热力循环示意图（Bartha et al.，2016）

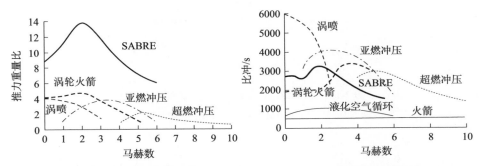

(a) 推力重量比随飞行马赫数的变化关系   (b) 比冲随飞行马赫数的变化关系

图 2-190 SABRE-3 方案推力重量比及比冲性能特性（Varvill and Bond，2003）

近年来，英国 REL 公司发布了改进方案 SABRE-4。与 SABRE-3 相比，SABRE-4 首先取消了吸气模态与火箭模态共用燃烧室，改用双模态独立工作的燃烧室，降低了燃烧室的实现难度。如图 2-191 所示，燃烧室的改变使得热力循环方案中对空气压气机压比的需求大幅降低，由 140 降低至 20 左右，提高了压气机部件的可实现性；其次，SABRE-4 调整了预冷方案，保证压气机最高进口温度在常温以上，从而避免了结霜或结冰，在马赫数 5 工况下发动机燃料当量比由 2.8 降低至 1.2，比冲高于 3600 s，同时保持了较高的推力重量比性能，如图 2-192 所示。在保持 15 t 近地轨道载荷运输能力的条件下，将 SABRE-3 发动机换装成 SABRE-4 后，飞行器的起飞总重可由 345 t 降至 325 t（Hempsell，2013）。整体来看，SABRE-4 方案闭式循环系统的复杂性有所增加，但未引入新的部件类型。同时，预冷器、燃烧室、空气压气机等核心部件的实现难度明显降低。综合来看，SABRE-4 方案的可实现性高于 SABRE-3 方案。

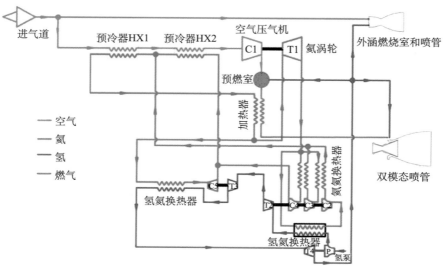

图 2-191　SABRE-4 方案构型及热力循环示意图

图中，C：压力开启；T：温度；P：压缩空气出口

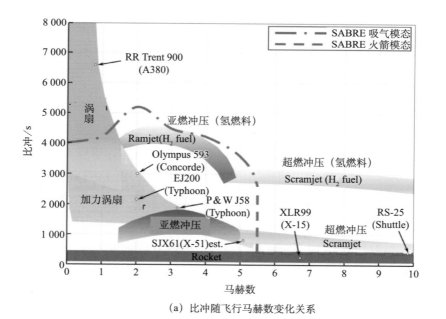

（a）比冲随飞行马赫数变化关系

图 2-192　SABRE-4 比冲及推力重量比性能特性（Feast，2020）

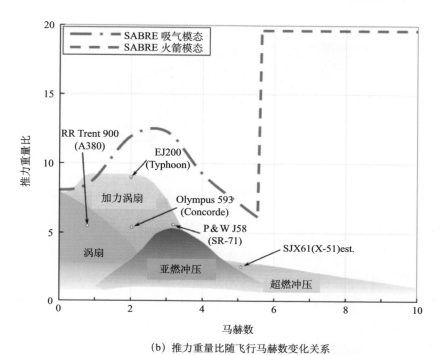

（b）推力重量比随飞行马赫数变化关系

图 2-192　SABRE-4 比冲及推力重量比性能特性（Feast，2020）（续）

在 SABRE 核心热力循环的基础上，英国 REL 公司构建了适用于马赫数 5 巡航的大型高超声速民用飞机的 Scimitar 发动机方案（图 2-193），该方案进一步降低了对来流高温空气的预冷程度，并通过构建极为复杂的闭式氦循环降低了燃料消耗，并实现了马赫数 0.9 亚声速及马赫数 5 高超声速两种设计巡航工况，马赫数 5、25.4 km 巡航状态下的比冲约为 3805 s（Jivraj et al.，2007）。但 Scimitar 发动机方案的热力循环复杂，而且闭式循环系统中包含大量的换热器及氦叶轮机部件，发动机可实现性差。

2011 年 5 月 24 日，欧洲空间局正式发布了《"云霄塔"空天飞机评估报告》，给出了 SKYLON 和 SABRE 的经济性和技术方面的评估结论。其中，技术方面的评估主要是由冯·卡门研究所进行的。该报告明确了 SKYLON 运载器和 SABRE 基本是可行的。2014 年 1 月，美国空军实验室 AFRL 与英国 REL 公司签署了合作研究与发展协议，认为 SABRE 部件和集成所涉及的理论可行性不存在显著障碍。2015 年，AFRL 正式公布了对 SABRE 的评估结果，认为该发动机是一项有吸引力的技术，它在技术上可行，并可能在两级

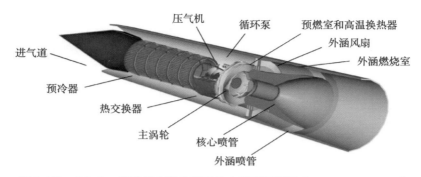

图 2-193　Scimitar 发动机方案构型及热力循环示意图（Jivraj et al.，2007）

入轨运载或国防应用中得到更早的应用。

　　SABRE/Scimitar 发动机方案涉及一系列关键技术，包括紧凑快速强换热技术、闭式氦循环系统技术等，英国 REL 公司在该方面已取得突破性进展。SABRE 的预冷器采用了一种新型紧凑式结构，整体呈圆筒状，采用模块化设计，由多组螺旋换热单元周向阵列而成，单组螺旋换热单元上布置了四排叉排微细管束，如图 2-194 所示。该设计的巧妙之处在于：既能够保证周向及径向微细管束之间间距的一致性，又能从宏观上实现内部换热介质与外部空气的逆流换热，既极大地提高了空间利用率，又能降低内外换热流体的温差，有利于提高换热效能。

图 2-194　SABRE 循环的预冷器方案及流路示意图（Webber et al.，2006）

　　英国 REL 公司首先对该新型预冷器开展了模块流动换热的原理性试验。该预冷器模块由多排交错布置的薄壁微细管束组成；微细管束采用叉排布局，空气冲刷微细管束后，每排微细管束表面形成新的边界层，不会出现厚边界层以增加热阻，如图 2-195 所示。微细管束的直径为 0.38 mm，横向和纵向微细管束间距分为 1.25 倍与 1.1 倍管径。分别利用氮气和氦气开展了预冷器模块流动换热性能试验，并与经验关系式的预测结果进行了对比。整体来看，该紧凑预冷器模块具有超强的换热能力，换热功率接近 2 GW/m³。对于氦气和氮气试验，经验关系式预测的换热功率的误差较小。在氮气冷态试验中，试验获得的预冷器空气侧压损和凯斯与伦敦（Kays&London）的经验关系式吻合很好。但是在高温来流试验下，空气侧压损预测的误差可达 65%～75%。在氦气试验中，高温来流条件下，空气侧压损预测的误差高达 169%～187%。

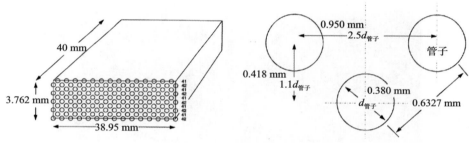

图 2-195　JMHX 的管排布置（Murray et al.，2001）

2010 年，Webber 等（2010）测量了紧凑管束中单个换热管的传热系数，在雷诺数 900～5600 范围内，试验结果与 Kays&London 的经验关系式吻合很好，进一步验证了该公司采用的预冷器换热设计方法的有效性，如图 2-196 所示。2012 年，英国 REL 公司完成了适配 Viper 发动机的预冷器研制。换热管是外径为 0.98 mm、壁厚仅为 40 μm 的极薄壁 Inconel718 高温合金管（图 2-197），预冷器的主要设计参数如表 2-5 所示。该预冷器的微细管束总长达到 43 km，换热面积达到 135 m²。

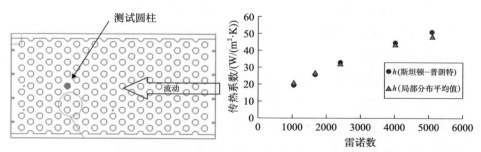

图 2-196　紧凑换热器中单个换热管的测量结果（Webber et al.，2010）

表 2-5　SABRE 预冷器的设计参数

	地面演示 2012	核心预冷换热器 2019
换热芯体	—	—
管外径 /mm	0.98	0.98
壁厚 /mm	0.04	0.04
单管长度 /m	2.5	2.25
总管长 /m	43 000	38 000
换热单元数 / 个	21	21
轴向列数 / 排	115	200
径向排数 / 排	4	4
换热面积 /m^2	135	约 120

图 2-197　与 Viper 发动机联合试验预冷器螺旋换热单元

　　在预冷器与 Viper 发动机联合试验中，如图 2-198 所示，预冷器在 20 ms 内将约 30 kg/s 的常温空气（约 25℃）冷却至 -138℃，温降 163℃。空气侧平均流速约为 6 m/s，压损为 34 mbar，总压恢复系数达到 0.966。采用喷注甲醇的方式避免了试验过程中预冷器管壁的结霜问题。试验表明，该预冷器具有优越的流动换热性能，符合设计预期且能与发动机匹配稳定工作。试验重复次数超过 300 次，充分验证了该新型极薄壁密集微细管束式预冷器的结构可靠性。

　　为进一步验证预冷器技术，REL 公司完成了预冷器高温性能试验。该预冷器包含总长约 38 km 的微细管束，换热管质量仅为 50 kg，整个预冷器为 130 kg，如图 2-199 所示。2019 年 4 月，完成了模拟马赫数 3.3 来流条件下的试验，换热功率为 1.6 MW，试验结果与预测误差不超过 1%。随后，进一步完成了模拟马赫数 5 来流条件下的试验，在 50 ms 内将约 1000℃的高温空气冷却至 100℃，换热功率为 3.8 MW，充分验证了高温条件下预冷器的性能。据报道，英国 REL 公司下一阶段将开展适用于飞行试验的预冷器的研制工作。

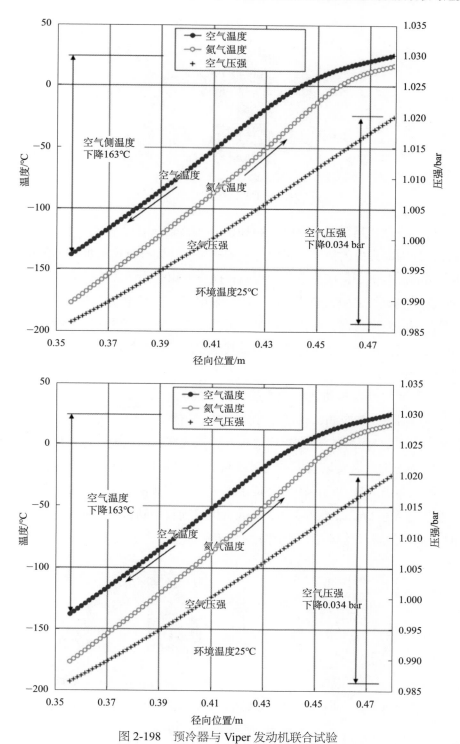

图 2-198　预冷器与 Viper 发动机联合试验

图 2-199　HTX 试验件及外壳体

　　与 S-发动机用预冷器相比，SABRE 用预冷器具有以下特点：采用单流程设计，其内部介质的流阻可以更好控制；可以达到接近逆流换热的效果，内外介质的温差更小，换热有效度更高；换热管束采用了叉排布局，使得空气侧对流换热更加强烈，换热性能更优；采用了螺旋形微细管束结构，有利于大温差下的变形协调；采用了更细、更薄的换热管，预冷器紧凑度更高，换热功重比高，远超其他预冷器，但是其制造加工难度相应增大且结构可靠性仍需进一步验证。

　　在氦燃气高温换热器研究方面，图 2-200 展示了 Scimitar 发动机氦燃气高温换热器的结构布局，其可视为板翅式，整体呈环形，布置在预燃室出口；预燃室出口的高温燃气外掠铝换热板片，氦气在铝换热板片内被加热。由于该换热器的使用温度较高（燃气温度高达 1900 K），传统的金属材料不再适用，所以英国 REL 公司采用了 SiC 材料挤压烧结制备。其中，SiC 陶瓷管换热通道内径为 2 mm、壁厚为 0.35 mm，但目前仅能制备小尺寸样件，大尺度 SiC 再热器的制造及其与金属结构件的连接工艺还需进一步的研究。

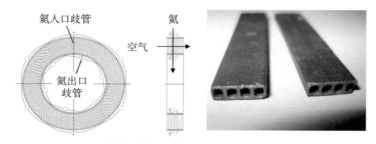

图 2-200　Scimitar 发动机氦燃气高温换热器结构布局及 SiC 高温换热器

（Varvill and Paniagua，2010）

由于英国 REL 公司暂未突破大尺度 SiC 换热器制造技术，正在测试的用于 SABRE 地面技术验证机 Demo-A 的再热器仍采用高温合金材料制造。氦燃气高温换热器来流燃气温度在 428～928℃，可采用高温合金微细管束方案，如图 2-201 所示，换热管外径约为 1 mm，壁厚为 50 μm 量级，而且可充分利用其预冷器制造技术降低技术风险。

图 2-201　微细管束高温换热器

SABRE、Scimitar 发动机方案中的氢氦换热器适合采用印刷电路板换热器（printed circuit heat exchanger，PCHE）结构，如图 2-202 所示。英国 REL 公司设计的氢氦换热器采用带微槽道的铝合金板通过扩散焊接工艺连接成换热芯体，换热槽道宽 0.05 mm、深 0.06 mm、壁厚 0.01 mm、槽道的数量在 10^7 量级。由于该换热通道的宽度、翅片和隔板的厚度远低于现有 PCHE 的制造加工水平，英国 REL 公司仅完成小尺寸样件的试制，距离最终发动机上使用的氢氦换热器产品制造还有较大的差距，仍需要工艺攻关。

在其他关键技术研究方面，英国 REL 公司开展了对转氦涡轮（Varvill and Bond，2009）、宽域可调进气道（Barth et al.，2016）、高度补偿喷管（Taylor et al.，2010）、氢燃烧室等多个部件的关键技术发展及相关试验研究，初步验证了技术可行性，技术成熟度达到 3 级（Barth et al.，2016），如图 2-203 所示。

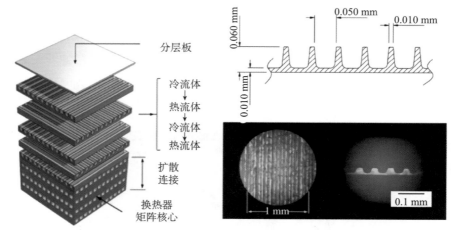

图 2-202 英国 REL 公司的氢氦换热器结构（Webber，2009）

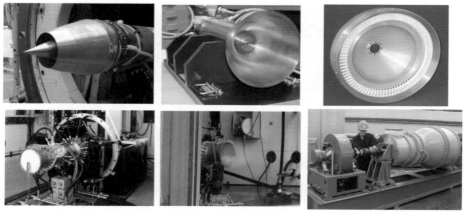

图 2-203 英国 REL 公司关键技术试验验证平台及试验件

　　在整机研发方面，2016 年后，在 SABRE 的主要部件技术攻关取得良好进展后，英国 REL 公司转入整机研制阶段，技术发展路线如图 2-204 所示，并行开展吸气模态核心机 Demo-A、火箭子系统 Demo-R 及短舱系统 Demo-N 的研制工作，2021 年完成 Demo-A 的地面演示验证，计划 2023 年完成整机集成验证，2025 年完成飞行试验（Feast，2020）。

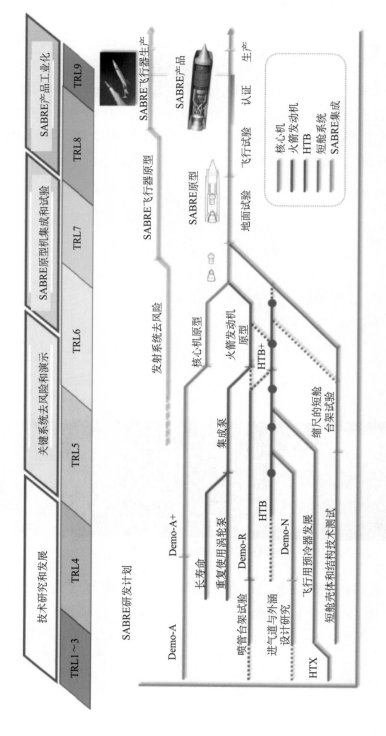

图 2-204　英国 REL 公司 SABRE 发动机技术发展路线（Feast, 2020）

图中，Demo-A: 吸气模态核心机；Demo-R: 火箭子系统；Demo-N: 短舱系统；
HTX: 轻型热交换器；HTB: 高压吹气；TRL1 ~ 3: 基本原理提出、技术应用研究、概念验证；
TRL4: 完成模拟部件试验；TRL5: 完成部件 / 核心机试验；TRL6: 完成系统水平验证；
TRL7: 完成飞行试验验证；TRL8: 发动机定型 / 取证；TRL9: 完成使用验证

目前，英国 REL 公司将主要精力投入吸气模态核心机 Demo-A 的研制中，Demo-A 主要用于验证发动机的热力循环、关键部件设计、部件匹配集成及发动机起动控制等，如图 2-205 和图 2-206 所示。Demo-A 的设计方案已于 2019 年通过了欧洲空间局组织的初始设计评审。2021 年 2 月，Demo-A 的预燃室、高温换热器等部件已完成试验测试，性能超出设计预期。同时，在英国政府的资助下正在修建用于 Demo-A 的地面试验台（Hood et al.，2018）。对于 Demo-R 的研制，则采用外包的方式，选择与技术成熟的火箭发动机研发企业合作。

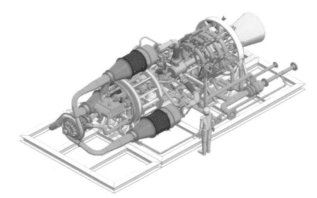

图 2-205　Demo-A 样机（Feast，2020）

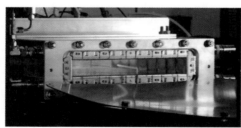

图 2-206　HX3 换热器和氢气预燃室试验现场照片

总的来说，英国在 SABRE 的总体方案设计、部件关键技术攻关及整机集成验证方面开展了大量工作，并取得了丰硕的研究成果，引领了基于闭式循环的强预冷发动机的研制。但是，当前其吸气模态核心机 Demo-A 的研制进度已较计划有所延迟，这也在一定程度上表明，SABRE 的研制难度高于预期，仍须加大攻关力度。

四、高超声速强预冷发动机与强预冷涡轮冲压组合发动机

自 2012 年起，北京航空航天大学高超声速强预冷空天动力研究团队针对高超声速强预冷发动机技术开展了深入研究，致力于提升强预冷发动机的工作性能及工程可实现性，在发动机总体技术、紧凑快速强换热技术、超临界氦叶轮机设计技术、宽域进排气系统优化设计技术及高效燃烧技术等方面（图 2-207）开展了大量研究工作（邹正平等，2021），具体如下。

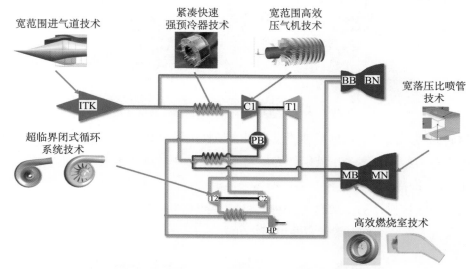

图 2-207　模块化组合发动机总体性能计算程序组成示意图

图中，ITK: intake，进气道；C1: compressor1，压气机 1；T1: turbine1，涡轮 1；BB: bypass burner，旁路燃烧室；BN: bypass nozzle，旁路喷管；PB: pre-burner，预燃室；MB:main burner，主燃烧室；MN：main nozzle，主喷管

在强预冷发动机总体技术方面，北京航空航天大学发展了模块化组合发动机总体性能计算程序（modularity combined engines simulation program，MCESP），如图 2-208 所示。MCESP 可实现不同热力循环系统的模块化搭接，对不同复杂程度的预冷热力循环均具有良好的收敛性及计算精度，可满足多类型、不同燃料动力系统性能比较、预冷发动机方案设计及全工况仿真计算需求。

针对高超声速飞机及两级入轨空天飞行器的动力需求，北京航空航天大

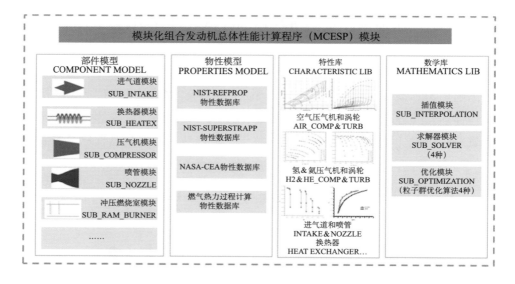

图 2-208　模块化组合发动机总体性能计算程序模块

学研究团队提出了兼具高性能及高可实现性的马赫数 5 级高超声速强预冷发动机方案。该方案采用液氢作为燃料及冷源，在马赫数 5 工作时可实现当量比 1.0，即冷却所需液氢与燃烧所需液氢流量平衡，比冲达 3287 s。通过性能设计与结构设计的多次迭代，初步构建了起飞推力 20 t 级的高超声速强预冷发动机方案，结构方案示意图见图 2-209。

图 2-209　高超声速强预冷发动机结构方案示意图

　　针对碳氢燃料体系，北京航空航天大学研究团队还提出了马赫数 7 级液态甲烷燃料高超声速强预冷涡轮冲压组合发动机方案，该方案热力循环简化示意图见图 2-210，其中预冷涡轮核心机的工作范围为马赫数 0～4。相比于采用氢燃料的高超声速强预冷发动机方案，该方案具有较高的技术成熟度及良好的技术基础，短期内具备高工程可实现性，可满足高超声速飞机迫切的动力需求。

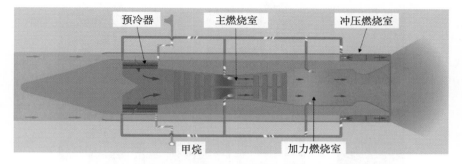

图 2-210　强预冷涡轮冲压组合发动机方案热力循环简化示意图

在紧凑快速强预冷器技术方面，经过近十年在微尺度流动换热机理（汝卓霖等，2021；Fu et al.，2017；Lee et al.，2017）、极高功重比预冷器设计方法、微尺度成形−连接工艺、高温超高压闭式循环系统试验技术等方面的系统性研究，构建了集理论、设计、制造及试验于一体的强预冷器研发体系。首先，发展了紧凑快速强换热器一体化设计方法（Li et al.，2022），如图 2-211 所示，该方法包含紧凑快速强换热器精细化设计方法及不确定性设计方法（李辉等，2019），可考虑换热介质强物性变化、气动热力边条及加工制造等因素对紧凑快速强换热器性能的影响。

图 2-211　紧凑快速强换热器一体化设计方法

在高温合金超薄壁毛细管材形性协同制造技术方面，如图 2-212 所示，攻克了外场辅助加载工艺、毛细管材多道次细晶拉拔工艺、超细晶制坯及热处理工艺等核心工艺，通过外能场交叉、可控加载，实现了从毛坯材料到最

图 2-212　高温合金超薄壁毛细管材

终毛细管材的全流程高性能形性协同制造，可成形出壁厚为 50 μm、均匀度偏差小于 3 μm、轴向强度大于 1500 MPa 的高温合金超薄壁细晶管材（Meng et al.，2020）。在薄壁阵列结构低熔蚀高韧性钎焊技术方面，如图 2-213 所示，发展了适用于薄壁多相合金阵列结构的高低温钎焊工艺方法，掌握了薄壁阵列结构低熔蚀钎焊技术、高温合金薄壁母材外场辅助钎焊工艺、耐高温热振

（a）薄壁阵列结构低熔蚀钎焊技术

（c）耐高温热振腐蚀涂层工艺焊接成品

（b）高温合金薄壁母材外场辅助钎焊工艺

（d）预冷器样机

图 2-213　薄壁阵列结构低熔蚀高韧性钎焊技术

腐蚀涂层工艺，将外界热能输入对母材微观组织的恶化影响降到最低，实现了薄壁阵列结构的高效、可靠连接，焊点在 1300 K 高温通过耐压 10 MPa 测试，进一步完成了多个方形、圆形预冷器样机的制造。

在试验验证方面，北京航空航天大学拥有一套基于超临界介质开式循环系统的紧凑快速强换热器综合试验台，建成了目前国内唯一的耦合闭式超临界氦循环系统的预冷器高温（马赫数 4+）长时试验台。如图 2-214 所示，该闭式超临界氦循环系统主要包括低泄漏高洁净氦循环压缩单元、高温高压电加热单元、高压水冷却单元、高压液氮冷却单元、高精度控制单元、氦快速充/放单元、真空置换单元、氦高效回收单元、精密调节阀组等。最大氦循环流量达 0.2 kg/s，最大工作压力为 10 MPa，温度范围为 240～780 K，压力、流量、温度连续可调，具备超临界氦的长时可靠供给能力。

图 2-214 闭式超临界氦循环系统

北京航空航天大学已于 2020 年 10 月完成国内首个预冷器高温性能试验，在 0.02 s 内将 988 K 来流冷却至 353 K，实现 635 K 温降的超强换热，功重比高达 101 kW/kg，且空气侧总压恢复系数高于 0.92（陈一鸣等，2021），如图 2-215 所示。此外，进一步完成了预冷器与涡喷发动机的匹配试验，预冷器将马赫数 4 级高温来流瞬时降至 353 K 且后端涡喷发动机稳定工作。

针对氢氦换热器、氦氦回热器，北京航空航天大学发展了可考虑肋效率与流体强物性变化特征的离散设计方法（Li et al.，2021），完成了包含直通道

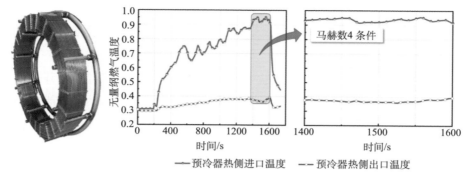

图 2-215　紧凑型强预冷器试验件及预冷器前后空气温度试验曲线

及"之"字形通道等多种特征直径不超过 300 μm 的微通道换热器制造。高温试验表明，所研制的微通道换热器可在 700 K、8.5 MPa 的极端环境下可靠工作，且实现了 105 kW/kg 的超高功重比指标，如图 2-216 所示。

图 2-216　PCHE 及其试验台

　　围绕超临界氦叶轮机气动设计及试验验证技术，首先发展了一套适用于强预冷发动机所用的径流式叶轮机和小展弦比轴流叶轮机的超临界介质叶轮机的气动设计方法，如图 2-217 所示。该方法的核心内容为针对超临界介质叶轮机所建立的基元级参数优化选取准则、低维性能分析方法以及基于前两者建立的多级功率分配方法。其次，为解决超临界介质叶轮机工作压力极高、试验难度大及成本高的问题，基于相似理论和量纲分析法发展了两套不同的相似参数，并发展了不同工质叶轮机之间的特性换算方法，可以利用空气叶轮机试验获得超临界介质叶轮机特性曲线，便于在设计阶段快速对方案进行试验考核（Chen et al.，2019；Zou and Ding，2018）。进一步在空气压气机试验台上对某超临界氦压气机试验样机进行验证，如图 2-218 所示。

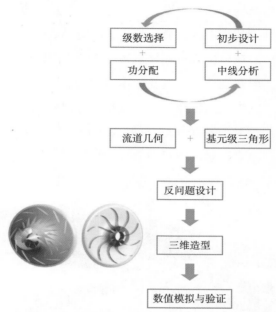

图 2-217　超临界介质叶轮机气动设计方法

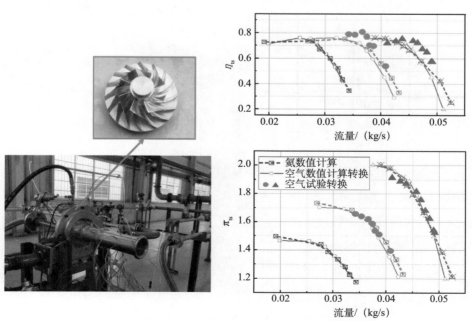

图 2-218　超临界氦压气机相似方法试验验证结果

在宽速域轴对称可调进气道优化设计技术方面，王昌盛等（2020）发展了参数化设计与多设计点多目标优化方法，提出了可控制激波位置及进气道内二次流的进气道结构。利用该设计方法可以有效提升强预冷发动机进气道在设计点与非设计点状态下的性能，解决了高马赫数时高总压恢复与低马赫数时大流量的矛盾。在预冷器与进气道耦合特性方面，Ding 等（2020）创新地提出了一种可同时保证计算精度及计算速度的预冷器简化模拟方法，综合分析了耦合环境中的进气道工作特性，以及预冷器在进气道后真实来流下的流动换热特性、出口参数畸变程度，如图 2-219 所示。此外，该团队发展了宽落压比喷管设计技术，对包括双钟形喷管和膨胀偏转喷管在内的高度补偿喷管设计方法、数值模拟和冷态试验进行了大量研究。

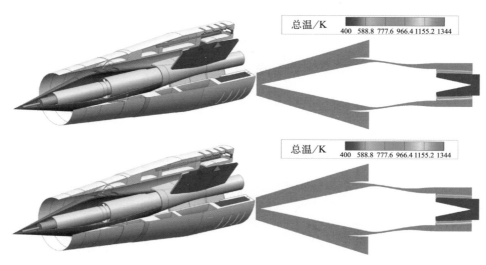

图 2-219　进气道结构示意图及其与预冷器耦合工作特性

在强预冷发动机的氢燃料预燃烧室和主燃烧室设计技术方面，柏乃坚等（2020）开展了多级旋流器和氢气喷嘴方案优化设计，形成了采用氢燃料的多级旋流器关键结构参数设计准则，总结了多级旋流器结构参数对氢燃料预燃烧室燃烧性能的影响规律，形成了宽工作范围、高出口温度分布均匀性以及超高温升氢燃料预燃烧室设计方法。针对旁路冲压燃烧室贫燃燃烧、空气流量大、流速高、空气流量变化范围宽，而且与进气道紧密耦合的工作特点，柏乃坚等（2020）探讨了在低氧含量、高流速条件下冲压燃烧室稳定器的关键结构参数设计准则，总结了支板式稳定器结构参数与燃料进口结构参数对氢燃料冲压燃烧室燃烧性能的影响规律，发展了高效率、高稳定性氢燃料冲压燃烧室设计方法。初步完成了预燃烧室、主燃烧室及加力燃烧室的方案设计，其中预燃烧室实现出口温度分布系数小于 0.15，主燃烧室和加力燃烧室效率分别达到 98% 及 90% 以上，如图 2-220 所示。

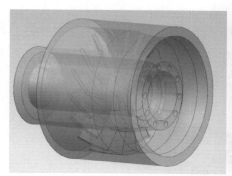

图 2-220　氢燃料喷射单元方案及试验结果

在上述强预冷发动机关键技术研究的基础上，北京航空航天大学拟进一步开展高超声速强预冷发动机系统集成试验验证，正在搭建强预冷系统综合验证试验台，如图 2-221 所示。该试验台空气侧最大流量为 2.2 kg/s，最高温度为 920 K；超临界氦侧最大流量为 1 kg/s，最大压力为 4.5 MPa。试验台占地面积约为 5000 m²。该试验台具备预冷发动机原理验证、强预冷器高温试

图 2-221　强预冷系统综合验证试验台

验、高温高压闭式循环系统性能试验、超临界氦压气机 / 涡轮试验验证等多项功能，可有力支撑强预冷发动机技术的进一步发展。

五、多循环深度耦合预冷发动机

中国航天科工集团第三研究院第三十一研究所在"十二五"期间开始开展预冷动力技术研究，致力于强预冷器技术、微通道换热器和闭式循环技术等关键核心技术攻关，完成了总体性能仿真方法和热力循环方案的构建，并根据单级 / 两级入轨任务需求开展了深化论证，提出了多循环深度耦合预冷发动机方案，中文名"云龙"，如图 2-222 所示。

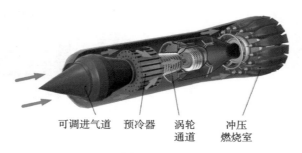

可调进气道　预冷器　涡轮　冲压
　　　　　　　　　　通道　燃烧室

（a）"云龙"发动机

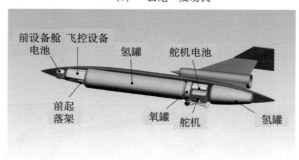

前设备舱　飞控设备
电池　　　　　　　　氢罐　　舵机电池
　　　　　　　　　　　　　　　　　　　　　　　　　尾翼
前起
落架　　　　　　　　氧罐　舵机　　　　氢罐

（b）单级入轨飞行器

图 2-222　"云龙"发动机及其单级入轨飞行器

在预冷器设计制造技术攻关方面，初步构建了预冷器设计、制造及试验体系，掌握了极薄壁微细管（外径 1 mm、壁厚 50 μm）束成形、密集微细管束高可靠钎焊技术，完成了中等尺度预冷器样机试制、高温换热性能试验等，如图 2-223 所示。

图 2-223 中等尺度预冷器及其高温换热性能试验

在闭式氦循环系统技术攻关方面，开展了超临界氦闭式循环系统研究工作，已实现了系统 −150℃低温下的运行，如图 2-224 所示。

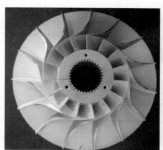

图 2-224 氦压气机叶轮实物及氦压缩系统低温试验

在 1 t 推力级技术验证机研制方面，完成了 1 t 推力级预冷发动机技术验证机设计、试制，目前正在进行整机试验，对整机性能匹配设计、预冷器、闭式循环、高温换热等关键技术进行了集成验证，如图 2-225 所示。

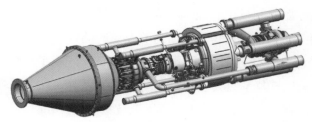

图 2-225 1 t 推力级预冷发动机技术验证机

六、PATR

西安航天动力研究于 2014 年提出了预冷空气涡轮火箭（precooling air turbo rocket，PATR）发动机创新方案，该发动机系统集成度高，单位推力大，模态转换简单，比冲为 3100～5100 s，工作速度为 0～25 倍声速，是两级入轨一级和单级入轨运载器的适用动力方案。该动力系统主要由可调进气道、氦空气预冷器、空气压气机、氦压气机、氢氦换热器、氦空气涡轮、氦氢涡轮、液氢泵、氢氦涡轮、火箭发动机推力室、冲压燃烧室及相应的燃油控制系统等组件组成。PATR 发动机的原理示意图见图 2-226。

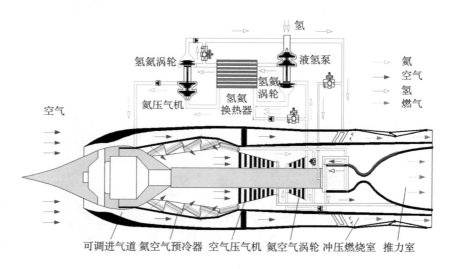

图 2-226　PATR 发动机的原理示意图

在发动机系统仿真及参数匹配技术研究方面，采用模块化设计思路，建立了发动机通用仿真模型和系统设计平台，能够进行多种循环模式预冷发动机的性能评估和全包线参数匹配优化。

在空气预冷器研制及试验技术研究方面，开展了毛细管束式预冷器的传热、流阻、响应动态换热过程等数值仿真及试验验证，研制了扇片式结构布局形式的预冷器，管径分别为 1.2 mm 和 0.9 mm；开展了 900 K 来流条件下的换热试验，总压恢复系数大于 0.9，换热有效度大于 0.92；掌握了预冷器传热设计、间距控制、多层毛细管束钎焊工艺技术、试验方法。

在微通道换热器技术研究方面，完成了直通道、Z 字形通道布局方式的微通道换热器传热、流阻、流量分配均匀度等设计优化，设计的微通道换热器的水力直径为 0.4 mm、0.53 mm，换热有效度为 0.9，功重比为 110 kW/kg，掌握了适用于氦气、液氢换热需求，耐高压、高紧凑、低流阻微通道换热技术。

在氦气加热器技术研究方面，开展了燃烧与换热一体化的氢燃气换热器技术研究，提出了波纹管束式换热结构设计方案，完成了流阻优化、抗振动变形、热流分布均匀性控制等优化，经过了来流 1200 K 工况下的换热性能验证，掌握了一体化、高集成度的加热器技术。

在氦气涡轮机技术研究方面，设计了转速为 150 000 r/min、氦气流量为 0.75 kg/s 的氦气涡轮机试验件，完成了仿真和试验验证，基本掌握了高速动压气浮轴承、轴向力控制、氦气动密封、高效率氦压气机设计等关键技术。

在氢空气燃烧技术研究方面，设计了宽范围氢空气燃烧室，在燃烧室余气系数为 0.2 ~ 2.05 范围内均实现了可靠点火，火焰稳定，覆盖了发动机燃烧室的工况，掌握了宽范围氢空气燃烧室设计技术，支撑了地面样机的研制和关键技术飞行试验。

第六节　发 展 趋 势

高超声速航空发动机的研发难度很大，迄今尚未实现工程应用。国内外多家机构提出了涡轮冲压组合、涡轮 / 火箭基组合循环、空气涡轮火箭、强预冷等多种类型的高超声速航空发动机方案，在曲折中不断前进，呈现出蓬勃发展的态势。

一、涡轮冲压组合高超声速航空发动机

国际上的 TBCC 发动机取得了很大进展，但依然面临巨大挑战。一是在高度 20 km 以上、马赫数 2.2 以上条件下，发动机存在"推力鸿沟"，难以推

动飞机爬升至 26 km 及加速至马赫数 3.5 以上。二是水平起降高速飞机长时间以高速飞行,对发动机在冷却条件恶化情况下的长时间工作能力提出了更高要求,给发动机的寿命、燃料等带来了极大挑战。三是多动力单元模态转换及控制问题,主要是指在不同动力模态转换过程中,存在多变量之间耦合作用、不同运行状态控制模态无扰动转换、不同控制规律实现方法等问题。四是水平起降高超声速飞机有效载荷和载油量占起飞重量的比例进一步下降,若发动机推力重量比不够高,则飞机有效载荷与航程将受到影响,限制了其工程应用价值。针对上述挑战,TBCC 发动机的发展趋势如下。

(1)拓展涡轮基工作范围,如发展高速涡轮发动机、采用来流预冷等方式。高速涡轮发动机可将涡轮发动机的工作速域拓展到马赫数 4 级,但该技术难度极大,研究周期长,近期内无法实现。采用射流预冷或换热预冷方式扩展涡轮基包线,是短期内可实现的较好的技术途径。

(2)发展宽域工作冲压发动机,如双模态超燃冲压发动机。可通过几何调节保证进气道能够宽速域正常工作、燃烧室内燃烧释热规律可控,从而降低双模态超燃冲压发动机工作下边界,并充分发挥高性能优势,满足宽域工作性能需求。

(3)基于飞机-发动机一体化,联合开展 TBCC 发动机的技术研究与验证。TBCC 发动机研制依托于各子系统关键技术的研究成果,而各子系统关键技术的攻关与验证又与飞机-发动机一体化关联强烈,必须基于飞机-发动机一体化开展联合研究,重视飞机的牵引和约束,在提高各子系统关键技术验证的实用性和准确性的条件下分步验证各子系统的关键技术,逐步提升各子系统关键技术的成熟度。

(4)提高 TBCC 发动机的推力重量比。利用轻质高强度材料,如复合材料、纳米材料、高强高韧轻质材料等,探索发动机结构简化设计技术,如整体叶环、空心叶片、对转涡轮、对转冲压压气机、附件小型化一体化技术等。

二、涡轮 / 火箭基组合循环高超声速航空发动机

T/RBCC 发动机在 TBCC 发动机的基础上,通过引入具有高推力重量比、高单位迎风面积推力的小重量与小尺寸的火箭发动机,一方面可实现 TBCC

发动机宽速域的推力连续，使得飞行器快速通过"推力鸿沟"速域，并依托加速时间的减少有可能减弱或完全避免低比冲火箭带来的燃油消耗增加问题；另一方面，引入火箭可有效减轻 TBCC 发动机在加速段的大推力负担，可将 TBCC 发动机的设计工况更偏向于巡航状态，有利于 TBCC 发动机尺寸及重量的综合优化。经过多年的发展和创新，国内外涌现了众多 T/RBCC 发动机工程方案，其组合方式主要有两大类：一类是将火箭作为独立的助推器安装于 TBCC 发动机系统之外，如 Lapcat Ⅱ 的先进火箭/双模态冲压推进系统；另一类是将火箭置于通道中与冲压燃烧室组合为引射火箭冲压的方式，如美国波音公司和航空喷气公司的 TriJet 组合循环发动机，以及中国的北京动力机械研究所的 TRRE 和厦门大学的 XTER 发动机等。

T/RBCC 发动机系统通常包含多个通道、多种燃烧模态、共用进排气系统调节等。T/RBCC 发动机需要适应宽范围高性能工作，包含涡轮、火箭引射、亚燃冲压、超燃冲压、超燃冲压/火箭、纯火箭等基本工作模态，以及亚声速、跨声速、超声速和高超声速等工作过程，需要对流道结构进行宽范围调节。目前，国内外针对 T/RBCC 发动机的进气道调节、极宽范围高速通道火箭冲压燃烧、模态转换、原理样机集成验证等开展了大量研究工作，工作进展良好，未来需要进一步研究突破以下关键技术：①宽速域、宽空域下发动机全流道一体化设计技术；②马赫数 0～6 级宽域可调进排气设计技术；③宽适应性燃烧组织增强技术；④结构一体化变工况火箭设计技术；⑤满足长时、重复使用要求的结构与热防护技术；⑥发动机协同控制技术。

三、空气涡轮火箭高超声速航空发动机

ATR 发动机的特殊结构与工作方式赋予了其突出的优点：在相同的材料与技术条件下，ATR 发动机的推力重量比可达普通涡轮发动机的 2 倍以上，具有更加宽广的工作范围，可适应飞行速度 0～4 倍声速、飞行高度 0～30 km 的复杂工作状态。ATR 发动机比冲可达到火箭发动机的 4 倍以上，实现了更佳的经济性。相比冲压发动机，ATR 发动机克服了自起动性能差的缺点，可从海平面静止状态自主加速到高空高速巡航状态。

国内外对 ATR 发动机的进排气系统、压气机、燃气发生器、涡轮和主

燃烧室等部组件，以及发动机总体热力循环分析等开展了大量研究，并完成了多个小推力 ATR 发动机的地面试验测试。尤其是采用对转冲压新原理技术的 ATR 发动机，已经完成了关键部件的试验验证，正在有序地推进整机系统集成设计工作，在不远的将来，这一新原理高性能动力装置必将在高超声速飞行领域发挥重要作用。然而，ATR 发动机尚面临如下几个关键的技术难题需要攻关：高通流压气机与涡轮设计技术、大调节比富燃燃气发生器设计技术、低碳烟高效燃烧及热端部件热防护问题、高温燃气与空气宽范围流量匹配问题、二次燃烧掺混及稳定性问题，以及长时工作高速转子冷却、润滑和密封问题。

通过与超燃冲压发动机组合或通过添加预冷器、换热器等部件，能形成多种新型循环 ATR 发动机，实现马赫数 0～8 高超声速推进，成为高超声速航空发动机的一条重要技术途径，这也是未来的重要发展方向。

四、强预冷高超声速航空发动机

为解决高马赫数飞行时发动机进口来流的高滞止温度带来的气动及结构等各种不利影响问题，强预冷成为一条极其重要的技术途径，可带来如下好处：降低进气温度，可扩展高马赫数飞行范围，增加推力，缓解发动机机体高温热防护问题；高温滞止热的适当利用可提高发动机循环热效率，同时预冷发动机内在的闭式循环系统可为飞行器高马赫数飞行提供所需的电力供给。

自 20 世纪 60 年代以来，国内外提出了多种预冷发动机方案，如 LACE、RB545、ATRDC、KLIN、ATREX、PCTJ、SABRE 等。根据预冷器中的工作介质属性，可分为燃料直接换热预冷与闭式循环间接换热预冷两种类型。从整体上来看，采用燃料直接换热预冷的发动机方案较闭式循环间接换热预冷的发动机方案原理和结构较为简单，更易实现，但也存在安全性和比冲较低的问题。闭式循环间接换热预冷发动机的原理和系统组成复杂，实现技术难度大，但可利用闭式循环实现对来流高温滞止热的有效利用，而且驱动涡轮和空气压气机解耦，可采用更高的燃烧室温度，因此发动机具有更高的比冲性能。采用了闭式循环，避免了由预冷器失效导致的燃料与空气的直接接触，安全性有所提高。总体而言，两种发动机方案各有优劣，实现难度不同，适宜的飞行器应用方向也有所不同，均有其发展空间。

对于燃料直接换热预冷的发动机方案，现有方案，如日本的 PCTJ 发动机、中国北京航空航天大学的强预冷涡轮冲压组合发动机等均须采用高热沉的低温燃料（如液氢和甲烷）。但是液氢和甲烷等低温燃料均存在需要低温存储、使用较为复杂的问题，而且燃料密度较低，导致飞行器体积较大，这些限制了低温燃料直接换热预冷发动机的应用范围。为拓展燃料直接换热预冷发动机的应用范围，须发展高热沉常温燃料或利用燃料的裂解热等化学热沉，将强预冷技术与涡轮发动机、TBCC 发动机组合，通过预冷器对来流进行适度预冷，适当拓宽涡轮发动机的工作范围或提升高马赫数下的发动机性能，促进高马赫数涡轮发动机的研制或为 TBCC 发动机解决"推力鸿沟"问题提供技术途径。

对于闭式循环间接换热预冷发动机方案，随着国内外对该类发动机研究的不断深入，通过多种飞行器应用方案论证明确了该类发动机适宜的工程应用前景，并通过不断迭代形成了较为完善的高性能发动机总体方案且已完成大量关键技术攻关，正在开展系统级或者技术验证机级集成验证，不断提高技术成熟度。英国正在全力推进 SABRE 核心机 Demo-A 的研制，一旦近年内完成该核心机的地面试验，实现对 SABRE 热力循环的可实现性验证，将极大地促进 SABRE 的发展。

国内包括北京航空航天大学、西安航天动力研究所、中国航天科工集团第三研究院三十一研究所、哈尔滨工业大学、中国科学院工程热物理研究所、国防科技大学等对强预冷高超声速航空发动机中的关键系统 / 部件完成了大量研究工作及试验验证，部分技术成熟度达到 2～3，取得了多项国际一流的研究成果，但总体上仍落后于国际先进水平。按目前的发展趋势，我国有望在2025 年前实现小推力量级发动机整机级集成验证，初步形成较为完备的强预冷高超声速航空发动机研制能力，为后续大推力量级强预冷高超声速航空发动机的研制奠定坚实基础。

第七节 发展规律

综合国际上高超声速航空发动机几十年来的发展历程，可以总结出以下发展规律。

一、技术难度超出预期，组合方案曲折前进

与传统的航空涡轮发动机21世纪初取得技术突破的高超声速超燃冲压发动机相比，高超声速航空发动机的工作速域拓宽了一倍以上。飞行马赫数每增加1，发动机的研发难度和周期都将大幅增加。涡轮基组合动力是目前高超声速航空发动机发展的主要技术途径，但是仍然存在较多的技术难题。涡轮冲压组合发动机面临模态转换"推力鸿沟"等重大技术障碍。火箭增推和射流预冷等技术虽然能有效解决"推力鸿沟"问题，但是存在热防护困难、比冲低、结构复杂等难题。在高速涡轮发动机、超燃冲压发动机技术快速进步的背景下，美国加大了对涡轮冲压组合高超声速航空发动机的研发力度，加快推进了技术成熟和工程发展，但依然面临很大困难。

二、新兴技术不断涌现，新的材料工艺助推发展

鉴于强预冷技术对高温来流的冷却作用，英国对其进行了大量的设计和试验探索，并且得到了英国政府、欧洲空间局、AFRL、DARPA等机构的研发经费支持，以及BAE、罗罗、波音等公司的资金和技术支持，研究结果初步展现了强预冷高超声速航空发动机推力重量比高、比冲高的性能优势。我国科学家提出了对转冲压压气机的原创性方案，利用转子的相对旋转制造超声速气流，建立低熵增激波系实现高效增压与高通流，大幅降低了压缩系统的尺寸和重量，并拓宽了压气机流量适应性，颠覆了传统轴流压气机气流折转的增压原理，有望显著提升高超声速航空发动机的推进效能。爆震燃烧采

用近似等容燃烧代替原有布雷顿循环中的等压燃烧，循环方式的改变有望显著提升高超声速航空发动机的推进效能。等离子体点火助燃通过高能量强穿透大火核、油气活化和流场调控，有望显著拓宽冲压发动机的工作速域并提升其性能。智能增材制造具备"设计−制造−性能"一体化、加速设计迭代、多尺度轻质化结构减重等优点，是我国高超声速航空发动机发展的机遇和快车道。轻质高温材料是高超声速航空发动机主要的结构材料，对提高其推力重量比，确保宽温域、高速重载等极端条件下的服役安全至关重要。

三、科学技术难题交织，基础研究必须先行

基础科学问题制约着技术瓶颈的突破。例如，一体化热力循环和轻质高强材料结构制造一体化方法是提高推力重量比的重要源头；低动压、低总温条件下的高效燃烧组织机理与方法是拓宽冲压发动机下限马赫数的重要源头；宽速域高通流叶轮机械内流组织机理与方法、耐高温机械系统设计方法是拓宽涡轮发动机工作速域的重要源头。必须花大力气推进基础科学问题的研究，只有在对基础科学问题系统深入认识的前提下，才能追求高的技术指标和研发速度。

不同形式发动机的简单叠加、分段使用，会引发加速能力弱、燃油经济性差、推力连续性差、阻力大和"死重"大的问题，必然无法成为主流方案。新颖热力循环与单项变革技术融合发展才是高超声速航空发动机技术的必由之路。为推动一体化宽域高效气动热力循环的发展，深入揭示各系统间的热功转化及参数耦合机制，必须从新概念、新工质、新材料等方面入手。爆震燃烧、对转冲压、等离子体调控、强预冷分别是提高热力循环效率、提升叶轮机械通流能力、拓宽冲压发动机工作速域、拓宽涡轮发动机工作速域的关键性技术，虽已取得显著进展，但是仍须大力发展。在新颖热力循环的牵引下适度超前发展轻质高强材料与结构的设计制造，有望提高高超声速航空发动机的推力重量比和寿命。

分析研判高超声速航空发动机技术发展现状和趋势的目的是希望"他山之石，可以攻玉"，吸收经验，规避教训。每个国家在涡轮发动机、火箭发动机、冲压发动机、预冷技术等方面的研发基础不一样，因此在高超声速航空发动机研发中选择的技术路线和主攻方向也有明显差异，没有最佳的发展道路，只有最合适的发展道路。

第三章

高超声速航空发动机的关键科学问题、关键技术问题与发展方向

本章基于对国际上高超声速航空发动机技术发展动态的分析，结合我国相关技术的发展情况，对高超声速航空发动机的关键科学问题、关键技术问题与发展方向进行论证分析。

第一节　关键科学问题

高超声速航空发动机技术涉及的关键科学问题多种多样，主要包括宽飞行包线要求、长时间可靠使用、高推力重量比、基于高比冲的热力循环优化设计、燃烧与流动的耦合、传热传质、一体化控制、先进材料制造和调控工艺、关键部件损失机理研究。

一、热力循环与控制

（一）工质与热力循环建模

高超声速航空发动机压气机、涡轮和燃烧室等流路的工质组分、物性差别很大，同时燃料用于热端部件冷却，燃料温度升高会发生裂解，组成不断变化，必然会给裂解气参与的流动、传热和膨胀做功带来复杂性。根据高超声速航空发动机工质组成进行热力循环建模，探索满足不同高超声速飞行任务需求的组合热力循环，是高超声速航空发动机热力循环模拟和性能优化需要解决的科学问题。为此，需要建立变比热变组分发动机工质模型，研究涡轮、冲压和火箭等多种热力循环组合模式及变循环方法，实现高超声速航空发动机热力循环参数化性能的分析与优化。

（二）变几何部件匹配与调节方法

高超声速航空发动机工作范围广，采用进排气和可调导叶等变几何结构，不仅能够适应宽速域下发动机工作流量的需求变化，而且能改善发动机在不同工况下的内部流动，提高发动机推力和比冲性能。变几何调节改变了发动机部件特性、涵道比、功率输出和共同工作线，增加了发动机建模和部件匹配的难度，因此需要部件变几何多维度特性模型，阐明宽速域飞行条件下变几何调节对发动机性能的影响，建立发动机部件匹配模型及调节规律，获取发动机整机速度与高度特性，为飞行平台的研制提供支撑。

（三）过渡过程建模和控制方法

高超声速航空发动机飞行包线宽，飞行条件变化大，其过渡过程涉及部件工作特性和热力循环参数的大幅变化，同时需要控制在安全边界内运行，建立精确的仿真动态模型用于模拟高超声速航空发动机的不同工作状态，是保证发动机宽范围安全、可靠、高效工作面临的挑战性科学问题。高超声速航空发动机各分系统间耦合机制复杂，任务剖面内环境温度、压力等状态参数变化剧烈，需要建立燃气发生器、燃烧室、推进剂储箱、供应管道等组件动态过程模型，开展高超声速航空发动机全包线动态特性优化方法的研究，提出基于流动、能量调控的发动机综合性能提升方法，为高超声速航空发动机的性能优化、部件匹配设计和运行优化提供理论和技术支撑。

（四）多过程动态耦合建模方法

高超声速航空发动机的实际工作流场复杂，采用二维或三维计算方法可以得到令人满意的结果，但计算过程无法满足实时性要求，动态模型可以反映燃烧室与尾喷管流场沿程各截面的平均参数特征，但局部热载荷、结焦等问题无法模拟。高超声速飞行器来流空气总焓较高，并在燃烧室内参与燃烧作用，导致发动机壁面承受非常高的热载荷，为保证发动机的安全性，需要增加壁面厚度以承受长时间高温高热流的燃气侵蚀，这势必导致发动机"死重"增加、有效载荷降低。燃油温度过高会出现结焦现象，在发动机局部热载荷过高的位置，有限的冷却无法保证壁面温度在安全范围内，出现了局部超温问题。因此，建立精确的数学模型模拟壁面温度及局部超温问题，有利于发挥高超声速航空发动机的潜能。针对上述问题，可开展以下关键问题研究：进气道典型特征工况三维模型计算及动态模型插值转换，燃油当量比变化及飞行条件改变时发动机流场变化过程模拟，燃油温度和裂解率对燃烧效率的影响及建模，冷却通道出口燃油流量对入口燃油流量响应规律的研究，耦合关系下燃烧系统与冷却系统的传热热流密度模拟研究，燃油吸热裂解与壁面对流换热特性的影响研究，燃烧模块热损失与冷却模块热流在不同位置的差异性研究，燃气沿程温度变化和随时间变化趋势的建模分析，燃油喷注位置和喷注量对沿程热流密度不均匀性的影响研究。

（五）基于强预冷热力系统能量耦合机理

高超声速强预冷发动机的能量传递及转换过程受到其中空气流路、闭式循环系统及燃料系统等多个子系统热力循环之间热量、机械功等多种形式能量的共同影响，呈现出强耦合性、非线性等特征。正是这些不同工质、不同系统组成形式在复杂热力边界条件下的耦合非线性的能量传递与转换过程，决定了强预冷发动机热力系统的基本特征及参数影响机制。因此，对基于高效预冷的多工质强非线性热力系统能量耦合机理的深入研究是发展高性能强预冷热力循环的核心理论基础。

（六）多变量自适应控制方法

高超声速航空发动机是多回路的复杂动态系统，其工作机理不够明确、工作环境苛刻、系统不确定性因素较多，在数值仿真过程中，发动机系统的输入及结构参数的理想化，使得仿真结果与实际系统的真实静/动态性能特征参数有一定差别，参数的不确定性对发动机系统的静/动态性能特征参数的影响程度也有很大的差异。此外，高超声速航空发动机特性随工作状态和飞行条件变化的范围较大，发动机性能的提升是以增加控制变量为代价的，系统的耦合特性变得更加明显。针对参数不确定性及耦合性问题，可开展多变量自适应控制研究，具体包括：参数不确定性对系统输出性能的参数敏感性分析，全包线仿真动态响应特性研究，飞行包线划分、小偏差建模及适应性分析，不同包线区域、不同燃油流量、不同冷却流量情况下推力与稳定裕度特性差异性对比分析，控制系统结构及控制回路组成设计方法研究，模型参考自适应控制推力及稳定裕度控制器设计方法研究，全包线相似参数自适应控制方法研究。

（七）飞行/推进复合控制方法

高超声速飞行器飞行段机体、发动机耦合明显，内外流场很难分开，机体的前缘作为进气道的预压缩面，造成发动机推力对飞行高度、速度、姿态的变化非常敏感；机体后缘作为发动机喷管的一部分，进一步增大了推力并产生附加的升力与俯仰力矩。当进气道几何参数一定时，飞行速度、高度、攻角和侧滑角等参数决定了进气道的捕获流量及临界总压恢复，进而决定了发动机的推力性能。当进气道进行调节时，气动力和气动力矩也会发生相应变化，进而引起飞行速度和姿态的变化。飞行攻角变化引起的进气道捕获流量变化，还会引起结尾正激波的扰动，造成补燃室压力裕度的变化。针对飞行/推进耦合的影响，可开展以下关键问题的研究：建立预压缩面的数学模型，分析二维膨胀波喷管的压力分布情况，分析气动力/推力耦合对高超声速飞行动态的影响，分析高超声速飞行器耦合特性对安全的影响，研究飞行/推进梯阶分散控制方法，研究推力/补燃室频域信息融合比例积分控制器设计方法，研究高超声速进气道不起动保护控制方法，研究高超声速燃烧室贫富油熄火限制保护方法，研究材料与结构超温限制及保护方法，研究各回路切换控制方法并分析各回路切换稳定性及性能。

二、流动组织与调控

（一）超声速转子低损失组织方法

轴流压气机在级负荷增加的同时，其圆周速度和进口相对马赫数也不断增加。当宽速域对转冲压压气机的进口相对马赫数提高到 1.7～2.0 以上时，如果仍然利用目前常规的简单前缘激波和叶型偏折扩张增压的方式，会导致通道激波过强且流动分离过大等问题，难以保证压气机正常高效地工作。同时，当宽速域对转冲压压气机在高空低雷诺数环境下工作时，还面临沿程边界层转捩及叶表吸力面径向分离涡迁移等对三维流场稳定性的明显影响，直接制约了宽速域对转冲压压气机的综合性能和增压能效。因此，需要针对宽速域对转冲压压气机在超声速进气条件下的低损失流动组织问题，构建超声速转子外伸激波和内伸通道激波系的气动损失数学物理模型，揭示不同超声速进气条件和波系结构下超声速转子激波损失与增压能力之间的变化规律，从激波减少损失的角度建立压气机适应于不同超声速进气条件下的低损失激波波系组织方法和缩放扩压流道设计方法，并融合超声速叶栅型线设计，以完善宽速域对转冲压压气机新型增压模式下全三维优化设计体系。在此基础上，通过详细揭示复杂进气条件下超声速转子通道内边界层沿程湍流度和位移厚度的变化规律，进一步阐明超声速转子内流边界层转捩机制及叶表径向分离涡的迁移机制，并在现有数值计算方法的基础上完善边界层转捩物理模型，以准确捕捉压气机内部复杂的三维流动细节，为宽速域对转冲压压气机在复杂进气条件下的三维流场组织和综合气动性能提升提供理论依据。

（二）宽速域对转冲压压气机复杂流动机理与组织方法

宽速域对转冲压压气机取消了高、低压压气机转子间的整流导叶，利用转子间的对转效应，并结合高圆周速度增加了下一级转子叶片的进口相对马赫数，为高压转子的高效减速增压提供了必要的进气条件。高压转子进口展向全超声速，为了主动利用激波实现低损失增压，高压转子进口展向无遮盖段叶型均较薄。在这种情况下，有必要深入揭示动-动干涉效应下对转交接面前的低压转子尾迹脱落涡在强周向预旋下进入高压转子通道时涡尺度、扰动频率及迁移轨迹等的非定常变化规律，阐明尾迹涡非定常扰动对高压转子前缘外伸激波和内伸通道激波系结构的影响机理，以及尾迹涡在高压转子叶片通道内迁移时对叶表边界层稳定性的影响机制。此外，还须深入研究高压转子外伸激波对低压转子尾缘动态载荷分布的影响规律，为宽速域对转冲压压气机的非定常机理研究和气动设计改进方法奠定基础。

在新型高增压气动布局下，宽速域对转冲压压气机级间气流参数的依赖度及载荷分配规律与新型流动组织方式和增压特点密切相关。更重要的是，对转交接面前后排转子在高叶片载荷下考虑激波效应和强逆压梯度后的叶尖旋转失速类型、触发机制以及失速团的非定常传播规律不可避免地会表现出新的特点（失速团尺度以及轴向、周向迁移规律等），而且目前依托低速轴流压气机试验数据和数值仿真结果建立的压气机失速先兆机理已经不再适用于新的高负荷压缩系统。在这种情况下，必须深入揭示新型气动布局下压气机流向气动载荷变化与压气机失速先兆机理的内在关系，阐明多激波波系扰动，以及强涡－波和边界层干涉对压气机不同叶高基元级流动稳定性和通道堵塞效应的影响机理，并合理评估复杂进气条件下压气机内部增压能力和损失变化规律。基于此，进一步建立基于压气机激波稳定性和通道流动均匀性的高效扩稳方法，以有效提升宽速域对转冲压压气机的综合气动性能和对复杂进气条件的适应能力。

为实现无模态转换，宽速域对转冲压压气机必须适应宽范围的热载荷变化。为满足高热载荷下的稳定工作需求，宽速域对转冲压压气机须采用高温合金材料，但高温合金材料和高温环境使得叶片比刚度较小，叶片须采用较大的厚度和较低的叶尖弦长来提升比刚度，导致激波增压转子叶片振动特性和气动性能之间存在矛盾，须突破压气机叶片气动/振动耦合设计技术。结合有限元和计算流体力学方法，分析叶片相对厚度、叶尖弦长和锥度等参数对压气机气动性能和振动特性的影响规律，基于参数敏感性分析和叶片模态振型明确影响压气机气动/振动特性的关键设计参数。采用参数化分析方法建立关联叶片关键设计参数和压气机气动/振动特性的数理模型，建立基于上述模型的压气机叶片多目标优化设计方法，构建高热载荷下压气机叶片气动/振动耦合设计方法。

（三）高负荷涡轮复杂流动机理与组织方法

提升涡轮级负荷和效率是降低高超声速航空发动机结构尺寸与重量的重要途径。高负荷涡轮由于载荷与气流折转角的增大，内部存在强激波、边界层分离和端区径向二次流之间的复杂相互作用，宽工况范围激波、通道涡和叶顶泄漏涡时空强度变化改变了涡轮内部流动特征及气动损失的变化规律，进而影响全速域范围涡轮的高效工作。因此，研究叶片尾缘激波/边界层干涉损失机理，揭示叶片尾缘激波在下游跨声速流场中的演化机理和对叶片边界层分离转捩的影响机制，探究典型工况下端区径向二次流与叶顶泄漏流的时空演化规律及其对气动损失的作用机制，掌握气动载荷分布对激波/边界层损失的影响规律、叶片关键几何/气动参数与内流气动损失间的关联机理，发展宽工况高负荷涡轮精细流动组织方法，控制端壁二次流损失、间隙流损失和高马赫数激波损失，提升涡轮气动性能。

为了降低结构的复杂性、提高发动机推力重量比，高超声速航空发动机对低展弦比高负荷涡轮提出了迫切需求。高负荷涡轮叶片流道中存在强烈的径向间隙泄漏流、端区二次流、尾迹与尾缘复杂激波系，上述复杂流动的级间非定常干涉增大了叶片出口落后角与下游叶片进口攻角，上下游叶片级间匹配难度增大，涡轮出功难以满足设计要求。然而高负荷涡轮级间非定常性是尾迹、尾缘激波、通道涡和叶顶泄漏涡等物理机制相耦合的复杂作用，如何分解这些物理机制，评估每个物理机制对高负荷涡轮叶片攻角、落后角的作用规律，并基于流动分析结果提出优化方法，是提升涡轮全工况匹配性能的重要方法。因此，研究高负荷涡轮尾缘激波、尾迹、泄漏流与二次流在涡轮级间的时空演化规律，阐明级间流动非定常干涉对叶片攻角与落后角分布的详细作用机理，发展高负荷涡轮攻角与落后角修正模型，建立高负荷涡轮非定常级间匹配气动设计方法，改善了高负荷涡轮的匹配特性，增大了涡轮出功。

提升全速域范围涡轮叶片的冷却效率、降低叶片温度梯度是提高涡轮性能与寿命的重要途径。高空高速巡航状态相比于地面设计点涡轮流量降低了40%以上，气热负荷的降低改变了涡轮主流温度场及速度场。而高马赫数巡航时引气温度及压力的变化改变了冷质冷却品质，复杂内冷通道中冷气的温度场及速度场也随之改变。主流与冷气在全工况范围内的复杂掺混一方面影响叶表换热系数及叶片温度梯度，进而改变叶片的结构强度和使用寿命；另一方面，冷气入射改变了高负荷涡轮尾缘激波及径向二次流损失，影响涡轮变工况的气动性能。冷气与主流之间呈现强耦合特征，导致宽速域范围冷热流体的相互作用更加复杂。因此，研究高负荷涡轮叶片表面热负荷随工况的变化规律，阐明典型工况冷却结构布局对叶片热负荷及疲劳强度的影响机制，揭示冷气入射对激波/边界层损失、端区黏性损失的详细作用机理，发展宽工况范围高效冷却结构设计方法，建立宽速域长寿命涡轮气热耦合设计方法，提升了涡轮部件全工况性能及使用寿命。

高超声速航空发动机宽速域、空域高效工作要求涡轮部件具有良好的变工况气动性能。高空高速巡航时涡轮叶片进口攻角相对地面设计点大幅增加，将产生较大的吸力面边界层分离及损失。叶片攻角增大导致叶片前部通道横向压力梯度增大，端区通道涡和叶顶泄漏涡的强度及损失由此增加，涡轮效率及输出功率降低。因此，开展高负荷涡轮变工况气动损失机理研究，探索涡轮膨胀比、转速变化对叶片进出口速度三角形的影响效应，揭示进口攻角随工况的变化规律，阐明上游来流条件、叶型气动型面曲率分布、典型位置厚度分布等参数对攻角适应性的影响规律，建立基于攻角适应性的高负荷涡轮气动性能优化设计方法，提高了涡轮变工况气动性能。

涡轮部件高可靠性结构设计是高超声速航空发动机宽速域、空域安全工作的重要保障。高负荷涡轮内部复杂激波系诱发的高频气动激励、端区二次流与尾迹非定常输运引起的高压力、温度梯度等，均会影响叶片的结构强度与振动应力。叶片气膜冷气射流与通道主流的掺混、盘腔内的涡系结构形态等直接决定了叶片与叶盘的热负荷分布规律，最终影响热应力的大小。上述因素的综合作用极易导致叶片强度、振动等问题，影响涡轮的工作可靠性；而发动机工况的瞬态变化诱发温度场急剧改变，过大的温度梯度易引起涡轮热疲劳，增大疲劳断裂的风险。因此，研究高负荷涡轮内部流动非定常输运对叶片气热负荷的影响效应，揭示尾缘激波、尾迹和二次流激励共同作用下的叶片结构强度及耦合振动响应规律，阐明盘腔燃气入侵机理、不同轮缘密封结构设计下预旋和转速对盘腔内非定常涡系发展特性的影响机制，澄清不同气膜孔结构下气膜冷气射流对主流流动换热特性的作用机理，发展热−流−固耦合的高负荷涡轮气动、冷却与结构综合优化设计方法，保障了涡轮部件全工况高效、可靠工作。

在预冷高超声速航空发动机的闭式氦循环中存在氦压气机、氦涡轮部件。氦气分子量小、气体常数大、声速大，受绝对速度限制，导致气流马赫数过低，如果采用常规的叶轮机设计方法，则会导致单级压比低、级数多，不适用于发动机的工程实际。因此，须发展氦工质叶轮机的一维、二维及三维设计方法，涉及低维设计参数（负荷系数、流量系数、反力度等）的选取、损失模型的构建（叶型损失、二次流损失）、失速模型的构建、低损失高负荷叶型的优化设计及三维流动的控制等。同时，发展不同工质叶轮机性能的相似变换方法，以充分利用现有常规空气叶轮机的设计技术，同时降低试验验证成本。

（四）宽速域进气道复杂流动机理与组织方法

宽速域高超声速进气道通过变几何改善低马赫数下的起动能力，然而，激波/边界层干扰和进发匹配不相容等因素可能诱发进气道不起动现象，严重威胁高超声速航空发动机的工作稳定性，导致捕获流量大幅下降，使发动机推力急剧下降。在临界状态下进气道出现起动、不起动现象交替的喘振过程，诱发发动机结构不稳定，进气道在发生不起动后必须尽快实现再起动。因此，必须深入研究宽速域飞行条件下的变几何高超声速进气道不起动/再起动机理，须阐明宽域飞行条件下各工况点的不起动流动机制和喘振机制，掌握诱发进气道不起动的关键因素和影响规律，阐明进气道不起动/再起动迟滞现象流场特性和流动规律，掌握进气道实现再起动的关键因素和影响规律。

受壁面曲率、边界层发展不均衡等因素的影响，进气道产生三维弯曲的压缩面激波、分离激波及反射激波。弯曲激波与发展不均衡的边界层发生干扰，导致复杂的三维干扰特征。因此，以往二维流场中关于平面激波/平板边界层干扰的机理与规律认识无法直接应用于复杂的三维激波/边界层干扰现象中。为提升进气道性能，须阐明三维激波与发展不均衡边界层相互作用的流动机理，掌握三维激波诱导边界层分离的影响规律，最终发展出抑制激波/边界层干扰不利影响的控制方法。

宽速域高超声速进气系统在对来流压缩过程中受到角涡、附面层低能流发展不均衡、流道偏心距等的影响，出口出现总压、总温和旋流形式的流场畸变，导致压气机/风扇效率下降和失速裕度降低，降低了发动机推力、比冲，严重时诱发了发动机结构振动，导致进发匹配不相容问题。因此，进气畸变是导致高超声速航空发动机不稳定的关键因素。为满足高超声速航空发动机高性能、高可靠性等要求，必须从进气系统设计上抑制出口流场畸变，须阐明进气系统在不同速度和变几何条件下产生流场畸变的流动机制，掌握变工况条件下畸变流场的演化规律，建立抑制流场不利畸变的控制方法。

宽速域进气道不起动主要由进发匹配流量相容导致，是从下游向上游逐级传播的毫秒级失稳过程，呈现出耗时短、非线性的特征。正是这些特征决定了进气道不起动流场监测的基本特性及参数响应的传递机制。为有效防止进气道不起动，需要通过布置一系列传感器准确地监测发动机和进气道状态，发展实时快速响应的监测技术和有效快速响应的执行机构来抑制不起动过程。实现这一目标依赖监测算法的准确预判和对应执行机构的超高速自适应响应。因此，进气道不起动过程的监测与控制是保障高超声速航空发动机稳定工作的基础。

进气系统与高超声速飞行器布局高度耦合，高超声速航空发动机性能对进气系统性能高度敏感。为使进气系统在宽速域范围内有效且高性能工作，必须对进气系统进行多变量目标优化设计。其中，飞行器关注进气系统对飞行器升阻比、结构尺寸和质量的影响；发动机关注进气道的增压比、总压恢复、流场畸变、起动能力等性能，最优目标参数之间可能相互矛盾。因此，有必要对一体化设计的进气系统开展深入研究。通过探究基于多变量优化的飞行器/进气系统一体化设计方法，获得进气系统的最优方案。

（五）高性能排气系统设计方法

排气系统对飞行速度3.5倍声速以上的发动机推力影响超过40%，对于更高飞行速度的高超声速飞行器，排气系统对推力的影响将会进一步加大，因此必须为高超声速飞行器设计高性能的排气系统。高超声速航空发动机在高空飞行时可用压比大，要求喷管膨胀比达到数百，面积比达到几十，远超常规鱼鳞片式轴对称可调喷管的调节范围。然而，大面积比调节可以满足高空大落压比需求，但可能导致喷管在低空低速状态下出现严重的过膨胀问题。

为此，对大调节比喷管在不同速域和空域下流动机理的深入研究是提升高超声速航空发动机推力的核心基础问题。

传统常规的技术方案无法满足大面积比调节范围需求，必须借助飞行器后体进行一体化设计。后体成为喷管膨胀型面后直接影响飞行器的升阻比特性、操稳特性、推阻匹配等气动性能。另外，飞行器后体难以为喷管提供侧面膨胀型面，导致喷管流动面临显著的三维效应。为满足飞行器的性能需求，必须从以上特点以推力、升力和力矩等参数为设计目标对排气系统开展一体化设计方法的研究。

（六）推进剂与二次燃料、冷却介质供应系统设计方法

高超声速航空发动机总体设计必须兼顾燃气发生器推进剂供应、二次燃料供应及冷却介质供应的需求，合理可靠的供应系统是发动机正常工作的保障，一体化的供应系统可以降低发动机消极质量、提高发动机比冲。通过分析系统组成、循环方案、调节方案及设计点参数形成初步设计方案，再对整个飞行包线上的典型工况点进行计算，获得系统的工作特性，并对初步方案进行改进，通过多方案对比获得具有大范围调节能力的推进剂一体化供应系统方案。其中，供应系统动力源的选择非常关键，大功率推进剂泵可供选择的驱动方式至少有三种，分别为核心机驱动（机械功提取或高压燃气提取）、独立涡轮驱动（外循环或补燃循环）及电机驱动。

高超声速航空发动机供应系统的增压机制理论上可以参考液体火箭发动机，在液体火箭发动机中推进剂增压可选择挤压方式或泵压方式，挤压方式适用于燃气发生器室压不高的小型发动机，泵压方式适用于燃气发生器室压较高、比冲要求较高的发动机。然而，高超声速航空发动机在整个飞行剖面内的发动机工作参数大幅变化。在起飞阶段和爬升阶段，燃气发生器处于大流量、高室压工况，泵压方式是必然选择，推进剂增压所需功率大；在高空高速巡航阶段，燃气发生器处于小流量、低室压工况，液氧或液氮增压泵难以覆盖如此宽的流量范围。要求泵的流量和压头能够适应发动机调节范围较宽的要求，并保证处于流量下限工作时推进剂无气化，低温增压泵为长寿命（特别是指轴承）、无泄漏（或零泄漏）设计；大流量液氧离心泵在到达其工作下限后，要求在不影响燃气发生器工作的情况下，实现离心泵与小流量供

应系统之间的"在线"切换，即系统响应在较短时间内完成；小流量供应系统亦为长寿命、无泄漏设计。

　　在完整的飞行剖面内，高超声速航空发动机的燃气发生器推进剂供给流量和压力须大幅调节。流量调节装置应遵循的原则如下：①保证发动机可靠工作；②调节范围宽；③调节系统结构简单、工作可靠；④调节响应速度快、功耗小；⑤研制成本低。基于上述原则，采用系统建模与仿真方法研究供应系统的调节能力，并对推进剂调节分系统进行深入分析。此外，供应系统需要响应快，若发动机工作状态保持连续平稳，则要求调节元件能够快速响应控制系统的指令，及时调整供应系统参数，满足发动机状态变化的需求，并保证压力和流量的控制精度。

三、燃烧组织与调控

（一）高能量密度碳氢燃料宽范围化学反应机理

　　高能量密度碳氢燃料具有更大的质量密度和体积热值，高速吸气式动力装置飞行速域和空域大、燃烧系统进气温度和压力低、流速高、火焰稳定困难、燃烧效率低，采用高能量密度碳氢燃料可以有效提升点火性能，增强燃烧稳定性，提高推进系统比冲，降低油耗，增加有效载荷，增大有效作战半径。但是由于高速吸气式动力装置冲压燃烧室进气参数变化范围广（静压为 $0.5 \sim 0.6$ bar，总温为 $280 \sim 2200$ K），油气参数变化范围大（ $0.5 \sim 1.2$ ），现有的 JP-10 等高能量密度碳氢燃料化学反应机理使用范围较窄，难以涵盖全部进气范围。鉴于此，有必要开展高能燃料宽范围化学反应机理研究，建立适用于全部飞行包线内的、高效准确的化学反应机理，为冲压燃烧室三维流场高精度数值仿真奠定基础。

（二）液态燃料初始雾化机制及数值模拟

　　液态燃料广泛应用于宽域发动机燃烧系统的燃烧，相对于气态燃料具有能量密度大、安全可靠的特点。对燃烧系统而言，液态燃料雾化质量的好坏直接决定了燃烧性能的优劣。目前，工程设计上普遍采用的离散模型的主要特点是根据经验给定二次雾化直径，忽略了初始雾化对雾化质量的影响。针对一些圆柱射流喷嘴,忽略初始雾化会对射流的贯穿深度、雾化(撞击)角度产生很大的影响。因此,有必要针对液态燃料的初始雾化机制及数值模拟方法开展深入研究,为高超声速航空发动机燃烧系统的设计及优化提供帮助。

(三)低动压燃烧组织、点/熄火特性与边界预测方法

发动机飞行高度越高,飞行动压越低(≤30 kPa)。低压、高速的进气条件会对燃烧室的燃烧性能产生非常不利的影响,此时,空气质量流量小,供油压力低,液态燃料雾化品质恶化,严重削弱了燃烧室的点/熄火特性。掌握低动压条件冲压燃烧室的高效、低阻燃烧组织方式,以及燃烧室点/熄火特性,建立高精度冲压燃烧室点/熄火边界预测方法,对高速动力装置冲压燃烧室的设计与研究具有重要意义。因此,有必要发展先进的等离子体点火助燃方法,揭示其拓展点火和熄火边界、提升燃烧效率的机理。

(四)燃烧室振荡燃烧抑制方法

振荡燃烧是航空航天动力装置燃烧系统经常遇到的现象,这种现象会导致燃烧装置乃至整个燃烧系统剧烈振动,发出巨大的噪声,热负荷增高,加剧了污染物的生成,影响燃烧室和系统的正常工作,严重时还会造成系统部件的损伤和破坏。对 TBCC 发动机超级燃烧室而言,在高空低马赫数飞行状态下,燃烧室进口条件恶劣,最容易发生低频振荡燃烧;在低空高马赫数飞行状态下,燃烧室在最高热负荷下工作,最容易产生高频振荡燃烧。因此,有必要开展超级燃烧室同轴气–气燃烧不稳定性及热–声振荡抑制技术的研究,保障发动机在全飞行包线内的可靠性。

波瓣掺混器被广泛应用于加力燃烧室、TBCC 发动机超级燃烧室内外涵气流的混合。波瓣掺混器尾缘的大尺度流向涡在向下游的发展过程中不断卷吸内、外涵气流,实现了二者的高效混合。在此基础上,有必要开展新型掺混器设计,添加湍流涡系扰动源,进而在掺混器下游形成多源涡系结构,大大提高内、外涵气流的热混合效率,有效提高燃烧室的燃烧效率。

(五)燃气发生器高效喷注技术研究

高超声速航空发动机飞行速域大、空域宽,对燃气发生器流量调节比的

要求较高（调节比 ≥ 15），而常规燃气发生器调节比一般不超过 6，需要针对大流量调节比高效喷注技术开展深入研究。因此，有必要开展基于多底、多腔环形头部结构的多通道双组元喷注器分级 / 分区喷注技术研究，根据发动机从小状态点火至大状态加速对推进剂流量的需求，调整单元喷注器工作通道及喷注器工作数量，建立全工况双组元推进剂高效喷注策略，为燃气发生器宽范围燃烧组织提供良好基础。相对局部进气或多单元燃气发生器结合集气腔等结构方案，环形燃气发生器与轴流涡轮具有最优的气动匹配，但燃气发生器在小状态时推进剂雾化质量差，易造成燃烧不充分、出口温度分布不均匀，直接影响燃气发生器及涡轮的正常工作。因此，有必要开展宽范围富燃燃烧组织及出口温度分布优化方法的研究：探究喷注器结构、工作模态、单元喷注器流量及混合比对燃气发生器壁面温度、燃烧效率、出口温度分布及碳烟生成量等的影响机理、程度及规律，建立全工况燃烧效率及出口温度分布的高精度评估方法，为高超声速航空发动机的高效、可靠工作提供技术支撑。

当燃气发生器在偏离设计点工作时，雾化质量差、燃烧不充分等易造成低频燃烧振荡，对燃烧性能及燃气发生器结构产生不利影响。此外，环形燃气发生器燃烧振荡模态更加复杂，除有轴向压力振荡外，还会产生周向压力振荡。因此，有必要对大调节比液氧 / 煤油富燃燃气发生器小状态低频燃烧振荡及被动抑制方法开展深入研究，探究液氧 / 煤油富燃燃烧热 - 声耦合机制，建立动态热释率数学模型，探究轴向及周向振荡模式随结构及工况的变化规律。在此基础之上，建立燃气发生器燃烧振荡被动抑制方法，为液氧 / 煤油富燃燃气发生器的设计提供理论及技术指导。

四、热防护与热管理

（一）燃气发生器热防护方法

高超声速航空发动机在高空状态富燃燃气流量低，用于壁面再生冷却的煤油流量大约只有设计状态的 1/15，极易导致再生冷却失效。此外，环形燃气发生器较筒形燃气发生器冷却面积大，在一定程度上也增加了再生冷却的设计难度。因此，有必要建立全包线富燃燃气发生器综合热管理方案，掌握边区冷却煤油量与中心燃烧煤油量的最优化匹配方法，揭示大深宽比再生冷却通道换热特性随结构、工况的变化规律。在此基础之上，建立高效、可靠的燃气发生器复合热防护方案并完成试验验证，为液氧/煤油富燃燃气发生器的长期、可靠工作提供重要的技术支撑。

（二）流体强变物性热质传递机理

高超声速航空发动机内部高温部件的温度最高可达到 3000 K 以上，须布置高效冷却和热防护结构来保证发动机在高温高压工况下安全稳定地工作。发动机携带的碳氢燃料及其他惰性气体可作为热防护系统的优质冷源。实际中，热防护通道的入口流量、压力及通道壁面热负荷分布等关键参数随发动机工况的变化而变化，通道内的流体所处拟临界区域出现动态变化，导致流体物性在拟临界点附近发生剧烈变化，影响热防护系统中的热质传递过程，可能出现换热效率振荡或换热恶化，进而导致热防护失效并对高温部件产生不可逆的损毁，直接影响高超声速航空发动机的安全运行和使用寿命。因此，有必要对高超声速航空发动机内强变物性流体热质传递机理开展研究。

（三）非定常超临界冷源流体对流换热特性建模方法

超临界冷源流体在拟临界点附近的密度、黏度、比热等物性会发生急剧变化，导致微通道内的对流换热过程发生变化，而在非定常条件下，这一过程将更加复杂。因此，须对超临界冷源流体在非定常条件下的物性变化过程进行合理建模，建立超临界冷源流体微通道对流换热过程流-热-固耦合数值仿真模型，通过控制入口边界与壁面热载荷响应，模拟超临界冷源流体在发动机热防护及再生冷却中的变工况过程，计算并分析非定常条件下微通道壁面努塞特数与超临界冷源流体物性变化之间的内在关系，获得较为准确的计算和评估变工况条件下超临界冷源流体传热振荡及恶化的数值模型。

超临界冷源流体对流换热特性的建模是基于数值仿真完成的，在验证模型时，采用的是已有试验数据，而针对变工况超临界冷源流体模型，须设计和完成高温加热通道内超临界冷源流体动态换热特性试验，获得较为准确的超临界冷源流体在对流换热过程中的关键试验参数和结果。其中，动态过程主要包括以下几种情况：定压入口质量流量变化对微通道内超临界冷源流体换热过程的影响；同一入口质量流量变化下压力扰动对超临界冷源流体换热特性的影响；定压不同热负荷扰动对超临界冷源流体换热特性的影响。这部分研究内容通过试验中获得的壁温、出口温度压力等相关物理参数结果，研究超临界冷源流体在变工况条件下对流换热特性的变化规律，重点分析在拟临界点附近发生的传热振荡及传热恶化现象与不同工况之间的内在关系，并将试验结果与数值模型计算结果进行对比，验证数值模型的准确性和可靠性。

（四）对流换热性能评估

在高超声速航空发动机主动再生冷却系统等的设计过程中，需要对系统的对流换热性能进行评估，而对流换热经验公式是一个可以利用的有效工具。但是传统的对流换热关系式多是在常温常压下得到的，并且不考虑变工况条件下参数变化的影响。因此，有必要归纳总结适用于变工况条件下超临界冷源流体的通用对流换热经验公式，分析经验公式中关键参数对努塞特数的影响方式，尝试性地引入无量纲时间因子，以提高非定常工况下经验公式的预测准确度，建立超临界冷源流体变工况对流换热特性评估方法，为发动机燃料配给系统提供可供参考的再生冷却简化换热模型。

（五）多尺度流动结构与热换耦合机理

紧凑空间环境中高效预冷的实现依赖超强的换热能力与极低的流动损失，然而，高马赫数来流流经紧凑快速强预冷器时的快速大幅降温为冷、热流体造成了超强温度梯度的换热条件，使得相应温度场及速度场在预冷器内存在强各向异性。该极端换热条件增强了流体流动结构与换热特性的耦合程度，导致多尺度流动结构的相互作用也更为复杂。因此，有必要对紧凑空间环境中强各向异性超临界多尺度流动结构与换热耦合机理进行深入研究。通过探究多尺度流动结构的时空演化规律及其与换热特性的耦合作用机制，并掌握复杂气动热力边界条件及关键参数强各向异性分布对上述耦合作用机制的影响规律，最终发展适用于极端热环境的冷、热流体流动组织与高效换热强化方法。

（六）跨临界碳氢燃料吸热反应－传热耦合机制及调控方法

高超声速航空发动机的可重复使用性能，对燃料长时间使用的结焦特性提出了极为苛刻的要求。在高超声速航空发动机主动冷却通道内，参与冷却过程的碳氢燃料经历了复杂的物理和化学变化。吸热化学反应是影响超临界流体组成、物性变化的首要因素；结焦等副反应是影响燃料热沉释放、传热速率、冷却结构使用寿命等重要设计变量的决定因素。因此，有必要深入开展跨临界碳氢燃料的反应机理和动力学研究，特别是在分子水平的跨临界碳氢燃料反应机理研究，揭示超临界碳氢燃料吸热反应的内在本质，发展高精度吸热反应动力学模型；进一步揭示本体或壁面吸热反应－传热耦合机制，发展主动冷却过程模拟方法。深入认识复杂热流环境下燃料形成高温结焦的本体、界面多化学反应耦合过程，有助于进一步发展吸热反应、结焦和传热耦合过程的调控方法。因此，深入认识跨临界碳氢燃料吸热反应－传热耦合机制及调控方法，对于建立主动冷却设计模型、主动冷却结构结焦抑制及性能评估等具有重要的理论和应用价值。

五、高温材料、先进制造与结构强度

高超声速航空发动机的工作空域、速域范围宽且须具备长时间、可重复使用的能力，具有较高的推力重量比，这对发动机结构与热防护技术提出了很高的要求，需要发展轻质耐高温材料。

纤维增韧陶瓷基复合材料融合了纤维和陶瓷基体的优异性能，其替代高温金属应用于高超声速的耐高温热防护领域的趋势已日渐明显。当前制约该材料应用的根本问题是材料耐温性不足，而其制备成本和周期亦是关键问题，应主要从原料、工艺方法、装备等复合材料涉及的方面投入资源进行解决。

碳纤维是当前以及未来可预见的时间内高温性能最好的纤维，在2000℃及以上温度范围内的应用无可替代。近些年，随着国产碳纤维技术水平的进步，国内的高性能碳纤维受制于人的状况得到了极大改善。但在纤维预制体方面存在较大的技术难题和供应短板：一方面，复杂结构的预制体成形困难，须进一步发展针刺、缝合乃至编织技术进行解决；另一方面，预制体的生产效率与供应保障能力是制约当前国内复合材料行业发展的因素之一。

组成陶瓷基复合材料的基体主要有 C、B、SiC 以及 Zr、Ta、Hf 元素的碳化物、硼化物等超高温组分，陶瓷基体的引入不仅涉及各类陶瓷前驱体原料，亦与致密工艺和装备密切相关。致密工艺主要有化学气相沉积（chemical vapor deposition，CVD）、先驱体浸渍裂解（precursor infiltration pyrolysis，PIP）、反应熔渗（reactive melt infiltration，RMI），以及无压烧结、热压烧结等。其中，无压烧结和热压烧结方法虽可成形高质量的陶瓷基复合材料，但受当前装备与工艺因素的制约，仅能进行较小尺寸、结构相对简单的构件成形。CVD、PIP、RMI 工艺是当前主要的工艺方法，三者均有各自的优点，也都存在相应缺点。CVD 工艺采用易挥发的有机硅类前驱体进行气相热解沉积，对纤维损伤小，力学性能优异，但工艺效率低、成本高、制品表面致密性效果好，内部容易存在较多孔隙，耐烧蚀性能不足；PIP 工艺采用有机陶瓷前驱体进行真空浸渍、裂解，易于均匀引入多元 Zr、Hf、Ta 等高温陶瓷组分，并且制品力学性能好，但存在工艺效率低、成本高、制品孔隙率高、热导率低问题；RMI 工艺的效率高、成本低、制品孔隙率低，但是熔渗工艺过程容易对纤维造成损伤，制品的力学性能较低。

陶瓷基复合材料热防护烧蚀过程须进行表面涂层，表面涂层既可防止纤维发生氧化，又可阻止烧蚀气氛进入构件内部。孔隙率高的陶瓷基复合材料高度依赖表面涂层进行热防护，附着于高孔隙率基体上的涂层不耐粒子冲击，一旦涂层因氧化或粒子冲击发生破损，将导致构件发生剧烈烧蚀。孔隙率低的复合材料热导率高，耐粒子冲刷性能优异，基体与涂层的结合更好，即使涂层发生损坏，致密的基体亦可发挥烧蚀阻滞作用，热防护效果更好，不会发生漏气和飘虚火现象。热导率高的材料可更好地将气动、燃烧产生的热量均匀传导并耗散，不易发生局部过热，降低热防护系统的热载荷。在承力变形方面，孔隙率高的陶瓷基复合材料刚度低，在加工、震动等过程中容易发生变形，异形、薄壁结构的变形更难控制；孔隙率低的陶瓷基复合材料刚度高，不易发生变形，有利于制造异形、薄壁热防护结构。

（一）轻质材料制造与结构强度一体化机理

轻合金、复合材料等的进步为发动机结构的更新换代做出了重要贡献，增材制造的发展又为材料制造和结构形式的改进提供了重要手段。高超声速航空发动机对材料的比强度、比刚度和耐损伤性能等提出了更高要求，基于静强度、疲劳和损伤设计理论的材料制造与结构强度一体化设计尤为重要，材料须具备轻质、高强的能力，制造须实现几何尺寸精确可控的一体化整体成形，以保证服役于苛刻环境的高性能构件既具有超高且可控的综合力学性能，又具备复杂的整体结构。因此，对于材料制造、整体成形与结构强度可靠性一体化机理的深入研究是发展高超声速航空发动机结构轻质化的核心理论基础，有助于解决传统高性能材料面临制备与成形分离、流程长、灵活度低等技术瓶颈问题。

（二）轻质高强结构损伤失效模式与机理

高超声速航空发动机对低密度、高力学性能的轻质高强结构材料的需求异常迫切，同时新型发动机承受着高温、高压、热冲击、复杂流动介质冲蚀和激振带来的力、热、流体耦合作用，极易引起结构疲劳、损伤、蠕变等多种失效形式。因此，有必要在极端环境与多场耦合条件下对轻质高强结构的损伤失效模式与机理进行研究，通过建立耦合损伤的轻质高强结构材料的宏微观统一本构模型，探究高超声速航空发动机轻质高强结构的损伤失效模式、失效机理与演化规律，最终发展适用于轻质高强结构的损伤失效评价理论与预测方法。

（三）轻质高温材料变形及疲劳特性

当高超声速航空发动机在高马赫数下飞行时面临突出的热载荷问题。轻质高温材料在高温复杂载荷下的变形和疲劳特性，是进行结构分析和疲劳寿命预测的基础。良好的材料变形和疲劳特性的表征，可用于轻质高温材料结构应力应变的精准分析，结合高超声速航空发动机的循环载荷特征，进而更准确地预测轻质高温材料的疲劳寿命特性。通过突破轻质高温材料制造技术、复杂变形行为分析技术、疲劳特性预测技术，最终保证高超声速航空发动机可长时间重复使用。

（四）耐热高性能合金强韧化机理

为达到高超声速航空发动机在高温环境下可靠运行的目的，零部件将大量使用高温合金制造，以此保证发动机在高温环境下工作时的安全性和各项性能达标，所以高超声速航空发动机对超高温结构材料的需求非常迫切，实现高性能合金的高温强度和低温塑性良好匹配对 TiAl 基合金、难熔合金和单晶合金等新型高性能合金强韧化的发展具有重要意义。为改善高性能高温合金综合力学性能，需采用固溶强化、析出相强化、细晶强韧化以及形变强化等方法，从成分调整、组织形态控制和工艺优化等方面强化高性能合金，结合机械合金化＋热压或热等静压等工艺制备高强高韧合金，为高超声速航空发动机研制高比强、耐高温、满足耐久性和损伤容限设计要求的高性能高温结构零件提供关键材料。为此，对新型高性能合金的先进制备技术、多组元设计、成分优化、组织调控、变形行为、高温抗氧化以及强韧化机理等基础性问题开展进一步系统且深入的研究是非常必要的。

（五）高温轴承摩擦、磨损及失效机理

由于高超声速航空发动机处于高温热环境中，其内部使用的轴承不仅需要满足高速的要求，而且需要适应高温等苛刻工况。针对钢制轴承、陶瓷轴承及混合轴承等高温轴承，润滑是确保高温轴承可靠工作的必要条件，冷却则是延长轴承寿命和提高轴承可靠性的重要手段，为此须综合考虑高温轴承部件的材料、结构参数及运转状况等一系列因素，分析高温轴承运行时的摩擦生热量，建立轴承换热量与润滑油冷却油量的热平衡方程，揭示高温载荷对轴承承载能力及润滑性能的影响机制。另外，高温轴承失效的影响因素很复杂，尤其在轴承表面受到交变应力的作用时容易发生接触疲劳失效，所以有必要研究不同结构参数和载荷参数对高温轴承力学特性的影响，阐明热变形方式和变形量对高温轴承摩擦、磨损及疲劳失效的作用规律，提高轴承的表面硬度、耐磨性、极限承载能力和使用寿命。

（六）结构系统动力特性

随着高超声速航空发动机结构负荷的增加和减重要求的提高，其结构和振动特性更加复杂。在静子与转子系统耦合振动问题突出的发动机整机结构系统设计中，一是要根据结构所承受的载荷对其强度进行评估，使其满足静强度、动强度的设计要求；二是要对结构力学特性进行评估，使其具有最优

的力学性能。影响整机结构系统力学特性的因素是多方面的，包括转子结构
特征、支承结构特征和连接结构特征。对于整机结构系统动力学设计，除了
分析转子系统的临界转速、振型、稳态响应、瞬态响应外，还应基于整机结
构系统开展整机振动模态及应变能分布、转静件碰磨、极限惯性载荷作用下
叶片叶尖与机匣间隙控制等多方面的设计分析，这对于确定高超声速航空发
动机的总体结构、保证发动机的效率和提高结构的安全性和可靠性具有重要
的价值与意义。

（七）机载低温工质储箱设计理论与方法

飞机低温工质储箱是指液氧、液氮和液氢等储箱，在设计过程中除参考
火箭低温工质储箱的相关标准之外，还必须考虑飞机飞行的特殊需求。火箭
液氧储箱在金属壁外部设置绝热层、充填/泄漏出口、增压/放散装置等，内
部存在的复杂结构起到防晃、防漩、防塌、防夹气（排液）等作用。在飞机
上液氧和液氮储箱亦将设计成圆柱形，但只能水平放置，而且飞行姿态和过
载情况要比火箭复杂很多，对重心变化的控制也要复杂得多，液氧储箱和液
氮储箱必须适应飞机完整飞行剖面、任意飞行姿态。最终储箱设计方法的关
键在于内部构件的设计，使其起到防晃、防漩、防塌、防夹气（排液）等作
用；液氧、液氮和液氢供输分配的关键在于实现储箱内部液氧或液氮的储量
（质量）、温度、重心的测量，实现低温工质供输分配和重心调节控制。

（八）建立多相合金材料宏微观模型

多相合金材料本身存在复杂的相转变过程，对温度比较敏感，加入了外
场作用后，材料性质会在微观组织－力学响应－应用性能三个维度上发生变
化。另外，为了满足预冷发动机预冷器超强耐压、超高耐热、超高精度、超
轻质化、极端尺寸和高可靠性等制造要求，必须在上述三个维度上建立宏微
观性能表征模型。为此，须阐明不同外场加载条件下的相转变与微观组织演
化规律，建立位错密度、第二相粒子分布等微观代表参数对材料屈服应力、
流动行为等力学性能的映射影响模型，分析极端工况条件下材料宏微观性能
表征特点，建立完整的力、热耦合成形特征表达体系。

第二节　关键技术问题

高超声速航空发动机的关键技术（图 3-1）问题主要包括：热力循环分析与优化设计，材料、结构与热防护，工艺、制造与检测，试验测试，重复使用与可靠性技术等。

一、热力循环分析设计与流动燃烧调控技术

热力循环分析是高超声速航空发动机的设计源头，高超声速航空发动机需要对涡轮、冲压和火箭发动机等基本热力循环过程进行组合与融合，并灵活采用预冷、回热、能量旁路等技术手段拓展发动机工作边界，提高发动机热效率和推进效率。需要从热力循环过程的本质出发，深化内在机理认识，突破关键共性技术，建立组合发动机推进性能指标体系与评价方法，掌握高性能高超声速航空发动机热力循环模型的构建方法，支撑未来更宽域和更高性能高超声速航空发动机方案的研究获得突破。

（一）热力循环及部件匹配设计方法

1. 热力循环模型构建、分析及设计

高超声速航空发动机热力循环需要通过多种动力循环、多种工质、多个过程高度组合和融合来实现各级能量的高效利用，是发动机设计工作的源头和起点。目前，高超声速航空发动机的循环类型繁多，涉及的工质不唯一、过程复杂多变、非平衡。首先，很难清晰准确地描述出各类发动机的循环过程，缺少系统完整、量化的热力学模型数据库，定量化表征组合热力循环过程手段不健全；其次，对不同热力学模型中的循环功、热效率等性能参数的影响因素和规律掌握不足，参数匹配特性、性能边界认识不清，很难高效开展设计工作；最后，现有已知的热力循环尚未探寻到性能极限，仍存在较大的优化空间，开展热力循环优化设计、融合多型新技术、构建新的循环模型至关重要。

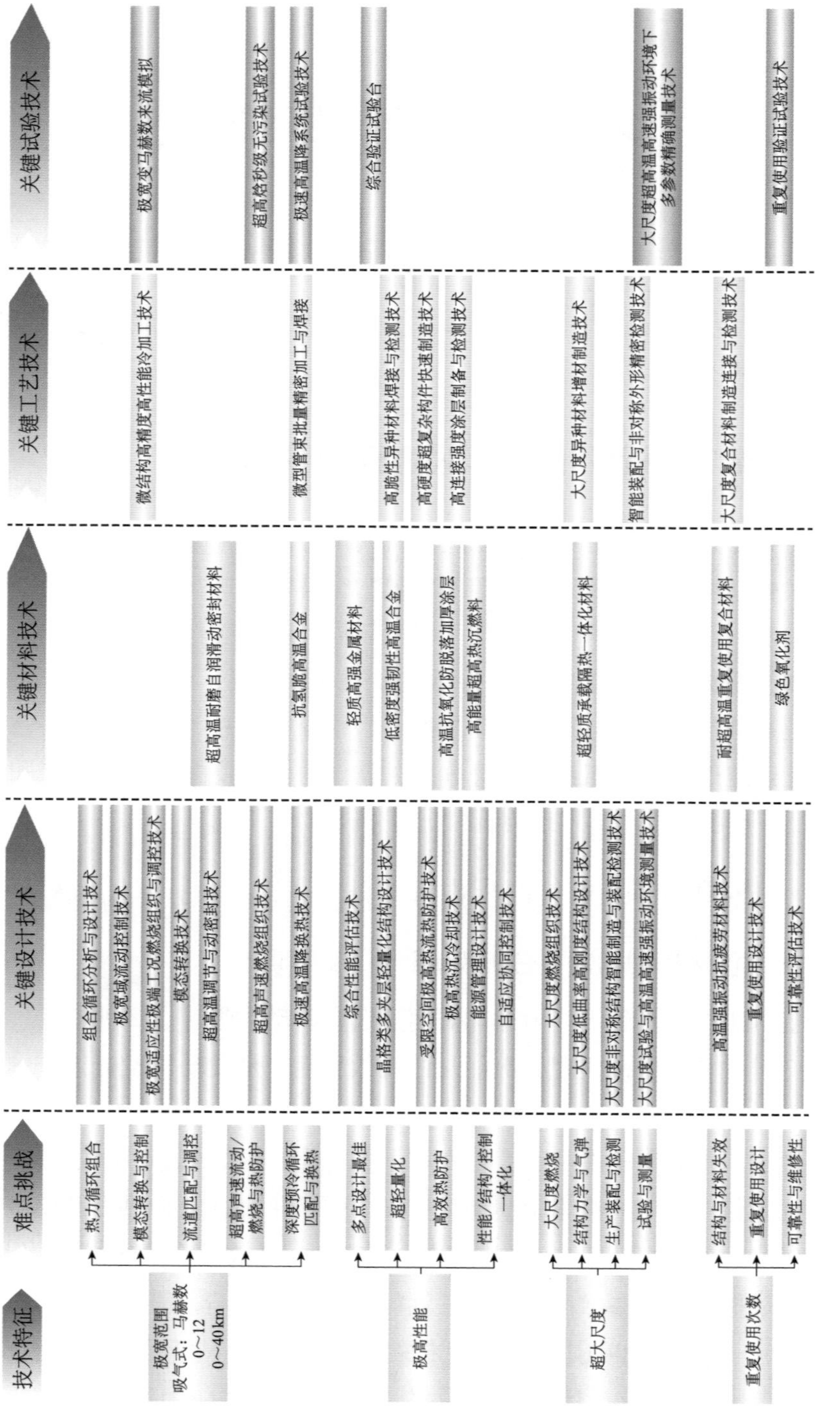

技术特征	难点挑战	关键设计技术	关键材料技术	关键工艺技术	关键试验技术
极宽范围 吸气式：马赫数 0～12 0～40 km	热力循环组合	组合循环分析与设计技术		微结构高精度高性能冷加工技术	极宽变马赫数来流模拟
	模态转换与控制	极宽域流动控制技术			
	流道匹配与调控	极宽适应性极端工况燃烧组织与调控技术	超高温耐磨自润滑动密封材料		
		模态转换技术			
	超高声速流动/ 燃烧与热防护	超高温调节与动密封技术			超高焓秒级无污染试验技术
		超高声速燃烧组织技术			
	深度预冷循环 匹配与换热	极速高温降换热技术	抗氢脆高温合金	微型管束批量精密加工与焊接	极速高温降系统试验技术
极高性能	多点设计最佳	综合性能评估技术	轻质高强金属材料		综合验证试验台
	超轻量化	晶格类多夹层轻量化结构设计技术	低密度强韧性高温合金	高脆性异种材料焊接与检测技术	
	高效热防护	受限空间超高热流热防护技术	高温抗氧化防脱落加厚涂层	高硬度超复杂构件快速制造技术	
		极高热沉冷却技术		高连接强度涂层制备与检测技术	
	性能/结构/控制 一体化	能源管理设计技术	高能量超高热沉燃料		
		自适应协同控制技术			
超大尺度	大尺度燃烧	大尺度燃烧组织技术			
	结构力学与气弹	大尺度低曲率度高刚度结构设计技术	超轻质承载隔热一体化材料	大尺度异种材料增材制造技术	
	生产装配与检测	大尺度非对称结构智能制造与装配检测技术			
	试验与测量	大尺度试验与高温高速强振动环境测量技术		智能装配与非对称外形精密检测技术	大尺度超高温高速强振动环境下 多参数精确测量技术
重复使用次数	结构与材料失效	高温强振动抗疲劳材料技术	耐超高温重复使用复合材料	大尺度复合材料制造连接与检测技术	
	重复使用设计	重复使用设计技术			
	可靠性与维修性	可靠性评估技术	绿色氧化剂		重复使用验证试验技术

图 3-1　高超声速航空发动机的关键技术体系

关键技术构成要素：高超声速航空发动机热力循环模型；多工质、多模态、非平衡组合热力循环性能分析；热力循环优化方法；热力循环方案综合验证。

2. 综合性能评估体系与优化方法

全速域范围的综合性能特性是评价高超声速航空发动机方案满足飞行器使用需求程度的重要依据。高超声速航空发动机系统方案众多，各方案的综合性能如何，在不同的应用背景下各自的优缺点如何进行量化的考核和对比，是目前面临的一个重要问题。系统完善的高超声速航空发动机综合性能评估方法可指导进行动力方案的筛选与优化，针对不同的应用任务，优选出最佳高超声速航空发动机形式。

关键技术构成要素：高超声速航空发动机综合性能评价指标体系；综合性能评价模型；综合性能评价体系与优化方法。

3. 部件匹配与流道一体化设计

高超声速航空发动机流道一体化设计优化是总体技术研究的一个重要内容，飞行器和推进系统要进行一体化设计，以便适用于高超声速飞行，飞行器前体可以用于预压缩空气，后部可以增大尾喷管的膨胀面积，用于高温燃气膨胀，以提升高马赫数下发动机的性能。高超声速航空发动机在宽速域、宽空域环境下工作，要求发动机的各个部件能够适应宽马赫数运行，宽马赫数运行的发动机部件匹配设计及性能特性研究十分必要。宽域运行的部件设计需要兼顾高超声速航空发动机系统从低马赫数到高马赫数的设计要求，设计点不再是某一个马赫数。不同工况下发动机的部件参数特性及几何要求不同，例如，尾喷管需要兼顾低马赫数下过膨胀和高马赫数下膨胀不足的问题，这就要求发动机的部件几何可调，需要与机体进行一体化设计，宽域运行的部件之间还存在参数与几何匹配的问题。为了满足高超声速航空发动机系统的宽域工作需求以及保证高超声速航空发动机宽域下的性能，开展高超声速航空发动机的部件匹配及其与机体的一体化设计研究具有重要意义。

关键技术构成要素：超宽域运行的进气道及其与飞行器前体的一体化设计；满足宽域运行膨胀需求的高性能喷管设计及优化；宽域运行燃烧室的几何与燃油的优化调节规律；宽域变几何冲压发动机一体化流道设计；宽速域

对转冲压发动机总体性能优化及调节技术；宽速域对转冲压发动机动态性能优化及硬件在回路仿真技术；高负荷多级对转涡轮全速域特性优化设计技术。

4. 飞行器／发动机一体化设计方法

高超声速航空发动机和飞行器的耦合性很强，发动机的流道布局、工作模态、性能、结构、热防护、能量管理方案等均与飞行任务、飞行器气动布局存在一定的耦合关系，高超声速航空发动机方案不能完全独立于飞行器构建，导致发动机技术的研究难度很大。目前，高超声速航空发动机的研究多属于发动机本身的原理验证和关键技术攻关，与飞行器一体化的研究相对较少且进展缓慢，导致发动机技术研究的牵引不足，一定程度上制约了动力技术的发展。

关键技术构成要素：推进系统／机体推进性能一体化设计方法；推进系统／机体推进结构一体化设计方法；推进系统／机体推进能量管理一体化设计方法；推进系统／机体推进控制一体化设计方法。

（二）极宽适应性流动控制与先进调节方法

1. 极宽域进排气先进流动控制方法研究

空气的流动状态对高超声速航空发动机的工作状态有很大影响，特别是逆压力梯度的进气道，流动分离会造成流场结构恶化，性能下降，甚至进气道不起动，发动机无法正常工作。在高空高速工作时，来流为层流状态，这种状态的气流抵抗逆压力梯度的能力很弱，极易产生大面积分离，导致流场恶化，发动机性能严重下降。发动机产生推力的主要部件喷管，在某些来流条件下，极易处于过膨胀状态，此时强烈的激波、附面层干扰形成分离区，严重影响流场结构。对于组合发动机，喷管内还存在多种来流掺混的复杂问题，对流动特性产生严重影响。流场分离区域的温度接近来流总温，对于高超声速航空发动机，流场分离形成的高温区还会对结构产生很大的热载荷和动载荷，严重情况下会导致结构破坏。通过开展宽马赫数及姿态角范围进气道／尾喷管内流场流动特性研究，掌握各种先进的内流场流动控制方法，为高超声速航空发动机的设计奠定基础。

关键技术构成要素：复杂流动相互作用机理与分离控制方法；边界层转

捩机理及人工转捩技术；喷管内复杂流场的流动特性与抑制技术。

2. 极宽域进排气先进调节方法研究

要实现高超声速航空发动机宽速域、多模态工作，必须调节进气道和尾喷管型面以适应不同发动机的需求。对于工作范围宽的变几何进气道／尾喷管，如何匹配气动型面与来流马赫数，如何匹配进气道与多流道燃烧室的反压，均是制约吸气式动力研究的关键技术，突破这些关键技术是开展高超声速航空发动机研制的前提条件。当前可调进气道和尾喷管的主要调节方式为机械式几何调节方式，这种调节方式的优点是进气道和尾喷管型面的调节可靠稳定，而且有利于快速工程应用，但是会带来额外的空间、重量和能源需求增加，会比较明显地增加发动机的负担。与之对应的是新型调节方式，如新型的气动、磁控和射流等调节方式。这些新型调节方式可以有效拓展进气道和尾喷管的工作范围而不增加调节机构，降低了空间、重量需求，但是目前还处于概念阶段，本身的技术发展还存在许多问题，制约了工程应用。因此，需要综合对比研究先进的宽域可调进气道和尾喷管调节方法，突破关键技术。

关键技术构成要素：宽适应性进气道新型调节方式；宽速域双通道可调进排气系统一体化设计及综合性能提升技术；适应高超声速航空发动机的可调进气道设计方法；宽域尾喷管新型气动调节方式；喷管全状态力矩差调节技术。

（三）宽范围多模态燃烧组织与增强方法

1. 宽适应性多模态燃烧组织方法研究

燃烧过程是所有发动机最基本也是最复杂的物理化学过程，是产生能量的源头，高超声速航空发动机燃烧室的来流状态变化大，燃烧模态多，燃料种类多，燃烧过程更加复杂，面临宽范围多模态高效稳定燃烧与过渡控制，以及大攻角、低动压等极端工况下的稳定燃烧等技术挑战。宽速域冲压发动机可靠点火和稳定高效燃烧是高超声速航空发动机的技术难题，面临低马赫数点火困难、燃烧效率偏低、宽范围匹配难度大等问题。火箭增强冲压是有效解决宽域冲压稳定高效燃烧的重要技术途径，存在引射、亚燃、超燃等多个燃烧模态，各燃烧模态对火焰稳定、燃烧组织、性能调控等方面的需求存在较大差异，宽适应性燃烧组织与热力调控难度大。在低压、低温、大机动、超大尺度、高动态等极端条件下稳定燃烧边界变窄，高超声速航空发动机点火可靠性、燃烧稳定性下降，迫切需要发展燃烧增强方法。

关键技术构成要素：宽域冲压可靠点火方法；宽适应性多模态火箭增强高效燃烧组织方法；超低压、超大尺度、高动态等极端条件的燃烧增强方法；宽范围燃烧组织试验验证。

2. 超高超声速燃料掺混及强化点火机理研究

马赫数 10 级超高超声速来流条件下燃烧室进口马赫数急剧升高直至高超声速，驻留时间（1 ms 以下）极短，燃烧室燃料掺混、组织燃烧困难。燃烧室内高强度激波后局部预混的高温高压可燃气体逐步具备激波诱导燃烧的条件，火焰稳定 / 火焰传播模式与传统双模态超燃冲压发动机相比有显著变化。此外，高焓流动带来的空气离解、热化学非平衡等真实气体效应进一步增加了燃烧室工作过程的复杂性，超燃冲压发动机燃烧室中凹槽、支板等燃烧组织方式会带来结构超温、阻力损失增加等问题，目前仍缺乏有效的分析模型和分析方法。随着发动机来流速度的增加，高温条件下黏性效应逐渐显著，发动机内流摩擦阻力显著增大，导致超燃冲压发动机净推力下降，发动机增推减阻需求迫切。目前，针对上述问题的研究还处于起步探索阶段，急需开展更高马赫数燃烧机理研究，提升马赫数 10 级发动机工作马赫数和高度上限，增强加速能力。

关键技术构成要素：更高马赫数燃料掺混方法与掺混增强机理；更高马赫数激波诱导点火及燃烧机制；火箭增强燃烧机制；更高马赫数来流边界层摩擦阻力产生机制及减阻方法。

3. 爆震波触发机理与模态演变规律研究

爆震燃烧接近等容燃烧，燃烧速率快、容热强度大，与传统的定压燃烧相比，理论上热力循环效率可提高 30% 以上，是提升高超声速航空发动机性能的颠覆性技术。爆震发动机可分为脉冲爆震、旋转爆震和斜爆震三种形式，旋转爆震发动机采用环形燃烧室，可连续形成沿周向传播的爆震波。斜爆震燃烧室可充分发挥高马赫数的特点，利用驻定的斜激波来引燃混合气体。连续旋转爆震发动机面临高速来流中碳氢燃料可控、高效地连续旋转爆震波的难题，须开展快速雾化掺混方法、成功起爆机理、稳定可控方法等基础科学问题的研究。斜爆震发动机面临的核心难题是如何保证斜爆震波的稳定，该机理目前尚未完全明确。

关键技术构成要素：基于非预混液态燃料的旋转爆震波触发机理；液态燃料旋转爆震波自持传播机理；旋转爆震模态演变规律；斜爆震波触发机理与一体化设计方法。

4. 特殊燃料与空气燃烧机理

针对采用碳氢燃料再生冷却的高超声速航空发动机，通过喷嘴进入燃烧室的是复杂热裂解产物构成的热裂解态燃料，省略了燃料在燃烧室中的雾化与气化过程，因而大大缩短了燃料与空气混合的时间并提高了预混水平，而混合的增强有助于拓展熄火极限、促进点火并提高燃烧效率，从而扩展了稳定燃烧的范围。与传统液态燃料的喷射雾化燃烧过程迥然不同，目前的问题是热裂解态燃料成分复杂，其物性参数与热裂解压力和温度等工作过程参数密切相关，不同热裂解温度下燃料组成的变化导致分子黏性和扩散效应发生明显变化，由此产生不同的部分预混程度。目前，对热裂解态燃料湍流混合和燃烧特性机理的试验测量与模拟还不够深入。氢燃料具有热值高、易形成可燃混合气、燃烧速度快、热效率高等特点，是组合发动机常用燃料之一。氢燃料在低压条件下与空气预混进行定容燃烧的过程中，容易因局部高温产生不规则燃烧的现象，如进气道回火、早燃现象，增加了氢燃料燃烧控制的难度，影响了氢燃料使用的可靠性。

关键技术构成要素：碳氢燃料裂解气燃烧机理；低压条件下氢燃料与空气预混燃烧机理。

（四）模态转换策略设计和控制方法

1. 模态转换策略、失稳机制及控制方法

多动力循环组合及其多种工作模态的平稳转换、可靠接力是高超声速航空发动机实现宽域高性能工作的内在本质，不同动力组合工作模态存在与相应来流状态相匹配的最佳工作阶段，并面临多方面稳定工作边界的约束，如

何在窄可行域条件下实现工作模态的平稳过渡、高效运行面临极高的技术挑战。高超声速航空发动机工作模态转换是一种极为复杂的非线性、多变量、高动态、强约束的多学科耦合工作过程，本质上是复杂流动过程及稳定控制问题，在多动力、多部件稳定工作边界的强约束下面临内流流动、燃烧过程及其匹配过程等失稳风险，影响工作过程稳定性及工作模态转换推力平稳连续。因此，工作模态转换过程失稳问题及控制必将成为高超声速航空发动机工作模态动态转换过程中需要解决的瓶颈问题，是决定高超声速航空发动机能否实现宽域高效工作的关键所在，目前国际上极少见到公开文献报道，国内尚未有该方面的专门研究。通过开展高超声速航空发动机工作模态动态转换过程的工作策略、失稳机制及控制方法的研究，揭示其内在流动机理、发展机制，形成匹配方法、失稳先兆预测方法，建立可靠稳定控制方法，为高超声速航空发动机工作模态转换提供技术支撑。

关键技术构成要素：高超声速航空发动机模态转换过程工作策略；工作模态动态转换过程失稳机理与预测；工作模态动态转换过程失稳控制方法；模态转换试验验证。

2. 智能状态监测与先进控制方法

高超声速航空发动机热力循环复杂、工作包线宽，发动机设置的可调机构增多、耦合关系复杂，使得控制系统在控制策略、流量精度、动态特性、各模块工作协同性等方面的要求均大幅提高。控制不当会导致性能大幅下降，特别是对于复杂模态转换过程，推力、空气流量等参数的控制品质差会造成飞行器失稳、进气道亚临界、发动机喘振、熄火等严重后果。在传统控制方案中，发动机内推力、各路空气流量、压缩系统安全裕度、涡轮前温度等对发动机性能和安全极为重要的参数因无法测量而不被直接控制，造成控制系统设计安全裕度过大、性能损失过多，对高超声速航空发动机而言，这样的损失无法接受。高超声速航空发动机需在整个寿命期内通过智能控制系统，根据外部环境和自身状态，重新规划、优化、控制和管理自身性能、可靠性、任务、健康等状况的发动机。具体是指发动机主动控制系统和健康管理系统能够依靠传感器数据、专家模型全面了解发动机及部件的工作环境与状态，依据这些信息调整或修改发动机的工作状态，实现对发动机性能和工作状态的主动和自我管理，并根据环境因素平衡任务要求，提高发动机性能、可操纵性和可靠性，延长发动机寿命，降低发动机的使用与维修成本，进而改善发动机的耐久性与经济可承受性。

关键技术构成要素：高超声速航空发动机性能表征与控制策略研究；先进控制技术研究；智能状态监视和故障诊断技术。

3. 推进剂供给调节系统设计

首先，高超声速航空发动机推进剂供给调节系统具有多模态工作、多次重复起动、多种工况高变比宽范围调节、火箭冲压一体化供给等独特需求，如此严苛的要求决定了其设计难度非常大。其次，推进剂供给调节系统与发动机能量管理、热防护等需求紧密耦合，对涡轮泵、阀门等提出了特殊的设计要求。主动冷却通道出口的超临界燃油会发生高温裂解，导致其物理性质复杂多变，给流量的精确计量带来了巨大困难。空气涡轮泵利用冲压空气驱动涡轮，不需要携带额外的驱动能源，能有效降低系统重量，但高超声速航空发动机飞行速度快、空域高，导致涡轮进气总温极高，给涡轮热防护带来困难；同时空气涡轮泵排气直排大气，涡轮排气反压以及落压比变化大，对涡轮泵性能的影响非常大，导致涡轮泵工况复杂多变，使得高温空气涡轮泵的研制难度非常大。

关键技术构成要素：多次重复起动、多模态宽范围调节推进剂增压输送系统动力学；高温超临界燃油高精度计量方法；高温空气涡轮泵设计方法。

（五）长航时能量综合管理及系统优化方法

1. 高效能源生成方法及机理

能源生成技术是实现高速、长航时、可重复使用高超声速飞行器的关键技术。飞行器燃油供给系统、雷达导航系统、环境控制系统和驱动机构等需要消耗大量的电能，对机载供电能力提出了更高的要求，发电功率的需求将达到兆瓦级。作为一种具备长航时的飞行器，高超声速飞行器显然无法仅利用化学电池满足其供电需求，其发电系统必须具备工作时间长、发电功率大及能量密度高的特点。因此，在兼顾高超声速航空发动机推进性能和能量综合管理的情况下，急需发展新型高效能源生成技术。高马赫数飞行使得来流空气无法再用作冷源，燃料成为其唯一可用冷源且为有限冷源；发展大功率飞行器能源系统同样需要冷源，主要包括热动力发电循环的低温换热器冷源及电机冷却；由于冷源是有限的，为了降低对燃料热沉的冷却需求，必须发展高效率的热电转换技术；热效率越高，需要燃料带走的热量越少。大功率机载能源系统对冷源的需求进一步加大，加剧了冷源严重不足的问题。因此，十分有必要在燃料冷源有限的条件下开展高效能源生成技术研究。

关键技术构成要素：大温差半导体温差直接热电转换机理及设计方法；高效闭式循环热动力发电机理及设计方法；油气涡轮发电机理及设计方法；油冷空气涡轮发电机理及设计方法；燃料电池涡轮复合发电机理及设计方法；高效能源生成多方案性能对比。

2. 高效热管理研究方法

高超声速航空发动机能量管理系统涉及热管理、电能管理与热电转换等内容。其中，热管理包括本体热防护、第三体热量匹配、热能与推进剂供给能量转换、发动机与飞行器热防护匹配等极其复杂的过程；电能管理涉及高效发电、高能量密度电池、电量分配等关键难题，如何统筹开展高超声速航空发动机的能量系统设计是制约组合发动机工程应用的核心问题。高超声速航空发动机承受着来自内部高温高压和外部气动加热的双重考验，工作环境非常恶劣，为了保证发动机安全和高效工作，有效的热管理系统至关重要，迫切需要以保证发动机热端部件热防护和提高发动机整体性能为目标，开展高效热管理方案的研究。高超声速航空发动机系统复杂、用电设备多、功率需求大、模态转换过程负载切换频繁、设备对用电品质要求高，因此电能是实现飞行器各项功能的基础，电源的品质和匹配状态对飞行器正常完成任务至关重要。

关键技术构成要素：综合热源模型分析与热管理系统设计方法；高功率密度发电与高能量密度储电技术；能源管理系统设计方法。

3. 能量综合管理方法及系统优化

高超声速飞行器朝长航时、可重复使用方向发展，飞行器及发动机所涉及的能量种类越来越多，包括化学能、热能、机械能和电能等。因此，在关注高超声速航空发动机推进性能的基础上，还需要综合考核发动机其他能量种类。此外，由于燃料是高超声速飞行器的唯一可用冷源，因此如何实现燃料热沉的充分利用显得尤为重要，需要统筹高超声速航空发动机推进、供电、燃料供给、部件调节、冷却等多方面的能量需求，进行能量综合管理。其中，化学能、热能与电能之间的转换存在多种路径，探究降低能量转换过程中可用能的损失，进而实现能量利用率的最大化，对于提升发动机的经济性与航程性能有很大的增益，因此有必要开展能量综合管理系统优化的研究。

关键技术构成要素：能量综合管理系统方案及性能评价；能量综合管理系统优化理论与方法；能量转换过程中的调控策略及方法。

二、预冷与热防护技术

预冷与热防护技术是高超声速航空发动机的核心技术之一，必须通过关键技术攻关掌握轻质高效预冷与热防护设计方法，支撑获得更高强、更耐热、更轻质、更紧凑、可复用、更可靠的预冷与热防护方案。

（一）预冷技术

1. 预冷器

微细管束式预冷器可利用低温超临界介质对来流空气进行冷却，冷却后的空气作为 TBCC 发动机、预冷高超声速航空发动机等涡轮通道的工质或者用于发动机、飞行器结构的冷却及热防护。该项关键技术的突破，可带动预冷技术在航空航天领域的应用。高温超高压的极端工作环境对紧凑快速强预冷器的换热性能、热变形协调、结构完整性及热循环寿命提出了极高的要求。为实现低流阻要求下超高温来流的瞬时大幅降温，超强温度梯度条件下紧凑快速强预冷器高效可靠工作，在设计之初就应该充分考虑复杂环境中强各向异性超临界多尺度流动调控与换热强化、微尺度加工及制造可实现性、超薄壁高温合金毛细管及其连接结构强度、基本换热单元与支撑结构的热变形协调等因素的综合影响，形成计及流动换热、工艺、强度、结构实现等多学科因素的紧凑快速强预冷器精细化设计方法。通过构建基本换热单元的离散设计模型，并结合结构强度及热变形的理论分析，最终设计出高性能、低成本及长寿命的紧凑快速强预冷器。

关键技术构成要素：微细管束式强预冷器中超临界工质与空气换热机理；微细管束式强预冷器气动及结构设计技术；微细管束式强预冷器加工技术；微细管束式强预冷器试验测试技术。

2. 高功重比微通道换热技术

在基于闭式循环的预冷高超声速航空发动机上存在氢氦换热器、氦氦回热器、氦燃气换热器，须满足换热功率大、耐高温、结构紧凑、重量轻的要求，适合采用微通道结构形式。当超临界流体处于微小尺度时，尺寸效应将导致流动中各种影响因素的相对重要性发生变化，如惯性力与黏性力的比值、黏性力等的表面作用增强，这就需要加强对微尺度下超临界流体的换热机理的认识。微通道换热器设计须兼顾流动、换热及强度特性。此外，微通道换热器的高可靠加工技术也是需要解决的关键问题。

关键技术构成要素：微通道换热器中超临界介质换热机理；微通道换热器流−固−热耦合设计方法；微通道换热器高可靠加工技术。

3. 高热流高效冷却技术

高超声速航空发动机内狭小受限空间、高温射流等局部区域面临极高热流，传统的被动材料、再生冷却等方式不能完全满足该局部区域的可靠热防护。发汗冷却的冷却效率较高，对于极高热流密度壁面的热防护最具潜力。目前，在发汗冷却的数值仿真研究中，难以模拟发生相变的冷却剂与主流之间的耦合传热作用，因而无法准确地计算燃气传热量，在某一热流条件下无法精准地预测相变发汗冷却剂流量。因此，急需针对发汗冷却剂与主流之间的换热机理及换热模型开展研究，构建支撑方案。射流冲击冷却虽然具有局部高对流换热系数的优势，但是冲击冷却表面对流换热系数变化剧烈，冷却均匀性较差，尤其是当冷却面积较大时，冷却表面存在明显的温度梯度。此外，随着流体压力的不断升高甚至超过热力学准临界压力，流体物性的变化将不可忽略。因此，对有高对流换热系数和高表面温度均匀性的相变射流冲击冷却方法有迫切的发展需求。目前，关于相变发汗冷却的基本规律尚不清晰，对相变发汗冷却中存在的特殊现象认识不足。在实际应用中还有待解决精准可靠的泵系统来输送冷却液体、可靠的控制系统来根据外部热环境的变化实时精准地控制冷却流量等几个关键难题，因此需要开展相关机理和方法的研究。

关键技术构成要素：发汗冷却、气膜冷却、射流冲击冷却等的换热机理与换热模型；相变发汗冷却的流动传热耦合机理及自适应热流密度的发汗冷却设计方法。

（二）热防护技术

1. 可重复使用再生冷却技术

高超声速航空发动机在工作过程中所承受的热负荷很大，这些热负荷一方面来源于高马赫数飞行条件下燃烧室入口处较高的空气总温；另一方面来自燃烧室内剧烈的燃烧放热过程，导致发动机的热部件在没有热防护系统的情况下基本处于烧毁状态，不能维持长时间的稳定工作。高超声速航空发动机中各部件均有其冷却要求，冷却面积急剧增加，并且需要能够在宽速域、宽空域、长航时状态下工作。随着飞行马赫数的增大，燃料所需的热沉必将急剧增加，因此热防护问题成为高超声速航空发动机发展中的瓶颈。应用燃料高温裂解热沉的主动冷却技术，必须解决燃料热沉与结焦导致可重复使用之间的难题。为满足高超声速航空发动机的发展需求，必须开展可重复使用再生冷却技术，以及以超高热沉新燃料、新反应为核心的主动热防护等新技术的研究。针对发展超高热沉燃料主动热防护的关键问题，开展超高热沉燃料体系、催化吸热反应技术的研究，支撑新型催化冷却技术的应用及验证，实现高超声速航空发动机可重复使用冷却技术。

关键技术构成要素：可重复使用再生冷却技术；超高热沉燃料冷却技术；新型催化冷却技术；超高热沉燃料技术的发动机试验验证。

2. 新型复合热防护技术

高超声速航空发动机的出现对热防护方法提出了新的要求，要求热防护技术能够适应更高的马赫数飞行。单一的冷却方式无法覆盖高超声速航空发动机全范围的飞行包线，也无法适应更高马赫数飞行以及宽工况飞行带来的动态热环境变化。采用复合热防护技术能够提升热防护能力，提高热防护技术的灵活性，从而适应宽速域高超声速航空发动机热防护的需求。从保证宽速域范围内高超声速航空发动机安全稳定运行的视角，开展宽速域高超声速航空发动机复合热防护研究具有重要意义。

关键技术构成要素：碳氢燃料再生 / 气膜复合热防护技术；再生 / 发汗复合热防护技术；主 / 被动复合热防护技术；复合热防护与宽速域燃烧室非线性耦合匹配特性及调控技术。

3. 热结构传热快速评估技术

高超声速航空发动机结构在整个工作过程中承受严苛的热载荷，热流在发动机内部以多种途径在气态物体、固态物体、液态物体等内部进行复杂的传递。研究热流传递过程的规律，建立发动机结构传热的快速计算方法，能够有力支撑发动机结构的高效设计，快速选定发动机的结构方案。目前，发动机结构传热计算方法或是基于一维平板传热假设，计算速度较快，但由于发动机流道多为复杂曲面，所以计算结果的误差较大；或是基于有限元仿真的三维传热计算，能够较为准确地反映流道复杂曲面对传热及热流分布的影响，但是计算效率较低，不利于发动机结构设计初期的快速迭代。因此，开展发动机结构传热的快速计算方法的研究，兼具较高准确度及计算效率，形成传热过程的共性基础计算方法，能够有效支撑发动机结构的快速设计与迭代优化，提高发动机结构设计的可靠性。

关键技术构成要素：不同温度条件下发动机常见结构材料物性参数变化规律；热流在不同部件间传递的计算模型；发动机结构传热快速计算程序编制及试验验证。

4. 低压力高效换热技术

高效散热器是高超声速航空发动机的重要部件，决定了组合发动机的实际输出性能。在高空超低压条件下，稀薄大气环境使得换热器冷边来流密度不断降低，换热能力严重下降。同时，高度增加使得雷诺数下降，换热器翅片附面层内部黏滞力和惯性力之比发生变化，导致换热系数随高度的增加而减小，高空环境下换热器的换热效率急剧降低。采用增大换热面积来提高换热能力的手段一方面不满足高超声速航空发动机的集成紧凑设计的特征；另一方面使得高换热效率、低流阻损失的设计难度加大，因此急需开展高空超低进气压力环境对换热器换热效率、流阻特性等影响规律的研究，通过结构和材料的优化，增大换热器的换热能力，满足低压条件下大功率散热的需求。

关键技术构成要素：超低压力条件下换热表面气体流动规律；换热表面高效低流阻结构优化设计；低压条件下换热器集气室和芯体结构优化设计；集成热管理技术。

三、材料与结构技术

材料与结构技术是动力装置从推进流道理论设计走向三维实体结构的核心支撑。针对高超声速航空发动机对高强、轻质、耐高温金属材料，耐超高温、抗氧化、耐烧蚀复合材料，先进隔热和密封材料、高性能燃料及推进剂，先进可重复使用轻质化结构，宽适应性可调流道动密封结构等的需求，开展相关应用基础研究，形成高超声速航空发动机材料体系和应用数据集，充分实现设计性能。

（一）材料技术

1. 多组元杂化耐极高温复合材料

高超声速航空发动机对复合材料燃烧室的潜在要求，对燃烧室材料提出了极大的挑战。目前，超高温陶瓷及其复合材料体系虽可在高温下较长时间使用，但无法满足高超声速航空发动机对燃烧室材料耐温且重复使用的需求，需要发展新型的耐极高温的材料体系。单一的难熔金属化合物理论上可以作为耐极高温的材料体系，但其高温抗氧化性能不佳，在氧化条件下会迅速失效，通常掺入物质会提高其抗氧化性能，但这些物质的加入降低了材料的耐温性能。如何创新材料体系，提高燃烧室材料使用温度并承受长时间氧化，是保证高超声速航空发动机成功研制的关键。

关键技术构成要素：耐极高温材料体系多组元设计及优化；耐极高温材料耐温和抗长时间氧化技术；耐极高温复合材料构件的制备技术；耐极高温复合材料构件的考核方法。

2. 超高温复合材料环境障涂层

高超声速航空发动机潜在地要求复合材料燃烧室在高温环境下多次重复

使用，燃烧室的复杂燃气环境耦合高温对使用的复合材料提出了极大挑战。目前，常见的超高温陶瓷及其复合材料体系无法满足未来对燃烧室材料耐温且重复使用的需求，解决方法包括发展新型的耐极高温材料体系，或者借鉴高温合金热障涂层，发展针对超高温复合材料的环境障涂层体系。热障涂层降低了超高温陶瓷基复合材料的实际承受温度，又可以协助复合材料抵御严酷的燃烧室腐蚀环境，进而可以实现在现有材料体系下超高温复合材料服役温度和抗腐蚀性能的提高，这是保证高超声速航空发动机成功研制的关键技术之一。

关键技术构成要素：超高温环境障涂层的组分设计及优化；超高温环境障涂层的制备技术；超高温环境障涂层的物理性能以及热-化耦合腐蚀性能测试；带环境障涂层复合材料构件的考核方法。

3. 新型陶瓷基复合材料

连续碳纤维增韧碳化硅（C/SiC）陶瓷基复合材料是一种兼有金属材料、陶瓷材料和碳材料性能优点的热结构/功能一体化新型材料，具有耐高温、低密度、高比强、高比模、抗氧化、抗烧蚀、对裂纹不敏感、不发生灾难性损毁等特点，广泛应用于航空航天发动机热端部件、空天飞行器热防护系统、空间探测超轻结构等领域。新一代高超声速飞行器的研制已将 C/SiC 复合材料作为首选设计用结构材料，主要用于飞行器的关键防热结构，主要包括外防热结构和内防热结构。C/SiC 复合材料外热防护结构主要涉及飞行器的大面积防热，如机翼前缘、尾翼、舵面等构件，其气动加热可在局部产生极高温度及热梯度。提高热结构材料的热导率，可以使局部过高的热载荷快速传递出去，从而降低高温烧蚀对局部结构的损伤，提高防热效果、寿命及其可靠性。C/SiC 复合材料的内防热结构主要涉及超燃冲压发动机的燃烧室和尾喷管等构件，燃气燃烧产生的极高热负荷对高温结构材料是极大的挑战，利用主动冷却技术将其热量尽快导出是提高热结构材料的使用温度、寿命和可靠性的最有效手段，普遍用于研发各类燃烧室，这就要求 C/SiC 复合材料具有很高的热导率。然而，目前 C/SiC 复合材料的热导率很低，不能满足将热量快速疏散和导出的要求，以及更高温度热防护的要求。因此，发展高导热 C/SiC 复合材料对提高材料的使用效能、寿命和可靠性具有重要意义。

关键技术构成要素：结构单元对 C/SiC 复合材料导热的影响规律；C/SiC 复合材料的高导热改性技术；C/SiC 复合材料高导热机理及模型；高导热 C/SiC 复合材料在烧蚀环境中的导热和力学行为。

4. 高温高强韧钛基复合材料

高超声速航空发动机对发动机性能提升的要求，尤其是对涡轮盘等耐高温、复杂形状构件减重的迫切需求，需要开展网状结构、SiC 纤维及混杂结构等钛基复合材料增强精确设计，大尺寸稳定制备，多向锻造、双向镦挤、预制体制备、包套模具设计与热压等多种成形工艺，内部复合结构与力学性能演变及热处理调控，精密机械加工，构件考核验证等研究，发展轻质耐高温钛基复合材料设计、制备、成形与调控一体化技术，促进钛基复合材料在低压涡轮盘等构件上的考核验证与应用，为高超声速航空发动机减重设计提供轻质材料与成形技术支撑。

关键技术构成要素：钛基复合材料精确设计技术；大尺寸钛基复合材料稳定制备技术；钛基复合材料成形技术；增强增韧基结构与力学性能演变及热处理调控技术。

5. 超高温抗氧化难熔金属基复合材料

在航天、空天、核能、国防军工等众多尖端领域，难熔金属材料被广泛应用于耐高温结构部件，如火箭发动机喷管、喉衬、尾翼、高速飞行器鼻锥和涡轮叶片等。随着装备设计性能的不断提高，传统难熔金属材料的性能已无法满足需求，亟待围绕成分设计、工艺制定、性能表征和应用环境适配等方面研究开发新型耐高温材料。通过添加或原位生成碳化物、硅化物和金属化合物等第二相，研制具有高熔点、低膨胀、高导热、高强度和抗氧化等优点的难熔金属基复合材料，同时研究第二相强化机理和抗氧化机理，阐明关键科学问题和建立相关基础理论体系，为高超声速航空发动机的发展提供关键材料支撑及核心技术支撑。

关键技术构成要素：难熔金属基复合材料的制备技术与工艺；难熔金属基复合材料的第二相强化机理；难熔金属基复合材料的高温氧化行为和抗氧化机理。

6. 新型高温合金材料

航空发动机耐高温金属结构多采用 GH3128、GH4169 等常用高温合金，面向高超声速航空发动机更轻质、更耐高温需求，该类材料存在两个问题：一是密度较高，无法满足轻质化需求；二是当使用温度进一步提高时，强度显著下降，无法满足需求。采用增加 Al、Ti 等元素强化相数量可有效降低材料密度，提高使用温度及强度，但增加强化元素使得材料的工艺性能恶化，冷热加工塑性低导致无法制备出板材、带材，也无法进行焊接。

关键技术构成要素：材料高通量集成计算，建立成分、结构、性能定量模型；微量元素对新合金高温性能的影响规律；合金板材、带材制备工艺；合金的工艺性能。

7. 耐高温热障涂层设计

高超声速航空发动机对主动冷却结构热结构件的要求越来越苛刻，发动机热端部件的温度远超高温合金的最高使用温度，对高温合金部件表面的隔热涂层提出了极为苛刻的服役环境要求，因此在更高温度下确保隔热涂层具有优异的隔热性能并能承受高温燃气的腐蚀和热冲击，对于火箭发动机热端部件的可靠性具有至关重要的意义。随着服役温度的提升，隔热涂层材料的隔热性能和稳定机制面临新的挑战，例如，高温下红外辐射强度急剧提升，透过隔热涂层加热合金结构件，加速了隔热涂层的失效剥落；更高的热应力需要材料具备更高的断裂韧性以及与合金基体的热匹配性；氧气通过隔热涂层的扩散引起基体合金的腐蚀氧化和界面失效。针对以上关键科学问题，急需开展系统性的基础理论研究，完成新一代隔热涂层材料的成分设计，为突破高可靠性隔热涂层技术提供重要的理论支撑。

关键技术构成要素：新一代耐高温隔热涂层材料的成分和结构设计；隔热涂层材料与红外辐射的相互作用原理与抑制高温红外辐射传热的机理；通过成分设计提高其抗腐蚀能力的方法；高温环境下材料相结构和化学组成的稳定性原理；隔热材料的高温物理性能评价体系；微结构可控的涂层制备方法研究及材料环境性能考核方法；材料性能和工艺参数数据库与生产规范。

8. 单相化多组元高性能热障涂层

高超声速航空发动机主动冷却热结构件的潜在使用温度对现有的高温合

金-热障涂层体系提出了极大的挑战。目前，以 YSZ 为代表的热障涂层，无法满足未来高超声速航空发动机使用温度的需求，需要发展使用温度更高、隔热性能更好的热障涂层材料体系。目前，正在研发的热障涂层材料体系，包括稀土锆酸盐或稀土铈酸盐体系，其使用温度较 YSZ 有了明显提高，并且降低了热导率。但其热膨胀系数和断裂韧性较 YSZ 明显下降，使其在使用过程中与黏结层的热应力更加明显，断裂韧性的下降导致热障涂层更容易脱落失效。因此，虽然这些热障涂层体系出现了较长时间，但也鲜有得到商业应用的报道。发展新型的热障涂层材料体系，具有更高的耐温能力和较低的热导率，满足更高的隔热要求，同时还要具有高的热膨胀系数和断裂韧性，满足发动机多次重复使用的需求，是保证高超声速航空发动机成功研制的关键之一。

关键技术构成要素：多组元材料组成设计及优化；多组元热障涂层材料的合成及其性能综合表征；热喷涂材料的喷涂工艺；热障涂层构件的考核方法。

9. 高温复合隔热材料

高超声速航空发动机热防护结构大量采用耐高温、耐烧蚀的陶瓷基复合材料制备。发动机燃烧室热面温度高、结构空间有限、工作时间长，为保证发动机工作过程中飞行器设备不被高温焚毁，保证内部器件在适当的温度范围内正常工作，需要在发动机与机身之间有限的空间内设计高效隔热层，确保在整个飞行热走廊内发动机复合隔热不超温。传统单一的隔热材料从成本、厚度、重量、耐温极限、隔热性能、复合工艺等方面已经无法满足发动机对隔热结构的要求。为解决发动机的长时间高效隔热问题，可针对被动热防护发动机沿程的热环境分布进行温度区间划分。根据不同部位的温度分布和厚度指标要求，构建超高温隔热材料体系，采用泰勒防热设计方法，利用不同材料在其使用温度区间隔热效果最优原理，对优选的高温、中温、低温及相变吸热材料进行梯度复合方案的精细设计，并根据发动机应用需求合理采取刚性和柔性隔热设计，实现隔热材料与发动机本体结构的热匹配和变形协调。

关键技术构成要素：超高温隔热材料方案设计方法；隔热材料的耐高温性能和隔热性能；发动机复杂热/力耦合环境下隔热材料的响应机制；隔热材料间及隔热材料与发动机机体间的匹配优化和连接技术优化；材料微观结构对材料性能的影响规律；异型结构下的隔热实施工艺；隔热方案试验技术研究。

10. 预冷器用抗氢脆高温合金

在采用液氢为冷源及燃料的高超声速航空发动机中，存在液氢空气换热器、高温氦气换热器与液氢换热器等多种类型的换热器。这些换热器通常由高温合金材料制造而成，但是通常的高温合金材料在高交变的热环境下易发生氢脆现象，材料失效导致换热器损坏。因此，有必要研究可抗氢脆的高温合金材料，保证液氢空气换热器、高温氦气换热器与液氢换热器在设计寿命范围内不发生损坏，高可靠地工作。

关键技术构成要素：交变热环境下高温合金材料氢脆机理；抗氢脆高温合金材料制备方法；抗氢脆高温合金换热器制造及试验研究。

（二）轻质与可调结构设计技术

1. 结构轻质化设计方法

推力重量比是高超声速航空发动机的核心参数，现有常见结构优化设计方法大多针对常温结构或局部结构开展，远远无法满足发动机多种工况下的复杂减重需求，迫切需要开展发动机结构的全面轻质化设计方法研究。结构轻质化设计水平是关系到高超声速航空发动机能否实现以及技术水平先进性的关键技术，涉及结构轻质化的研究虽在国内外偶有报道，但尚无系统的、综合的设计方法及评价体系。针对尾喷管、调节机构、燃烧室等高温高承载部件的减重需求，研究复杂力热载荷条件下的结构强度与刚度仿真计算方法，掌握影响结构强度与刚度的关键影响因素，梳理结构轻质化设计途径，在此基础上形成典型结构在力热耦合环境下的轻质化设计方法，并总结得到较为标准的结构轻质化设计工作流程，提高设计工作效率，能够为发动机整机结构全面轻质化设计提供共性基础科学支撑，实现高超声速航空发动机结构的高可靠性。

关键技术构成要素：结构优化设计方法；多物理场耦合设计方法；复杂力热载荷条件下结构的强度与刚度仿真计算方法；满足型面变形精度要求的复杂曲面加强筋设计方法；多学科优化问题的灵敏度分析和高效求解方法。

2. 先进润滑与密封材料及技术

高超声速航空发动机设计技术的提升，主要依赖各种装置、运动部件使用材料性能的提升。运动部件的长寿命、高可靠性、高稳定性需要高性能润滑与密封材料和技术作为保障。高超声速航空发动机对关键运动部件润滑与密封材料提出了更加苛刻的要求，涉及宽温域、高速、高应力、强辐射、高真空等，并且能够多次重复使用，现有材料难以同时满足上述要求。因此，急需开展现有润滑与密封材料在高超声速航空发动机苛刻环境下的失效模式与机理、可靠性设计准则、高超声速航空发动机系统运动部件用高性能润滑与密封材料及技术的研究。

关键技术构成要素：高超声速航空发动机系统摩擦带电与防治；关键运动部件用长寿命润滑油脂；中低温聚合物动静密封材料与技术；动密封宽域失效机理与延寿技术。

3. 超高温可调结构密封元件技术

调节部件的动密封是高超声速航空发动机的核心技术之一。在高温高压环境下，动密封元件需要具有耐磨、耐高温、足够的弹性和重复使用性等特点，如果动密封元件失效，则会带来灾难性的后果。

关键技术构成要素：超高温动密封结构设计与密封机理；超高温动密封测试技术及验证方法；可调进气道／尾喷管样机制造及试验技术。

4. 高温高压氦叶轮机动密封技术

氦叶轮机广泛应用于基于氦气工质的闭式热力系统中，是基于闭式氦循环的预冷高超声速航空发动机的重要部件。氦叶轮机工作在高温高压的环境下，若其在叶轮机静动转换密封处存在较多的泄漏，则会影响叶轮机的气动性能。如果向外部发生泄漏，则整个热力系统的工作就会遭到破坏。因此，需要研究高效的氦动密封技术，降低氦泄漏，进而保证氦叶轮机的性能。

关键技术构成要素：动密封结构流-固-热耦合仿真技术；动密封结构设计及摩擦副材料选型；动密封试验测试技术。

5. 超高速高温长寿命脂润滑球轴承技术

高超声速航空发动机的使用环境和任务需求导致发动机对轴承技术的需求日益提高，要求轴承具有超高速工作、耐高温、长寿命等特点，而滚珠球轴承代替浮动轴承是提高发动机效率的重要手段之一，采用脂润滑代替传统的滑油润滑能够简化发动机部件的结构，实现减重和缩小发动机尺寸的目的，同时提高发动机的储存性能，延长飞行器使用维护保障周期。脂润滑球轴承技术是国外的前沿技术，国内的技术实力严重落后，需要开展超高速、高温、长寿命脂润滑球轴承设计的基础研究，满足组合发动机的使用需求。

关键技术构成要素：超高温轴承内部温度场分析方法；轴承结构优化仿真分析方法；滚动体陶瓷球结构和加工工艺设计；耐超高速、高温润滑脂的制备工艺；超高速工作轴承可靠性分析；轴承长寿命设计及分析方法。

（三）燃料及推进剂技术

1. 高热安定性喷气燃料

喷气燃料冷却技术是解决高超声速航空发动机整机热管理难题的关键技术之一。在该过程中，碳氢燃料不可避免地在换热器、喷嘴等关键器件内发生沉积、结焦反应。这是制约燃料热管理技术长周期、可重复使用可靠性的核心难题。当前，为避免喷气燃料的上述问题，一般在燃料系统设计时严格限制燃料系统的最高温度不超过 $120℃$，这严重限制了燃料热沉的使用。因此，必须要突破更高耐温性能的高热安定性喷气燃料。燃料精制、组分优选和使用高热安定性添加剂是研制高热安定性喷气燃料的主要技术途径。此外，应用高热安定性喷气燃料还须进一步考虑现有燃油系统的相关应用问题（如燃油系统相容性等）。

关键技术构成要素：高热安定性喷气燃料；多应用场景下的长周期工作喷气燃料热氧化沉积形成机制及抑制技术；高热安定性添加剂技术；高热安定性喷气燃料系统及应用技术。

2. 吸热型喷气燃料

高超声速航空发动机中的燃料需要参与发动机主动冷却热防护，与弹用超燃冲压发动机短时间、高热沉状态的应用不同，在高超声速航空发动机中由于可重复使用的要求，为避免燃料结焦的影响，需要燃料在低结焦、适宜的热沉状态下长期可靠工作。因此，针对高超声速航空发动机的应用需求，需要开展吸热型喷气燃料的研制，裂解化学热沉可控利用、长周期裂解结焦机理及抑制技术，特别是燃料热沉、结焦特性和长周期工作时间的规律研究；

完成燃料综合应用性能评价，为高超声速航空发动机可重复使用提供重要的理论和试验支撑。

关键技术构成要素：吸热型喷气燃料技术；燃料裂解热沉可控利用及模拟；长周期燃料高温结焦机理及抑制技术；燃料长周期应用综合性能评价技术。

3. 氢或替代氢燃料

氢是高超声速航空发动机的重要候选燃料之一，相比于传统碳氢燃料具有明显优势，如燃烧速度快、可燃界限非常宽、质量能量密度高等，同时氢的定压比热大、热传导率高，热沉高达 14 MJ/kg 以上，非常适宜作为冷却剂。因此，氢是一种适用于高超声速飞行器推进和冷却的燃料。然而，氢体积能量密度低，仅为喷气燃料的十几分之一，高压氢、液氢对保障系统要求极高，这也是限制氢使用的难题。发展高能量密度物理储氢技术、化学储氢替代氢燃料技术是解决直接利用氢燃料诸多难题的重要技术途径。

关键技术构成要素：氢燃料的致密储存技术；替代氢燃料及其催化释氢技术；氢/空气掺混燃烧技术；氢再生冷却技术；液氢的长效储存技术。

4. 绿色氧化剂高效应用技术

高效氧化剂是高超声速航空发动机中火箭模态动力的关键技术，影响着液体火箭动力的应用效能。高超声速航空发动机火箭模态的技术要求和工况条件与常规火箭动力存在巨大的差别，主要体现为工作寿命长、工作载荷高、大变比变工况、快速响应。与绿色推进剂高效应用相关的理论、机制、模型以及方法等的研究还相对薄弱，已经成为高超声速航空发动机工程化研究的短板，急需聚焦关键技术重点开展基础性研究。

关键技术构成要素：高超声速航空发动机绿色氧化剂技术；绿色氧化剂高效催化分解技术。

四、工艺、制造与检测技术

工艺、制造与检测技术是动力装置从图纸走向实物产品，充分实现设计功能和延长寿命的关键。数据显示，在航空发动机性能提升与发动机减重中，制造工艺技术与材料的贡献率占比最高，表明制造工艺是制约航空发动机，尤其是制约高超声速航空发动机发展的关键技术。针对高超声速航空发动机对先进工艺、制造与监测技术的需求，重点开展精密成形与加工技术、高性能焊接及分析检测技术、增材制造及分析监测技术、高性能涂层制备及分析检测技术、先进智能制造及装配技术研究等，大幅提升高超声速航空发动机制造与检测的能力和智能化水平。

（一）精密成形与加工技术

1. 陶瓷基复合材料结构件加工与连接技术

开展陶瓷基复合材料结构件超声振动切削技术、高效电弧加工技术、飞秒激光打孔加工技术、螺纹连接技术、装配变形与应力失效技术的研究，掌握陶瓷基复合材料结构件表面完整性评价及加工质量控制技术，熟悉陶瓷基复合材料结构件加工与连接技术，掌握不同工艺方法的特点、适用范围与工艺参数选定方法，掌握螺纹连接拧紧策略及拧紧力矩精确控制技术。

陶瓷基复合材料特有的耐高温、耐磨损、耐化学磨损、热膨胀系数低等特性，是高超声速航空发动机尾喷管等关键零件的理想材料。由于内含纤维及脆性较大等，陶瓷基复合材料在加工过程中极易出现毛刺、崩边、撕裂等缺陷，这些缺陷将进一步影响零件的连接或工作性能，所以针对选择何种加工方式，如何确定合理的工艺参数实现高效高质加工，螺纹连接预紧力，以及装配过程的变形与应力如何控制等问题开展研究工作必要且迫切。美、德、英、日等发达国家针对陶瓷基复合材料的薄壁件加工变形控制、超声振动加工、金刚石刀具设计制造、材料表面完整性控制、螺纹连接技术等开展了系统的基础研究和工程应用，工艺方法已通过实验室阶段的考核，并在一些典型航空航天产品上得到了初步应用。国内部分高校和研究单位针对复合材料的切削加工过程进行了初步探索，目前主要是在实验室环境的基础研究工作，尚缺乏相关型号产品的实践验证，没有形成成熟、实用的加工和螺纹连接工艺技术规范。因此，开展陶瓷基复合材料结构件加工与连接技术研究，将对典型陶瓷基复合材料结构件的生产制造乃至高性能高超声速航空发动机的顺利研制起到重要的技术支撑作用。

关键技术构成要素：陶瓷基复合材料结构件加工技术；陶瓷基复合材料结构件表面完整性评价及加工质量控制技术；陶瓷基复合材料结构件螺纹连接技术；陶瓷基复合材料复杂产品装配变形与应力失效技术。

2. 难变形材料薄壁复杂构件超塑成形技术

高温合金、钛合金等难变形材料薄壁复杂构件是高超声速航空发动机结构的重要形式，其形状、精度和性能关系到发动机的推力重量比、使用寿命等。难变形材料薄壁复杂构件具有壁厚薄、形状复杂、材料难变形等特点，采用传统的冲压、拉深、胀形等钣金成形工艺，存在易开裂、易失稳、贴模度差、回弹大、精度差、无法制造等问题。因此，针对难变形材料薄壁复杂构件开发新型高精度成形技术已迫在眉睫。难变形材料薄壁复杂构件超塑成形是一种先进的近净成形技术，其本质特点是低应变速率条件下的小应力大变形，在微观上表现为局部颈缩的不断转移，在宏观上表现为均匀的无颈缩整体变形，可一次获得传统方法难以成形的高精度复杂形状的零件。超塑成形是推动高超声速航空发动机结构设计概念发展和突破传统钣金成形方法的先进制造技术。

关键技术构成要素：高温合金、钛合金超塑成形性能及成形极限；高温合金薄壁管电液成形高速率变形行为与增塑效应；高温合金、钛合金、Ti_2AlNb 合金等等温蠕变锻造成形技术；复杂构件超塑成形和高速率电液成形工艺及综合质量控制规范；薄壁复杂构件成形、成形一体化技术及组织性能控制。

3. 微小孔加工技术

高超声速航空发动机对精细结构提出了更高的加工要求，尤其是精细微小孔结构（如喷油孔、气膜孔等）成为制约高超声速航空发动机性能进一步提升的关键结构。其中，喷油孔是影响宽速域冲压发动机流动与燃烧效率等关键指标的重要结构特征，喷油孔加工的质量（如毛刺、内壁表面质量、喷孔几何尺寸精度和位置精度、加工一致性等）成为高超声速航空发动机性能提升需要解决的瓶颈问题。气膜孔一般在气热环境复杂的燃烧室、涡轮叶片等部位，承受复杂的热、力交变环境，并且为了满足更高的抗热性能，气膜孔表面一般覆盖陶瓷基热障涂层，这类材料通过传统的电加工方式难以满足其精细加工要求，如何高精度、高效率地加工海量微小孔成为高超声速航空发动机发展的关键技术。为此，需要研究电加工微小孔加工技术、超快激光精密制造技术，以解决喷油孔加工精度控制、内腔防护及一致性等技术难题，提升喷油雾化效果，满足设计要求，延长发动机热端零件的寿命，并为高超声速航空发动机喷油孔高质量稳定批量生产奠定基础。

关键技术构成要素：电加工制备微小孔技术；超快激光制备微小孔技术；飞秒激光加工带热障涂层叶片气膜孔一次性完整加工，高精度控制技术；飞秒激光加工带热障涂层叶片气膜孔试件性能分析。

4. 叶片零件精密电解加工工艺

叶轮、叶片类零件为高超声速航空发动机装置涡轮部分的关键零件，对高超声速航空发动机性能起到至关重要的影响。该类零件设计中将采用高温合金类新材料、新结构。材料切削性能和结构刚性极差，对加工过程中的热载荷和机械应力等有较高的敏感度，传统的加工方法不能满足型号研制需求，急需引进先进的新工艺、新方法，突破型号技术瓶颈，提高研制效率。精密电解加工工艺作为兼具优质、高效与低成本的新工艺、新方法，已在世界各航空制造强国得到越来越广泛的应用，并完全取代了高速铣削及五轴电火花加工来进行整体叶盘，以及装配式叶盘的复杂翼面叶片、单个叶片或者盘体榫槽的加工。因此，急需开展面向复杂结构三维型面叶片类零件的五轴精密电解加工技术研究，探索此类零件的高效五轴精密电解加工技术，引进先进加工工艺，掌握钛合金、铝合金、高温合金等不同材料适用的加工工艺方案和电解加工参数，掌握五轴精密电解加工过程中的流场设计、阴极设计及修正、流场密封等关键技术，实现高温合金材料整体叶轮类零件的高效精密加工，发展此类零件的先进制造工艺技术。

关键技术构成要素：精密电解加工阳极材料的电化学溶解特性；精密电解加工阴极材料轮廓的计算方法及工装夹具设计；电解液流道的设计理论以及相关工艺参数的设计与优化；组合发动机关键构件精密电解加工工艺方案及验证。

5. 金属材料高速电弧加工技术

高超声速航空发动机中的高温合金、金属间化合物等难加工材料的应用越来越多，而且原材料以锻件形式居多，金属去除量比较大，采用传统机械加工方式加工此类产品存在加工效率低、加工成本高等问题，高速电弧放电加工技术以极高的加工效率、低加工成本成为一种有效的难加工材料的高速高效加工技术。高速电弧加工技术采用棒状、成形、叠片等多种电极实现层铣、扫铣、多轴联动成形加工等多种加工方式，非常适用于难加工材料的高效大余量粗加工，掌握难加工材料高速电弧放电加工技术，对于加快高超声速航空发动机的研制进度具有非常重大的意义。

关键技术构成要素：难加工材料高速电弧放电加工技术；难加工材料高速电弧放电加工表面质量分析及完整性评价；建立航天典型难加工材料的高效放电加工工艺数据库。

（二）高性能焊接及分析检测技术

1. 轻质高效预冷器制造工艺技术

吸气式预冷高超声速航空发动机技术中最关键、最核心、最具有开创性意义的设备是预冷器，其所用高温合金具有管路直径细、极壁薄、数量多、布局紧凑、螺旋排布等特点，均超出以往换热器的参数范围，从零件制造成形到组件装配焊接制造难度极大。轻质高效预冷器制造工艺技术是国内预冷器技术研究的壁垒，只有制造技术先取得突破，才能进一步开展预冷技术的研究，为预冷高超声速航空发动机的研制奠定坚实基础。

关键技术构成要素：超薄壁微细管路的精密成形技术研究；超薄壁微细管路精细装配技术研究；超薄壁微细管路高温钎焊接头熔蚀控制机理研究；超薄壁微细管路高温钎焊变形控制技术研究；超薄壁微细管路焊缝检测技术研究。

2. 复杂薄壁异形构件激光焊接工艺及质量控制技术

高超声速航空发动机的复杂异形构件将比单一发动机更多，对发动机的设计与布局提出了更高的要求，全新的设计结构会带来更多、更复杂的异形构件焊接问题。高超声速航空发动机的装配更加复杂，装配质量对后续的焊接影响很大，因此有必要开展焊接质量稳定性与相应控制技术的研究。高超声速航空发动机的密集焊缝更多，合理规划焊接路径，实现焊缝的自动识别，对于减小焊后残余应力至关重要。开发装焊工艺智能专家系统，实现对焊接过程质量的在线控制，可以提升高超声速航空发动机的焊接效率与响应速度，并提高焊接质量。通过开展高超声速航空发动机复杂薄壁异形构件激光焊接工艺及质量控制技术研究，揭示激光焊稳定性影响因素及凝固行为机制，形成复杂薄壁异形构件的激光焊路径与焊接质量的自动识别方法，建立可用于复杂薄壁异形构件的装焊工艺智能设计专家系统，可为高超声速航空发动机的制造提供共性基础科学支撑。

关键技术构成要素：复杂薄壁异形构件激光焊接过程稳定性的影响因素与控制机理；激光焊熔池特征信息与凝固行为；复杂薄壁异形构件的焊接路径规划与焊缝识别；复杂薄壁异形构件激光焊接特性；装焊工艺智能设计专家系统的建立。

3. 异种金属过渡接头微扩散连接技术

钛、钢、铝等金属是高超声速航空发动机系统管路制造中必不可少的材料。高超声速航空发动机制造过程中经常涉及管路与阀门组件间的连接问题，并且往往是钛、钢、铝等异种金属之间的连接。然而，钛与钢、铝与钢、钛与铝互不相熔融，熔点及热膨胀差别巨大，严重的界面反应及物性不匹配给彼此之间的连接提出了极大的挑战。对于性能要求更高的高超声速航空发动机系统，如何制造出高强且可靠的钛与钢、铝与钢、钛与铝等异种金属过渡接头是实现其应用的重要保障。

钎焊、爆炸焊和扩散焊是目前异种金属材料连接的主要方法。钎焊易在异种金属连接界面处形成厚且连续的脆性化合物层，导致过渡接头强度与可靠性低，同时存在与推进剂的相容问题，因此逐渐在过渡接头制造中被淘汰。尽管爆炸焊可以避免界面硬脆化合物的生成，但由于工装复杂、工艺危险难控制、焊接成品率不高等问题也逐步被淘汰。美国、俄罗斯等航空航天大国在异种金属过渡接头的制造方面始终处于世界领先地位，自应用于"阿波罗"号飞船以来，在历代的宇航推进系统制造中均有大量应用。扩散焊是俄罗斯与美国生产异种金属过渡接头的主要方式，然而由于技术保密，扩散焊所涉及的关键技术环节不得而知。我国自20世纪末开始进行异种金属扩散焊方面的研究工作，但对界面硬脆化合物层的控制始终达不到航空航天应用的要求，接头强度、可靠性存在较大问题，也未获得广泛应用。

针对以上难题，微扩散连接技术是一种对异种材料（钛与钢、铝与钢、钛与铝等）扩散连接界面弥合及硬脆界面化合物厚度精确控制的潜在方法。微扩散连接技术借助界面高温下的滑移变形使界面处的微孔弥合变得容易，与此同时，微扩散使得硬脆化合物反应层来不及形成，或者形成的厚度控制在纳米级范围之内，因此获得的过渡接头无论从强度上还是从韧性上相比于常规扩散连接方法都会有较大提升。

关键技术构成要素：微扩散连接技术控制方法及机理；扩散连接界面演化机理、动力学过程；微扩散连接接头综合性能及评价标准制定。

4. 建立焊缝固有应变数据库

基于热弹塑性理论计算分析不同类型焊缝焊接应力应变特征，阐明焊缝特征、材料、热源及装配条件对焊缝应变的影响规律，并建立焊缝固有应变数据库，为结构件焊接变形的预测与控制建立关键数据管理平台；基于结构力学理论和获得的焊缝固有应变数据实现复杂多焊缝构件焊接变形的高效计算与预测，可有效实现计算精度与效率的兼顾性，为复杂轻质化构件的装配、焊接工艺优化提供重要的理论指导。

关键技术构成要素：不同类型焊缝的温度场与应力场计算、分析；不同类型焊缝固有应变数据库的开发与数据建立；复杂轻质化构件的焊接变形预测与焊接工艺优化；复杂轻质化构件的装配、装夹方案优化设计。

（三）增材制造及分析检测技术

1. 超大尺度异种材料增材制造技术

超大尺度结构在增材制造过程中的重量作用显著，极易导致型面及力学性能与设计产生较大偏差；异形、复杂加强筋等结构面临材料拓扑、结构优化等难题；异种材料连接过程中界面间很可能因不同材料的属性不同产生脆相成本，导致力学性能显著下降。

关键技术构成要素：不同材料界面间脆相抑制机理；大尺度结构控性/控形技术；材料拓扑/结构优化技术。

2. 梯度复合结构制造技术

高超声速航空发动机进气道等结构面临高温、高压、高剪切力、可重复使用等严苛使用条件，对防热结构一体化及整体高性能制造的需求迫切。通过开展高温合金＋陶瓷梯度复合材料微铸锻铣喷涂复合增材制造研究，突破了组合发动机关键部件复合增材制造的关键技术，实现了高超声速航空发动机大尺寸构件的高性能高效制造。

关键技术构成要素：基于微铸锻铣喷涂复合增材制造工艺的发动机进气道结构优化设计；电弧增材制造专用高温合金丝材成分设计、性能优化；纤维增强陶瓷基复合材料成分设计、制备工艺优化；电弧微铸锻铣喷涂复合增材制造高温合金＋陶瓷梯度复合材料制备工艺研究。

3. 基于增材制造的结构设计与制造技术

高超声速航空发动机在性能进行优化组合的同时，对分系统的很多功能组件实现了共用，发动机结构高度一体化集成、广泛使用主动冷却结构是其结构上的一大特点。激光选区熔化成形技术在复杂、异形、中空结构的制造方面具有显著优势。如何最大化地发挥激光选区熔化成形技术的优势，应用于功能结构一体化结构设计研制，是高超声速航空发动机制造的一大关键。

关键技术构成要素：基于增材制造的高超声速航空发动机结构设计与优化技术；高超声速航空发动机材料激光选区熔化成形技术；典型结构激光选区熔化成形技术；基于增材制造的高超声速航空发动机主要组件制造与特性试验；系统级性能试验方法。

4. 增材结构件内部无损检测技术

由于高超声速航空发动机在减重、主动冷却等方面性能要求的提升，传统加工成形技术难以完全覆盖某些特殊结构，增材制造技术无疑成为组合发动机重要的加工成形技术。然而增材制造技术发展时间较短，尤其是在高超声速领域仍然验证不足，同时现有的 X 光、工业电子计算机断层扫描等传统的质量检测手段在增材制造结构检测中已经显现出不足：检测精度低，质量风险大。因此，增材制造结构工艺制备的独特性，导致增材制造结构的缺陷与制品的生长方向、粉末颗粒大小、结构等相关，而制品缺陷的检测手段是结构件使用性能评估的基础条件之一，目前如何实现增材制造燃烧室结构内部质量的无损检测评价，成为增材制造技术在高超声速航空发动机中使用的重要制约因素。

关键技术构成要素：激光选区熔化增材制造结构残余应力的超声波特征结构响应机理；激光选区熔化增材制造燃烧室结构在服役条件下，组合结构对残余应力的超声波特征结构的响应机理；激光选区熔化增材制造燃烧室结构电磁检测表征及缺陷演化机理；不同结构位置缺陷对检测信号微观响应的机理；复杂结构引力作用下的声−磁无损检测评价技术。

（四）高性能涂层制备及分析检测技术

1. 热防护涂层制备技术

高超声速航空发动机的燃烧室、尾喷管等高温部件服役温度高且承受高温气流的冲刷，服役环境恶劣，工作过程易失效，影响发动机的性能。高超声速航空发动机装置向宽空域、大机动等高性能方向发展，飞行速度更快、飞行高度更高、飞行时间更长等，导致高温部件服役温度更高且需要重复使用，现有的传统氧化锆热障涂层系统不能满足服役性能的要求，发动机的热防护问题成为发动机稳定可靠工作的瓶颈。因此，需要针对高超声速航空发动机的热端部件对热障涂层的服役需求，开展更耐高温、高隔热涂层制备技术的研究，满足新型动力装置热端部件对高性能热障涂层的需求。

关键技术构成要素：涂层系统设计；喷涂材料制备及喷涂工艺；涂层显微组织与性能调控；涂层综合性能评价与演化。

2. 涂层性能的表征与考核

对于功能涂层，涂层材料与制备工艺方法决定了涂层的基本特性，涂层的基本特性最终决定了涂层的性能与服役寿命。对涂层基本特性的表征与性能的考核，不仅可以成为涂层评价的依据，而且为涂层设计和优化提供了方向与基础。对于高温环境下服役的热控类涂层，涂层的基本特性包括：涂层成分（物相及成分种类、分布特征等）、涂层组织（涂层组织种类及分布特征、涂层缺陷种类及分布特征、涂层界面特征等）、涂层力学性能（显微硬度、结合强度等）、高温热物理性能（热膨胀系数、热导率、发射率等）和其他基本性能（反射率、电导率等）。涂层的性能考核包括：隔热性能考核、抗氧化性能考核、抗烧蚀性能考核、抗环境侵蚀性能考核、抗高能辐射性能考核以及耐磨性性能考核等。目前，对于高温环境下服役的热控涂层，基本特性表征存在完整性不足、基本特征间的耦合与协同机制不明确、测试条件设定不够合理的问题。实况功能考核则存在性能与寿命无法预判、成本高、等待时间过长的问题。因此，在实验室条件下，进行涂层基本特性表征与性能考核，建立基本特性与涂层性能之间的关系，明确涂层性能随涂层基本特性的变化规律，成为高温热控涂层进行设计优化及性能提升亟待解决的问题。

关键技术构成要素：涂层基本特性考核方法的设计与筛选；涂层性能考核方法的设计与优化；涂层性能预测方法及评价机制。

（五）先进智能制造及装配技术研究

1. 薄壁零件变形及自适应制造技术

高超声速航空发动机超大尺寸、极高性能的需求，对大型薄壁件变形控制及自适应制造技术提出了更高要求。在传统的加工工艺方法中，为了控制复杂薄壁结构的加工精度，只能依赖反复试切、反复迭代等方式，这种落后的方式与高超声速航空发动机快速更新的发展模式是极不相称的，迫切需要改变。如何实现高超声速航空发动机大型关键薄壁零件加工变形的精准预测及控制，对实现既好又快的产品研制十分重要。面向智能化制造的自适应制造技术已成为国际竞争热点，在发动机类复杂产品技术与数字化、智能化及新一代信息技术的融合上展现出巨大的技术优势。自适应制造是指对环境的变化有自适应能力，即系统按照环境的变化调整自身，使得其行为在新的或已经改变的环境下达到最好，或者至少是容许的特性和功能。自适应制造技术是体现制造智能的有效手段，是数控加工技术发展到一定阶段的产物，是一种先进的加工理念。自适应制造技术在高超声速航空发动机制造领域的应用主要包括：典型特征自适应工艺规划及编程、自适应定位、加工变形预测及控制、生产过程多源异构信息感知与挖掘、自适应数控加工、基于数据驱动的产品全流程工艺优化与智能决策系统构建等。对于自适应制造技术的研究，一方面，通过对某类零件结构特征进行提取与归类，根据零件结构模型的变化、关键工艺要求的改变，搜索知识数据库中最合适的工艺方案，通过自我学习及智能决策的手段实现最优工艺方案设计及特征刀具路径的自动生成，大幅提升工艺准备时间，降低人为干预因素带来的工艺风险；另一方面，基于加工过程多源异构信息的感知与挖掘，结合自适应调控和智能决策算法的应用，使得加工装备能够依据当前设备负荷的变化、材料特性的不同、刀具磨损的不确定性、零件余量的不均匀、不精确的装夹状态等及时做出调整，以适应当前设备或零件的状态，完成特定加工，这对充分发挥自适应制造技术的优势、提高零件加工精度和生产效率、满足组合发动机关键零件快速研发制造的严苛需求必不可少。

关键技术构成要素：基于知识库的智能工艺规划及自适应特征编程；加工过程大数据智能感知、挖掘与自适应调控；高超声速航空发动机大型关键薄壁零件加工变形预测及控制技术；基于数据驱动的产品全流程工艺优化与智能决策系统。

2. 发动机智能装配技术研究

高超声速航空发动机具有宽速域、高性能、超大尺度、结构复杂、可重复使用等技术特征，现有以手工装配为主的装配工艺技术已无法满足高超声速航空发动机技术验证机或工程样机的研制需求，需要依靠智能化、自动化手段突破大尺寸高超声速航空发动机配全流程的零件自动识别、复杂装配过程引导、装配缺陷识别、多舱段同步精密对接等，并通过装配工艺知识的管理、推送及装配过程的装配应力去除与焊缝微裂纹修复，提高装配工艺的可靠性，满足大尺寸组合发动机装配及可重复使用等需求，为高超声速航空发动机装配提供共性基础技术支撑。

关键技术构成要素：面向装配全流程的发动机视觉辅助装配技术；基于知识驱动的发动机智能装配工艺技术；组合发动机多舱段同步精密对接技术。

3. 发动机精密检测技术研究

发动机装配过程中会出现多余物、装配误差、装配变形、密封性、连接可靠性等质量问题，对发动机使用性能与寿命产生很大影响。高超声速航空发动机结构十分复杂、尺寸大，而且采用了大量新结构、新材料，当前检测技术难以满足检测需求。针对高超声速航空发动机装配过程中多余物难检、大尺寸发动机外形检测精度低、动密封泄漏情况难以定位、装配残余应力无法在线检测、装配螺纹/螺栓连接扭矩与预紧力检测精度低等基础问题，开展了多余物在线检测、大尺寸外形在线检测、微泄漏精确检测、残余应力在线检测等的技术研究，提高了装配过程的自动化检测水平。通过开展高超声速航空发动机精密检测技术的研究，提出发动机质量先进检测方法，建立发动机精密检测集成系统，为高超声速航空发动机生产制造提供了共性基础科学支撑。

关键技术构成要素：基于多源数据的发动机多余物在线检测技术；基于机器视觉的发动机外形在线检测技术；基于声波发射的发动机微泄漏在线检测技术；基于压电薄膜的装配残余应力在线检测技术；发动机装配螺纹/螺栓连接扭矩与预紧力在线检测技术；发动机在线精密检测集成系统开发。

五、试验测试及低成本飞行验证技术

试验是研究动力装置工作过程的相关机理、工作原理与技术可行性，检验产品性能、可靠性和寿命的必备环节。由于高超声速航空发动机吸气工作范围极宽，试验模拟状态须兼顾高度从地面直到临近空间，速度从零速到高超声速的极宽范围，高温、变状态来流模拟技术难度极高。针对高超声速航空发动机目前试验覆盖不全面、试验研究与验证不充分、试验分析和评估能力较弱等问题，创新试验方法，提升试验能力，提高高超声速航空发动机试验的可靠性。

（一）高温试验工质加热技术

1. 大流量高焓燃烧加热技术

为了满足更大量级的高超声速航空发动机地面试验要求，需要大尺度自由射流试验台提供高温来流加热技术支持。大流量高焓燃烧加热技术方面，主要开展宽范围工作高效稳定燃烧、可靠热防护、均匀混合等研究。

关键技术构成要素：大流量的稳定燃烧技术；大尺度燃烧结构设计方法；加热器流场均匀性技术；长时间工作可靠冷却技术。

2. 高焓纯净空气加热技术

目前，地面试验台空气温度模拟采用的补氧燃烧方式产生了相当比例的水蒸气、二氧化碳以及一些非平衡污染组分，造成试验气体与真实空气的化学组成、热力学特性等方面存在差别，导致静温、静压与总温、总压不能同时模拟，甚至喷管的出口马赫数也因工质的变化而不同，而且差别随着马赫数同步增大。因此，在地面模拟高马赫数飞行状态时，可以考虑采用蓄热加热或电磁加热作为试验工质的加热方式。

关键技术构成要素：蓄热材料特性；蓄热体制备及换热型面设计技术；高温阀门技术；高温条件下补氧技术；电磁加热与流动耦合机理；高温测量与综合控制技术。

3. 马赫数 10 量级工质加热试验技术

目前，地面试验模拟高马赫数来流条件基本采用的是燃烧加热、电弧加热等方式，无法达到马赫数 10 量级所需的超高温、高压试验条件。为了满足马赫数 10 量级发动机的试验需求，必须对重活塞风洞试验技术、爆轰驱动激波风洞试验技术开展研究。

关键技术构成要素：活塞止退、快速破膜技术；恒压机构设计和调试技术、多目标时间同步控制技术以及长时间活塞驱动风洞运行技术；爆轰驱动激波风洞试验技术。

4. 大尺度超燃冲压发动机试验技术

高超声速航空发动机的大流量需求，使得现有高超声速高焓设备不能满足发动机试验的需求，给发动机的研究带来了极大的挑战。

关键技术构成要素：直连试验隔离段入口非对称来流模拟技术；发动机推 / 阻力评估技术；燃烧室热环境测量与燃烧效率评估技术；进气道捕获流量测量技术。

（二）变工况来流模拟技术研究

1. 变马赫数自由射流试验技术

高超声速航空发动机工作范围宽、工作模态多，其中，对吸气模态的研究一般采用仿真计算、飞行试验及地面试验等多种手段。仿真计算试验成本低，但准确性有待提高；飞行试验与真实工作情况最为接近，但试验成本高，可获得的数据有限；相比较而言，地面试验能够在选定的模拟准则下获得与真实状态一致的来流条件，能够对动力系统进行更为真实的验证且试验成本较飞行试验更低。

自由射流试验的目的是尽可能准确模拟实际飞行过程中的来流参数，因此要求来流成分应尽量与空气一致、流场尽量均匀。在实际飞行过程中，发动机必然存在加速过程，因此须具备变马赫数来流供应能力，而且试验时间应尽量覆盖发动机实际工作时间。变马赫数自由射流试验是总体技术、模态转换技术、部件匹配技术、可调进气道技术的重要研究手段，是开展进气道与发动机相容性、模态转换过程内外流相互影响、获取动力装置推进特性的主要技术途径。在高温高压环境下，宽速域连续可调自由射流条件是验证高超声速航空发动机水平起降、宽速域、大空域连续可靠工作，实现对其真实工作状态精确模拟与调控的关键。高温高压气流沿程参数剧烈变化、气-固-热耦合与侧壁热空气易泄漏等特征，使得宽速域连续可调自由射流模拟系统各马赫数型面动态精准控制面临严峻挑战。因此，需要发展计及高温差大压差柔壁板动态响应特性的宽速域喷管型面连续调节与动态精准控制方法，掌握适用于大行程气动型面调节与大角度姿态调节的高温高压动静封严技术，在此基础上突破高温高压环境宽速域连续可调自由射流模拟与动态控制技术，形成具有高可行性与可靠性的宽速域连续可调自由射流试验条件的模拟能力。

关键技术构成要素：变马赫数自由射流总体试验技术；变马赫数自由射流喷管设计技术；喷管流场均匀性提升技术研究；自由射流试验精细化测量技术。

2. 变马赫数直连试验技术

高超声速航空发动机燃烧室工作范围很宽，几何可调燃烧室为解决在宽工作范围内燃烧室高效可靠工作提供了一种可行的技术手段，如何验证来流条件连续变化下的几何可调燃烧室燃烧性能是值得关注的重要问题。为此，有必要开展变马赫数直连试验台与几何可调燃烧室协调匹配地面试验技术研究。

关键技术构成要素：变马赫数超声速直连试验台设计方法；变马赫数超

声速直连试验台调节方法；变马赫数直连试验台与几何可调燃烧室协调匹配试验技术。

3. 模态转换试验技术

高超声速航空发动机需要集成进排气系统、涡轮发动机系统、冲压发动机系统、火箭发动机系统和控制系统，在自由射流设备上开展模态转换整个过程的地面模拟试验，考核和验证发动机模态转换过程中各系统之间的协调工作特性、发动机模态转换控制规律、发动机模态转换策略等，以及发动机模态转换设计方法和工具。需要解决进排气/发动机一体化试验技术；设计在快速起动的自由射流风洞超声速来流条件下确保涡轮机械可靠起动和安全关闭退出的时序与工作程序；不同通道的单独测力技术以及发动机组合测力技术；自由射流风洞设备与发动机之间的协同控制问题；发动机模态转换试验过程中的流场、发动机性能等参数测量技术，以及几何调节机构的几何位置参数精确测量和控制技术。

关键技术构成要素：涡轮起动和关闭试验技术；高低速通道的单独及组合测力技术；参数控制和精确测量技术；自由射流试验过程中的控制耦合设计方法。

4. 多样流耦合模拟技术

在高超声速航空发动机宽速域、大空域机动飞行过程中，姿态角（俯仰角、侧滑角）瞬态变化将导致进气道/发动机相容性试验中自由射流高速溢流角度、堵塞度发生瞬态变化，使得试验舱室前端射流喷管出口与后端发动机尾喷管出口环境压力模拟面临严峻挑战。因此，需要突破姿态瞬变下试验舱室多样流耦合快速响应匹配调节技术，形成高响应速度的宽域环境压力模拟能力。

关键技术构成要素：基于射流喷管高速溢流、尾喷羽流、试验舱室二次流、引射流等多样流匹配调节的宽域环境压力模拟方法。

（三）高精度测量技术

1. 燃烧场参数重构方法

高超声速航空发动机燃烧室组分测量手段及燃烧场参数反演等问题也是亟待解决的关键技术问题，超声速气流中燃烧场测量的局限性太高，需要发展新型非接触式测量手段，实现燃烧场的动态检测。

关键技术构成要素：超声速气流中燃烧场非接触式检测方法；基于深度学习的燃烧场参数重构方法。

2. 燃烧场测量技术

高超声速航空发动机超声速燃烧场的非定常性和空间的不均匀性，高速、高温、激波、高湍流度等严酷的流场环境，给发动机内流场测量和诊断带来极大的挑战。在发动机试验中采用平面激光诱导荧光（planer laser induced fluorescence，PLIF）测量系统，可以获取发动机内流场静温、流速、组分浓度分布等流场参数，并进一步获取发动机的燃烧效率和空气流量，支撑高超声速航空发动机的工程研制和机理研究。

关键技术构成要素：矩形截面燃烧室 PLIF 测量技术；自由射流试验 PLIF 测量技术；高压高精度 PLIF 测量技术；异形隔离段空气流量及高时空分辨率畸变流场 PLIF 测量技术；PLIF 与其他测量方法的联合测量技术。

3. 流场测试与诊断技术

流场测试与诊断技术是伴随发动机设计、试验、监测和维护等全过程的核心技术，通过对发动机流场参数的精确测量可进一步掌握发动机的燃烧效率、推力、阻力等关键性能参数。当前传统的接触测量技术无论是在测量手段还是在测量水平上都无法满足对组合发动机的高性能测量需求。例如，壁面传感器无法探测流场内部的温度或压力；侵入式探针或测量靶设备复杂、故障率高，还会破坏超声速推进流场结构而不能准确得到流场的内部信息。非接触的激光测量技术则为克服上述问题提供了有效途径。其中，可调谐二极管激光吸收光谱（tunable diode laser absorption spectroscopy，TDLAS）技术是通过被测气体组分对激光的共振吸收，使激光能量衰减，进而对气体参量进行分析和判断，具有时间响应快、信号强度高、数据分析简单、价格较低等显著优势，特别是可用光纤将激光进行远距离传输，降低了在静态燃烧室和发动机上应用的难度与代价。除了可用于缩比系统和全尺寸系统的地面测试外，还可以提供足够快的反馈，从而有潜力应用于燃烧和推进系统的闭环控制。将 TDLAS 技术与层析成像技术相结合，形成的可调谐半导体激光吸收层析成像（tunable diode laser absorption tomography，TDLAT）技术，可以重构出燃烧场断层的二维分布。

关键技术构成要素：基于 TDLAS 技术的多组分测量的碳氢燃料燃烧性能评估；基于 TDLAS 技术的发动机推力性能评估；发动机燃烧场的高密度二维断层重构方法；TDLAS 技术多参数多组分多通道实时测量系统；TDLAS 技术燃烧场测量系统的工程应用可靠性；用于飞行试验的 TDLAS 技术流场测量方法；基于激光流场测量的发动机试验鉴定与评价体系。

4. 粒子图像测速技术与纹影联合测量技术

高超声速航空发动机面临天地往返、空天一体化、可重复使用等多种复杂任务的考验，发动机燃烧室内将出现高速非定常燃烧状态。对高速非定常复杂流场进行定量精细测量，是高超声速航空发动机研究中必须破解的基础性关键技术之一。

目前，应用最广泛的平面速度场测量技术是粒子图像测速（particle image velocimetry，PIV），该技术最大的特点是突破了单点测速技术的局限性，能在同一时刻记录下大量空间点上的速度分布信息，进一步处理可得到流场的涡量、流线与等速线等流场特性参数的分布，具有较高的测量精度，不仅可以对二维、三维全流场进行测试，而且可以进行瞬时的速度测量。PIV 技术的所有测量装置均不进入流场，不会对流动造成干扰，更不会因为流动的高温、高压、高速而失效，可以获得时间、空间分辨的流场速度矢量分布，是带有燃烧的高速流动速度场测量的首选技术。纹影是传统的流体力学测量技术，具有非接触、灵敏度高、可视化、大视场等突出优势，在国内组合式发动机的前期研究中发挥了作用。纹影与 PIV 技术联合测量，是针对同一个被测对象，实现优势互补，共同提供更加丰富的试验结果，具有明显的发展优势，是目前光学测量技术的一个重要发展方向。纹影和 PIV 技术均为非侵入测量的光学显示技术，纹影对流场密度的变化敏感，用于测量流场的激波结构及密度分布，其缺点在于存在三维干扰且难以实现精确定量测量。PIV 技术则是二维定量测量技术，是针对某一个剖面的速度场测量技术，能够提供测量流场速度矢量分布的定量结果，获得流动的瞬时速度场和涡量场等，适合研究涡流、湍流等复杂流动结构，其缺点在于对激波结构不够敏感。

关键技术构成要素：PIV 纳米示踪粒子播撒与图像处理技术；提高 PIV 技术和纹影系统分辨率的方法；应用于发动机流场测量的 PIV 技术和纹影系统设计；组合式发动机试验台上的联合测量技术。

5. 高频率响应压力测量技术

澄清隔离段流动机理是提高高超声速航空发动机性能的关键，隔离段内部非定常流动极其复杂，环境温度很高。要在如此恶劣复杂的环境中捕捉到激波串流场的高频振荡或燃烧室反压前传的脉动压力，需要能够兼顾高温环境测试及高频率响应的动态压力测试技术，这对现有的动态压力测量水平提出了挑战。

得到广泛应用的动态压力传感器以压阻式、压电式、电容式等类型为主，但其适用的工作温度范围无法满足高温环境下压力测量的需求，而且频率响应受元器件质量惯性的限制，而专用于高温环境的压力传感器，虽然测试环境温度高，但频率响应很低，只能实现稳态压力测试。由此可见，基于传统的测压原理已经很难突破温度和频率响应的瓶颈，需要寻求新的原理实现高温、高频条件下的动态压力测试需求。

关键技术构成要素：不同温度下等离子体电压对气压的响应规律理论；适用于不同压力量程的等离子体压力传感器的设计方法；等离子体压力传感器测量系统的集成与验证；在高超声速脉冲风洞中开展进气道–隔离段的试验技术。

6. 表面温度测量技术

表面温度的获取一直是高温部件设计和验证的重点与难点问题。由于高温部件设计面临的是流–固–热多相耦合问题，所以无论是数值模拟方法还是由后至前的分析评估方法，均存在较大的偏差，难以满足现代高温部件精确设计与验证的技术要求。传统的点测量手段受到金属熔点温度和高温条件下复杂流动环境的限制，已难以覆盖高温部件的工作温度范围。高温计、红外热图等基于高温部件辐射的测量手段也不同程度地受到测量不确定因素的影响。其中，高温计的测量误差相对较低；红外热图受测量光路沿程红外衰减、测量环境红外干扰等的影响，技术措施与方法难以得到系统、有效的评估和分析。基于无机磷光材料的高温部件表面温度分布测量技术则通过由无机磷光材料涂覆形成的磷光涂层发光强度与温度的特定关系来确定具有较高空间分辨率的表面温度分布，能够解决传统测温手段的流动干扰、温度惯性、试验数据传输等固有缺陷与不足，是满足精确设计与验证需求、具有广阔应用前景与高潜在应用价值的高温环境下温度测量方法。

关键技术构成要素：高性能无机磷光材料筛选及其喷涂退火方法与工艺；磷光涂层高温标定系统设计与精准标定技术；复杂结构环境下高可达性光路设计与标定测量系统热防护设计；高时空分辨率的表面温度分布测量系统设计及试验测试方法；兼容红外热图、高温热电偶的表面温度分布同步测量技术；面向对象的磷光图像后处理技术与高信噪比图像还原技术；磷光涂层高温表面温度分布测量不确定度评估分析方法。

7. 构建高精度测试技术

准确获取宽速域、大空域进气道/发动机相容性试验中喷管出口的自由射流参数分布特征，是精细化验证真实工作状态下进气道/发动机匹配特性的关键。高温、高压、高速的流动环境，以及扰动传播影响大等特征，使得喷管出口自由射流参数分布的准确获取面临较大挑战。因此，需要研究构建具有高可靠性的高温高压高速环境小扰动、高精度试验测试方法。

关键技术构成要素：可适用于高温高压极端工作环境的高可靠性与高冗余度测试设备设计方法，可抑制高速流场扰动传播对流动均匀性影响的小扰动、高精度测试探针设计技术。

（四）发动机部件试验技术

1. 氦循环系统试验技术

在基于闭式循环的预冷高超声速航空发动机中，氦气作为空气和低温燃料换热的第三介质，扮演着能量传递、热功转换的角色，自身能量不发生变化而形成闭式循环，整个氦循环系统中存在大温差、大压差，氦循环系统的稳定、高效、低熵增工作是实现高超声速航空发动机系统方案可行的关键。需要针对预冷高超声速航空发动机中氦循环系统的实际工况开展试验技术的研究，模拟真实工况下的工作特性。

关键技术构成要素：氦气储存、供应、回收技术；系统接口边界模拟；

多介质宽范围供应调节能力；闭式循环动态控制技术。

2. 发动机可重复使用试验技术

高超声速航空发动机部件数量较多，其失效模式和失效机理与常规产品差异较大，加上发动机工作环境恶劣，结构大多处于高温或高压条件下，常规系统寿命试验中采用的技术（如加速寿命试验）往往难以使用。加上高超声速航空发动机属于多次使用、可维修产品，在继承传统一次性使用发动机特点的基础上，设计思路与传统发动机也存在差异。高超声速航空发动机设计寿命长，在相同工作时长条件下，其可靠度远远高于一次性使用的发动机，相应地增大了可靠度验证的难度，因此需要采用先进的试验手段和技术，针对可重复使用组合循环发动机性能提出新的试验验证方法。

关键技术构成要素：结构动力特性模态试验技术；动载荷作用下的结构动力响应力学环境试验技术；结构疲劳寿命试验技术；发动机热疲劳、低周疲劳、高周疲劳、磨损、烧蚀等多种破坏性检测试验手段；开展发动机热部件与冷却结构试验技术；旋转动密封热失效试验技术。

六、重复使用与可靠性技术

重复使用与可靠性技术是高超声速航空发动机走向应用的关键。需要在具体设计过程中融合重复使用技术，开发各类失效模式、寿命模型，建立涵盖重复使用技术的设计体系；需要在结构材料热防护技术中引入重复使用与可靠性评估方法，支撑重复使用高超声速航空发动机实体结构的建立；需要掌握各类模块化便捷拆卸装配、无损检测、快速修复技术，构建高超声速航空发动机的检测和维护体系；需要建立准确反映高超声速航空发动机重复使用寿命和可靠性的试验技术，为实现高超声速航空发动机多次重复使用的目标奠定基础。

（一）可重复使用设计技术

多次可重复使用是高超声速航空发动机的一项重要技术特征，也是发动机实现廉价化的核心支撑。目前，高超声速航空发动机设计中对重复使用的关注较少，重复使用次数指标很难体现在具体的设计过程中，对组合发动机的失效模式、寿命模型的研究更是非常欠缺。按照传统的一次性设计流程很难实现组合发动机的重复使用，甚至有可能颠覆当前的设计体系，因此须提前开展重复使用设计技术的研究。

关键技术构成要素：高超声速航空发动机可重复使用的基础理论与技术体系；可重复使用设计分析技术；高超声速航空发动机检测和维护技术。

（二）可靠性评估技术

1. 仿真模型与评估方法的构建及验证

高超声速航空发动机的工作环境比航空涡轮发动机和超燃冲压发动机更加恶劣，目前国际上还没有针对高超声速航空发动机的可靠性仿真模型与可靠性评估方法。

关键技术构成要素：高超声速航空发动机可靠性仿真模型；高超声速航空发动机可靠性仿真试验；基于信息融合的高超声速航空发动机可靠性评估方法。

2. 换热器结构评价及验证

预冷器、回热器等换热器是预冷高超声速航空发动机的核心部件。可靠性是换热器实现高效换热功能的基础与保证。为实现发动机的高性能，预冷动力所涉及的预冷器、回热器等换热器均采用高效轻质结构，换热器承受的载荷工况严酷多变、失效模式多样、失效机理复杂，对结构可靠性技术及试验验证技术提出了新需求。

关键技术构成要素：换热器的典型载荷剖面；换热器的失效模式及失效机理；换热器的可靠性评估方法；换热器的可靠性试验验证技术。

（三）重复使用结构服役技术

1. 陶瓷基复合材料高温环境性能预测与测试技术

热防护承载一体化的陶瓷基复合材料热结构是确保高超声速航空发动机安全可靠运行的关键之一。热结构材料与结构在服役过程中同时承受高温、气动载荷、强振动和强噪声等，还要满足可重复使用要求，因此，必须确定陶瓷基复合材料热结构在不同服役环境中的损伤失效机理，建立热结构的失效判据，为形成陶瓷基复合材料热结构的安全服役和优化设计方法奠定基础。

关键技术构成要素：热结构的热力耦合损伤机理与性能预测；热结构的热震损伤机理与性能预测；热结构的高温振动损伤机理与性能预测；热结构的热噪声损伤机理与性能预测；热结构的冲击损伤机理与性能预测。

2. 非均质焊接接头高温力学响应及结构服役性能

高超声速航空发动机对系统中的壳体焊接结构提出了更高要求。针对高温服役壳体焊接结构，蠕变过程往往伴随热疲劳失效的产生，在高温环境下，疲劳为应变疲劳，即低周疲劳，在蠕变的保持时间内，一次机械加载或者外载撞击就有可能产生高温脆断裂纹，这与蠕变加载的应变速率有关，低于临界应变速率，热疲劳寿命会大大延长。在研究其蠕变失效的过程中，普遍认为母材与焊缝、热影响区具有同样的高温抗力，这种假定太过于保守。焊接接头本身即为非均匀体，非均匀体材料性能必然导致对外界载荷的不同响应，尤其是在高温服役条件下，焊接热影响区可能存在硬化或者软化行为，当服役筒体承受均匀内压力时，焊接结构各区的应力-应变响应明显不同，此为控制蠕变起动机制、蠕变裂纹萌生位向的关键因素。

材料中的微观组织在高温、高振动、大压力下服役会导致晶格错位或滑移，直至产生宏观的微小缺陷，在应力下产生进一步扩展直至失效，需要针对非均质焊接接头开展高温情况下缺陷检测和缺陷发展的监控技术研究。目前，国内航天复杂结构焊缝的研究大多局限于静态检测，对服役结构的完整性缺乏检测评价研究。

关键技术构成要素：高温合金在服役条件下，非均质焊接接头的力学响应和高温性能；在壳体恒定内压下，持久加载时的应力/应变再分布规律和裂纹萌生机理；蠕变加载时间对蠕变-疲劳寿命的影响规律；蠕变加载时间、应变加载速率对高温筒体低周疲劳寿命的影响规律；非均质高温合金焊接接头服役损伤模型；高温情况构件的受迫振动状态下的热-力-声-磁多物理场耦合机理；成形缺陷的演化规律、组织演变对结构性能的影响机理；缺陷对检测信号微观响应的影响机理；复杂焊缝结构残余应力的超声波特征成像；高温、远距离激光-超声检测表征及演化机理。

第三节 发 展 方 向

一、发展思路

关于高超声速航空发动机研制的总体思路：一是要高效、合理和科学地配置资源要素，这不仅需要在全局上坚持统一领导、统筹规划、协调推进的原则，更需要畅通管理链路，建立运作良好的分配机制；二是要加强顶层设计和发展规划，以目标为导向，重视基础研究，提高自主创新能力，大力推动高超声速飞机目标图像牵引与高超声速航空发动机技术的结合；三是要进行产学研结合，加快创新向产业转化的速度，一方面要提高国产软件的研制和数字仿真水平，另一方面要推动创新链和产业链的有序协同。

二、发展目标

高超声速航空发动机技术的发展目标是多样的：一是要揭示高超声速动力领域的机理和规律，如热力循环、燃烧与流动的优化与控制、高效预冷、热防护与能量管理、轻质高温材料制造与结构强度一体化；二是要在涡轮冲压组合发动机、涡轮/火箭基组合循环发动机、空气涡轮火箭发动机、强预冷发动机取得突破的基础上，提出高超声速航空发动机的中国方案；三是要借由高超声速航空发动机的研制工作，全面提升我国的原始创新与工程研发能力，形成一系列配套的设计、制造、试验和仿真能力，为建设航空航天强国和世界科技强国提供重要支撑。

三、重点研究方向

高超声速航空发动机技术的重要研究方向包括新型热力循环方式的构建、热防护与能量管理、先进材料与制造工艺以及控制、测试和仿真技术。在新型热力循环方面，建议对传统动力单元进行有机融合，并应用强预冷、等离子体调控、对转冲压、爆震燃烧等新兴技术，提高热力循环效率。在热防护和能量方面，建议重点发展先进热防护、能量管理方法与系统动态调控方法、紧凑空间环境中强各向异性多尺度流动与换热耦合机理、强变物性流体热质传递机理、多系统热质交互作用机理与热惯量匹配机制等。在先进材料与制造工艺方面，建议大力发展轻质高温材料与制造技术、轻质高强结构的损伤失效模式与机理、材料-结构设计-功能-制造一体化技术、先进增材制造与智能制造技术、新型高性能合金设计与强韧化方法、精密成形与加工技术、高性能焊接及分析检测技术、高性能涂层制备及分析检测技术、高温轴承技术等。在控制、测试和仿真技术方面，建立优先发展模态转换策略与控制技术、多变量自适应控制技术、宽域高性能进排气技术、飞行平台与动力一体化技术、试验测试与仿真技术、低成本高超声速飞行验证技术等。

第四章

高超声速航空发动机技术领域
发展的相关政策建议

高超声速航空发动机作为未来高超声速飞机、重复使用航天运载器、临近空间高速平台的动力装置,受到国际上航空航天大国的高度重视,已成为世界各空天大国竞相争夺的新的战略制高点。因此,突破制约高超声速航空发动机发展的关键科学问题和关键技术问题,是我国迈向空天强国的必然选择,这对于提升国家综合实力,延伸国家安全的高边疆、远边疆,保障国家安全具有重要的战略意义。

美国国家研究委员会(National Research Council,NRC)对高超声速航空发动机的各种技术方案进行了详细评估,并结合美国自身的需求,给出了未来高超声速航空发动机发展的优先级。NRC 于 2012 年发布了《NASA 太空技术路线与优先事项》,如图 4-1 所示,这为美国后续高超声速航空发动机的发展提供了权威的政策建议和顶层引导作用。

欧洲各国在 LAPCAT 中规划了未来高超声速航空运输及吸气式入轨动力的发展方向,结合欧洲在高超声速技术方面的经验积累及自身需求,以几种典型的应用场景为牵引,对飞行器及配套的动力装置进行总体设计和评估,

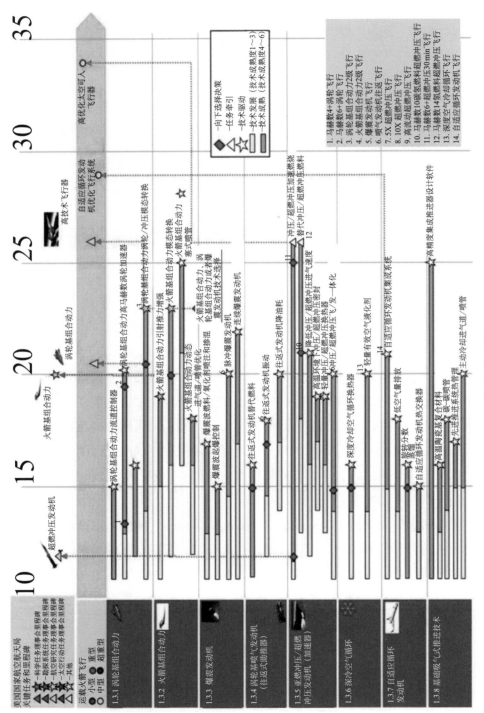

图 4-1 NRC 高超声速航空发动机发展规划（McConnaughey et al., 2012）

发展了一批核心技术。日本的 2005～2025 年的航空航天新构想也制订了大量高超声速飞行器研究计划，积极推动了各类组合发动机的技术发展，达到了很好的"动力先行"的目的。

　　为加速推进我国高超声速航空发动机技术的发展，我国需要从发展布局、政策措施等方面进行深入论证与系统推进。

第一节　发展布局

　　论证提出了"之"字模型，如图 4-2 所示，预示着宽域高速发动机的研制之艰难，存在不确定性和反复性。"点"表示总目标，要研发宽速域动力，共有六个阶段；"横"表示基础科学研究和基础应用研究；"撇"表示前沿探索和先期技术开发，进行前沿探索是因为其研究过程中充满不确定性，有走回头路的可能；"捺"表示经过前期积累和探索，方案收敛，进入了装备预先研究和装备发展研究阶段，走向装备研制的快车道。

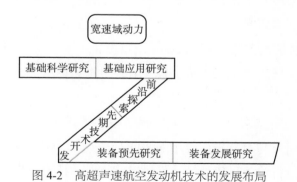

图 4-2　高超声速航空发动机技术的发展布局

　　（1）基础科学研究，"以无用促有用"。以学科为牵引，以高超声速飞行所引发的物理现象为研究边界，探索物理现象发生机理与数理表述，丰富高超声速航空发动机的学科体系，阐述基本理论及编写高超方面的教材，如高超流体力学、高超传热学、结构烧蚀力学、宽速域空天动力原理、宽速域动力结构等。以各高校为研究主力。

（2）基础应用研究，"从无用找有用"。以实现基础科学研究在高超声速航空发动机上的应用为目标，以高超声速航空发动机为应用边界，以实现某理论、某技术在高超声速航空发动机环境下发挥技术效能为研究目的，开展零件级、构件级关键技术研究，阐明蕴含的基础科学原理，并进行数值仿真、试验验证，明确技术效能。主要由基础加强、"两机"专项基础研究、应用创新研究等项目支持，研究主体为高校、中国科学院等单位，各工程研制部门以需求牵引为主适度参与。

（3）前沿探索，"从有用找颠覆"。通过基础应用研究，可以基本明确新概念、新原理、新技术在特定约束条件下的效能，从中遴选具备实现发动机性能、功能、可靠性等颠覆性提升的概念、原理、技术，从总体角度分析其效能、收益，并进行仿真验证、集成验证、原理样机研制；主要由前沿探索、基础加强，应用创新、慧眼行动，专用技术等支持，研究方式为高校、科研院所与工程研制部门强耦合，高校、科研院所等负责概念原理等方面的研究，总体集成与总体效能分析验证由工程研制部门承担。

（4）先期技术开发。主要是应用推进、潜在背景项目，研制原理样机或技术验证机，主要由科研院所负责。

（5）装备预先研究。主要是背景项目、演示验证，研制工程验证机，完成全包线范围验证，主要由工程研制部门负责。

（6）装备发展研究。主要是型号立项，由军兵种负责，由工程研制部门负责。

加强基础前沿技术研究，为创新驱动提供条件保障，加强产学研结合，增强上游技术研发与下游推广应用的协同互动效应，按照共建、共享、共赢的原则，加强与行业外科研院所及优势民营企业的技术合作，促进产业联动协调发展。按照补齐短板、跟踪发展、提前布局三条线协同推进的原则取得多领域突破。

第二节　政策建议

高超声速航空发动机耦合性极强，涉及的研究领域广泛，当前国际上大多数高超声速航空发动机仍然处于探索期和徘徊期，很多关键技术难题亟待突破。但是，任何一种高超声速航空发动机一旦取得成功，都将引发新一代高性能高超声速飞行器的发展热潮，极大地提升我国的国家核心竞争力和世界地位。加强高超声速航空发动机国家发展规划的顶层设计，发挥好政策对高超声速航空发动机创新发展的支持和引领作用，是我国持续发展并孕育高精尖国家战略核心技术、落实国家创新驱动发展战略的重要保证。

一、建立新型研发体制

由于高超声速航空发动机的研发难度远超传统吸气式动力，涉及多个行业门类，多个学科交叉，因此需要借鉴吸收国际上相关国家发展此类项目的经验和教训，少走弯路。要加强顶层设计，以项目为抓手，统筹推进基础研究、关键技术攻关和型号研发，加强产业链和创新链的协同作用，充分发挥企业和科研院所的能力，引导产业和创新的良性发展。企业特别是国有大型企业要发挥好带头作用，在重大型号的生产研制上敢于挑重担，敢于迎难而上；高校和科研院所要在基础研究和创新上下狠功夫，不能急于求成，要甘于坐"冷板凳"，急国家之所急。

二、设立基础研究计划

只有从源头上搞清机理、夯实基础，才能找准方向、行稳致远。建议在参考国际组合方案的基础上，结合我国实际情况，提出具有中国特色的研究计划和方案。以我国学者提出的宽速域一体化循环高超声速航空发动机等创新构想为主体，进行研制任务的拆解与划分，全面提升我国的自主创新能力，为后续重大科技专项提供基础与支撑。建议加大对高超声速航空发动机科学技术的资助力度，引导和鼓励科研人员参与相关研究，贡献自己的智慧和力量，鼓励和支持有科研潜力的青年科研人员参与基础研究，并在资金和政策方面给予一定的支持，解除青年科研人员的后顾之忧，为他们提供实现自我价值的平台。

三、设立预研计划

持续实施不针对特定发动机型号、稳定支持的预研计划，是美国保持航空发动机技术领先地位的重要经验。在航空涡轮发动机方面，近三十年来美国相继设立了 IHPTET 计划、VAATE 计划、ATTAM 计划，分阶段突破了系列关键技术，显著降低了型号研制的技术风险，并支撑完善了系统的航空涡轮发动机研发体系。在高超声速航空发动机方面，美国也持续实施了 FaCET 计划、HiSTED 计划、STELR 计划、MoTr 计划，并于 2016 年启动了 AFRE 计划，有力提升了涡轮冲压组合发动机的技术成熟度，为 SR-72 高超声速航空发动机的研发提供了重要支撑。建议设立不针对特定高超声速航空发动机型号的、稳定支持的技术预研计划，作为重点内容列入"两机"重大专项接续实施计划。围绕热力循环分析设计与流动燃烧调控，材料、结构与热防护，工艺、制造与检测，试验与测试，重复使用与可靠性技术等进行稳定、持续攻关，并充分挖掘利用相关计划已有的数值仿真和试验成果，为型号研发提供技术支撑。

四、设立空天动力国家实验室

我国在高超声速航空发动机和传统航空涡轮发动机方面，都还没有国家层面专门的基础研究机构，基础性、前沿性的研究力量还显得不足，空天动力创新链存在一定的短板。建议针对我国国家级航空涡轮发动机、高超声速航空发动机、航天动力基础研究力量都存在不足的问题，借鉴美国 NASA 格林研究中心、俄罗斯中央航空发动机研究院作为国家公益性航空发动机基础研究机构的成功经验，顺应国际上空天一体的发展趋势，建立空天动力国家实验室，发挥基础研究的创新超越引领作用，补齐空天动力创新链的短板。

空天动力国家实验室系统论证和牵头解决空天动力基础问题，在高超声速航空发动机研发方面的职能主要包括：一是超越部门利益和领域利益，站在国家高度对高超声速航空发动机的发展趋势进行前瞻布局，对重大技术方案进行科学评估；二是开展重大理论研究、共性基础技术、前沿与颠覆性技术攻关和集成验证，既要补齐发展短板，又要加大基础研究的深度和广度，为我国高超声速航空发动机发展提供变革性思想与革新性技术；三是作为高等院校和工业部门之间的纽带，发挥系统、综合的集成验证功能，促进基础研究成果向工业部门的转化应用；四是建设国家级的高超声速航空发动机技术成果交流、转化和推广平台，统一管理由国家出资项目产生的技术成果并负责定期发布推广，避免现在的技术成果由各承研单位自己保管、互不交流的条块分割现象。

五、加强试验设施建设

与涡轮发动机相比，高超声速航空发动机的工作空域、速域更宽，工况更为复杂，部件工作环境更加恶劣，试验难度更大。在超高温、大应力、腐蚀介质、复杂气流激振等多场耦合作用下，很多机理和基础数据还没有掌握，使得结构设计难度大，无法保证装备的安全性、可靠性和使用寿命。欧美等发达国家非常重视试验在发动机研制中的作用，建设了完善的发动机试验设施，特别是围绕发动机结构服役安全开展了大量试验，对发动机设计、制造和使用提供了强有力的支撑。

为满足技术发展和工程研发需要，建议新建高超声速航空发动机直连试验台、闭式循环系统试验台、连续可变马赫数组合进气道模态转换试验器、高落压比喷管试验研究的模型试验台、高超声速航空发动机热防护及热管理试验器、全尺寸紧凑快速强换热器试验台、结构服役安全试验台、变马赫数过程模态转换高空模拟试验舱、综合能量管理系统集成试车台、超临界燃料流动与燃烧特性试验器、大尺度变马赫数过程模态转换自由射流风洞等，并对现有高空模拟试车台及其配套设施进行必要的升级。

为加强发动机结构服役安全研究能力，建议建设空天动力结构服役安全试验重大科技基础设施，主要包括发动机部件多场耦合试验台、空地一致性试验台、金属燃烧与热防护试验台等，开展复杂多场耦合作用条件下部件和结构的基础试验，为高超声速航空发动机研发过程中探索未知世界、发现自然规律、实现技术变革提供极限研究手段，进一步发展新的技术途径，揭示极端环境下部件损伤机理，获得发动机部件性能衰退规律和稳定工作边界，提升我国高超声速航空发动机的自主设计和研发能力，确保服役安全。

六、构建低成本试验台

高超声速航空发动机十分复杂，试验验证十分困难，多场耦合模拟不足将带来高度不确定性，天地一致性试验台缺乏基础数据支撑，地面试验长期面临能力不足的问题，低成本、高效的飞行验证作用越来越重要。高超声速航空发动机的安全性、可靠性和使用寿命评估急需发展支持宽域工作、高机动的飞行平台及方法，极度欠缺宽域、高机动、高速/高超声速动力面临的热-流-声-振载荷历程。由于输入载荷条件不清楚，可靠性和重复性使用难以开展，建议建设低成本高超声速航空发动机飞行试验台，在飞行环境下对高超声速航空发动机的关键参数进行测试评估，促进发动机性能的快速迭代提升。

七、加强数字化建设

高超声速航空发动机涉及多个学科，呈现出很强的耦合效应，很难完全通过试验揭示机理、优化方案。随着数值仿真技术的发展，高精度仿真已经具备替代某些试验验证的能力，后续需要大力推进高超声速航空发动机"数字物理"耦合验证，进一步降低验证成本，提高产品研发效率。吸收借鉴相关重大科技专项中安排专门项目进行自主软件研发的成功经验，加强各类国产化软件建设，实现自主可控。在大量试验、数值仿真数据的基础上，大力推进高超声速航空发动机数字孪生技术的发展。

八、建立知识产权共享机制

高超声速航空发动机存在技术路线新、循环方案新、应用场景新等诸多特点，既要鼓励国内各研究团队进行方案创新，大胆进行不同的尝试，又要避免研究方向过于分散，形不成合力，知识产权保护是形成合力的关键因素。建议吸收借鉴国际上的先进经验，建立知识产权保护共享机制，设置一个国家层面中立的联席协调机构，既能够为决策机关提供详细的参考信息，又能保护不同单位的知识产权、首创权、技术发展细节等信息。

九、加强人才培养和国际合作

建议更加重视高超声速航空发动机领域的人才培养，增加高超声速航空发动机方向的研究生招生指标。建立中国高超声速大学联盟，大力推动高校与企业联合培养博士生等创新人才，大幅提高联合培养博士生的奖助学金。设立高超声速航空发动机领域的科普工作计划，吸引更多的优秀年轻人投身高超声速航空发动机事业中。加强国际合作，特别是基础研究合作和对俄合作，发起中俄高超声速大学联盟，努力成为世界主要的高超声速科学中心和创新高地。

第三节　配 套 措 施

高超声速航空发动机发展和应用将给高超声速技术与产品带来一场新的重大变革。高超声速航空发动机的关键部件主要包括进气道、压气机、燃烧室、喷管等，这些部件也需要通过大量的试验进行验证。

表 4-1 梳理了美国具备高超声速航空发动机关键部件试验能力的典型设备，覆盖了马赫数 0.2～10 的范围，基本满足了高超声速航空发动机各项部件研制的试验技术需求。

表 4-1　高超声速航空发动机关键部件验证典型设备

序号	关键部件	设备名称	所属国家 / 机构	设备类型及性能指标	备注
1	进气道	1.2 m × 1.2 m 风洞	美国 / 洛克希德·马丁公司	暂冲式风洞，马赫数 0.2 ~ 5	"猎鹰"组合循环发动机低速和高速流道中内弯型进气道的集成
2	进气道	3 m × 3 m 超声速风洞	美国 /NASA 格林研究中心	马赫数 3.5 ~ 6	美国空军科学研究所（Air Force Office of Scientific Research，AFOSR）和 NASA 基础航天项目的高超声速组合循环推进研究
3	进气道	M4 BDF	美国 /NASA 兰利研究中心	下吹式设备，马赫数 4	各种缩尺进气道设计的筛选设备
4	进气道	统一规划风洞（UPWT）2 号试验段	美国 /NASA 兰利研究中心	闭环、连续流、变密度超声速风洞，马赫数 2.3 ~ 4.6	先进组合循环发动机一体化进气道（ACCII）的试验
5	进气道	超声速风洞	日本 / 航天与航空科学研究所	马赫数 1.5 ~ 4	ATREX 发动机带预冷却器的轴对称变几何进气道研究
6	进气道	S3 MA	法国 / 航空航天研究院	马赫数 1.7 ~ 3.8	ATREX 进气道控制研究
7	压气机	W8 高速压气机	美国 /NASA 格林研究中心	压比约为 4:1，出口温度 204℃	评估整个 TBCC 发动机在运行范围内风扇级的气动性能和运行特征
8	燃烧室	超声速燃烧设备	美国 / 弗吉尼亚大学	马赫数 4 ~ 6	AFOSR 和 NASA 基础航天项目的高超声速组合循环推进研究
9	燃烧室	HYPUISE 激波风洞	美国 /NASA 兰利研究中心	马赫数 5 ~ 10	AFOSR 和 NASA 基础航天项目的高超声速组合循环推进研究
10	燃烧室	燃烧试验台	美国 / 东哈特福德联合技术研究中心	缩尺比例为 44%	"猎鹰"组合循环发动机技术直连燃烧器试验项目
11	燃烧室	燃烧试验台	美国 /NASA 格林研究中心	最高入口温度为 871℃	RTA-1 计划中为研究发动机验证机风险而研制的试验设备
12	喷管	1.2 m × 1.2 m 风洞	美国 / 洛克希德·马丁公司	暂冲式风洞，马赫数 0.2 ~ 5	"猎鹰"组合循环发动机技术静态喷管试验项目

我国从 20 世纪 80 年代开始进行高超声速航空发动机相关技术的探索，虽然在航天、航空及部分院校开展了相关的技术研究，但是发动机设计与试验技术仍十分薄弱，相关的试验研究保障条件更是落后于欧美发达国家，缺乏规模较大、功能完整的试验研究和验证平台。主要存在如下问题：与新形势下高超声速航空发动机的自主研制需求存在差距；仿真试验能力不满足高超声速航空发动机正向研发的需求；信息化能力与我国航空发动机自主研制体系的要求不匹配。因此，迫切需要在研制符合我国国情的高超声速航空发动机总目标的指引下，以系统工程方法深入推进能力保障体系建设，满足我国高超声速航空发动机高质量发展的需要。以产品 / 技术发展为保障对象，以共性技术和关键技术为牵引，以产品 / 技术研究发展全生命周期为主线，重点培育核心能力，保障产品 / 技术发展目标的实现，构建持续支撑高超声速航空发动机自主创新的核心条件和保障体系，满足 2035 年前高超声速航空发动机研制对能力保障体系的需求。我国的高超声速航空发动机技术处于从基础研究到关键技术攻关的阶段，鉴于形势的紧迫性和严峻性，建议在开展高超声速航空发动机发展规划时，尽早从提升设计能力和试验能力两方面启动配套措施建设工作。

一、设计能力

高超声速航空发动机研制必将对设计水平提出比传统航空动力更高的要求，而目前航空发动机的设计能力和条件无法满足高超声速航空发动机研制的需要。设计、制造与装配、试验之间的数字化协同手段未能得到深入应用，这极大地制约了设计研制的进程。现有设计研制体系未能实现产品全生命周期的产品数据管理、试验数据管理、产品质量与标准体系管理，对产品的过程管控、质量管理、知识工程管理在研制各阶段存在脱节现象，须采用系统工程方法，围绕技术与产品研制规划深入开展的需求，打造产品全生命周期业务数字化平台。

因此，需要开展高超声速航空发动机总体性能、总体结构、强度、空气系统及其热分析、风扇 / 压气机、燃烧室、涡轮、加力燃烧室、冲压燃烧室、进排气系统、机械系统、燃油控制系统、起动电气系统、稳定性、材料应用及理化检验等专业设计能力，高性能计算能力建设和信息化能力，以及各院校、研究院所和工业部门之间的数字化协同能力提升与建设。筹划综合设计集成研发机制；实现研发体系数据双向贯通，实现设计、制造、装配、试验、服务综合保障环节的数据双向贯通，形成设计专业能力体系，具备自主研制设计能力基础；持续完善以体系建设为牵引的信息化建设，跟踪国际先进信息技术的应用，建立完善的综合设计平台和体系，具备自主创新设计能力基础。

二、试验能力

高超声速航空发动机研制须开展大量的地面试验，高超声速航空发动机工作时进气温度高、高度高、工作范围宽、流量大、对试验设备能力要求高。我国装备试验鉴定技术体系框架将航空发动机仿真试验作为一类技术领域，对仿真试验提出了具体要求。"十三五"期间，我国只初步建设了航空发动机高空模拟试验仿真中心，搭建了仿真试验台，但在环境构建、模型校准、试验监控等具体支撑技术方面，不能满足高超声速航空发动机的试验鉴定需要。

高超声速航空发动机的研发基本按单项技术攻关、关键部件技术验证、小尺寸验证机原理验证、全尺寸验证机地面试验验证和飞行试验验证几个步骤来实施。因此，其试验设备也主要包括单项技术攻关设备、关键部件验证设备、缩比原理机验证设备和全尺寸样机验证设备。借鉴国外的研究基础，在大力推动高超声速航空发动机研制的同时，需要进一步加快试验能力的建设。

在关键部件验证设备能力保障方面，高超声速航空发动机的飞行马赫数很高，我国目前的大型连续试验设备还不具备马赫数 5 以上的加温能力。同时，现有高空台设备的加温能力以及进气管网、前室等设备能力的限制，也无法通过设备改造来满足未来高超声速航空发动机的试验需求，因此必须新建设一批试验设备，开展关键技术的研究与验证工作。同时，应充分利用现有条件进行适应性改进，开展一些低状态参数的、模型级的试验研究工作。必须尽快启动建造满足高超声速航空发动机整机及部件等试验要求的试验台，如新建连续可变马赫数组合进气道模态转换试验器、高落压比喷管试验研究的模型试验台、高超声速航空发动机热防护及热管理试验器、高超声速航空发动机直连试验台、闭式循环系统试验台、全尺寸紧凑快速强换热器试验台、结构服役安全试验台等。

在缩比原理机验证设备能力保障方面，现有条件还不能满足新的科研任务和发动机技术发展提出的需求，如涡轮冲压组合发动机、涡轮/火箭基组合循环发动机、强预冷发动机、对转冲压发动机的研制需求。需要建设变马赫数过程模态转换高空模拟试验舱、综合能量管理系统集成试车台、超临界燃料流动与燃烧特性试验器等，并需要对现有高空模拟试车台及其配套设施进行必要的升级。

在全尺寸样机验证设备能力保障方面，只有完成高空模拟试验舱能力体系建设，形成完整的航空发动机研制能力保障条件，才能保障高超声速航空发动机研制任务的顺利开展和完成。需要开展高超声速航空发动机所需的整机试验能力、大尺度带动力飞行器内外流一体化试验能力、半物理仿真试验能力、零部件试验能力以及结构强度和机械传动系统试验验证能力等的建设，提升试验过程的智能化、数字化，实现试验过程的全数字化管控，提升试验能力和试验效率，建成高超声速航空发动机试验能力体系。

试验能力建设需要体系规划、突出重点、补齐短板、填补空白，实现以下目标。初步具备高超声速航空发动机关键技术研究与验证条件；基本具备高超声速航空发动机应用基础研究和技术验证能力；拓展已有试验器的功能与范围，提升自动化水平与测试精准度，全面改进已有试验器的综合效益；全面构建部件、系统、整机仿真试验能力，建设网络化、数字化、智能化的先进条件保障体系，为开展高超声速航空发动机研制提供保障。强化条件建设与科研的融合，型号科研与基础研究的结合，尝试和探索建立重大试验设施预研制度，即针对设计建设过程中的关键技术进行预研攻关，同步开展科研与条件论证；有效降低设计和建设风险，缩短建设周期，提高研制过程的自主可控水平。

开展高超声速航空发动机研制，需要遵循国家顶层规划和高超声速航空发动机研制任务要求，科学筛选条件建设内容，在项目论证、设计和建设实施中全面贯彻落实军民融合国家战略，保障高超声速航空发动机研制总目标的实现。同时，要考虑到项目的开放性、可扩展性，满足高质量发展的需要，避免重复建设，实现经济建设和国防建设协调、平衡、兼容发展。科学规划核心能力保障体系，围绕重点科研任务，强化关键技术研究，系统建设能力体系：重点抓好提高设计能力、试验验证能力所需的关键设备和大型试验设施条件建设；增强关键技术研发能力，突破关键技术瓶颈，满足高超声速航空发动机研制的需要。

三、人才培养

建议重视高超声速航空发动机基础研究人才的培养，增加研究生招生指标。改革高等院校相关学科专业人才培养和科研评价体系，弱化论文特别是在国外期刊发表论文的数量指标，促进人才培养、基础研究与工业部门需求的更好对接。

设立高超声速航空发动机领域的科普相关工作计划，包括出版或发表相关科普作品，举行科普讲座和活动，开展科普竞赛，增强中学生和大学生对高超声速航空发动机的兴趣与爱好，吸引更多的优秀年轻人投身高超声速航空发动机事业。

第五章

总结与展望

第一节 总 结

　　高超声速航空发动机是高超声速飞机的"心脏",其核心能力是通过吸气式推进支持高超声速飞机像传统飞机一样在机场跑道起飞,然后爬升至 25 km以上高空,以不低于 5 倍声速的速度飞行,最后像传统飞机一样下滑着陆,并且能长时间重复使用,其典型特征是水平起降、宽速域、大空域、长寿命。

　　高超声速航空发动机研发需要在极端气动热力与材料、结构、强度等多个方面紧密耦合,主要技术难点涉及热力、气动、燃烧、控制、传热、材料、制造与强度等多个学科方向,面临大量的多学科前沿交叉问题。研究特点体现在以下几个方面。一是多目标约束。高超声速航空发动机既要能在宽广的空域速域范围内长期可靠工作,又要能够多次重复使用,还要推力大、重量轻,技术难度很大,其实现途径是将涡轮发动机、冲压发动机、火箭发动机等不同形式的发动机有机融合,并通过强预冷、等离子体调控、对转冲压、爆震燃烧、轻质高温材料、增材制造等新兴技术助推能力提升。二是多学科 /多系统耦合。极端气动热力与材料、结构、强度等学科之间紧密耦合,发动机内部不同系统及发动机与飞行器紧密耦合,试验和数值仿真难度都很大,

297

从系统工程的角度研究透彻十分困难。三是多技术路线。高超声速航空发动机尚未像传统的航空涡轮发动机那样收敛到公认可行的技术路线，多个方案正在齐头并进。

高超声速航空发动机技术的发展规律体现在以下几个方面。一是技术难度超出预期、组合方案曲折前进。与传统的航空涡轮发动机相比，其工作速域拓宽了一倍以上，空域更广、性能参数更高，大大超出了涡轮发动机的工作范围。与 21 世纪初取得技术突破的高超声速超燃冲压发动机相比，其工作速域也拓宽了一倍以上，并要求多次重复、长寿命使用。涡轮发动机与其他动力形式融合设计，是高超声速航空发动机发展的主要技术途径。纵观国际上高超声速航空发动机几十年的发展历程，其研发难度和进度大大超出预期。国际上启动了高超声速航空发动机相关的多个重大研究计划，投入了几十亿美元，多数计划因为技术难度大而中途下马。二是新兴技术不断涌现、新的材料工艺助推发展。强预冷通过紧凑快速强换热器可瞬时将高温来流冷却 1000 K 以上，可以大幅拓展涡轮发动机的工作速域，是支撑高超声速航空发动机发展的一项变革性技术。对转冲压压气机是我国科学家提出的原创性构想，大幅减少了压缩系统的尺寸和重量，并拓宽了压气机流量的适应性，有望显著提升高超声速航空发动机的推力重量比、拓宽发动机的速域。等离子体点火助燃通过高能量强穿透大火核、油气活化和流场调控，有望显著拓宽冲压发动机的工作速域并提升性能。爆震燃烧颠覆了传统航空涡轮发动机、超燃冲压发动机的定压燃烧方式，有望显著提升高超声速航空发动机的推进效能。轻质高温材料是高超声速航空发动机的主要结构材料，对提高其推力重量比，确保宽温域、高速重载等极端条件下的服役安全至关重要。智能增材制造具备设计−制造−性能一体化、加速设计迭代、多尺度轻质化结构减重等优点，是我国高超声速航空发动机发展的机遇和快车道。三是科学技术难题交织、基础研究必须先行。每一个技术瓶颈的背后，都是悬而未决的科学问题。例如，拓宽涡轮发动机工作速域的重要源头是宽速域高通流叶轮机械内流组织机理与方法、耐高温机械系统设计方法；拓宽冲压发动机下限马赫数的重要源头是低动压低总温条件下的高效燃烧组织机理与方法；提高推力重量比的重要源头是一体化热力循环和轻质高强材料结构制造一体化方法。高超声速航空发动机技术几十年发展的经验教训充分表明，在缺乏对基础问题系统深入认识的前提下，追求高的技术指标和研发速度是行不通的，基础研究先行才是科学的发展道路。

高超声速航空发动机技术的发展趋势是新颖热力循环与单项变革技术融合发展，新颖热力循环是决定高超声速航空发动机性能的理论基础和总体牵引，单项变革技术是支撑其性能实现的关键。必须从新概念、新工质、新材料等方面推动一体化宽域高效气动热力循环的发展，深入揭示各系统间热功转化及参数耦合机制。强预冷、等离子体调控、对转冲压、爆震燃烧分别是拓宽涡轮发动机工作速域、拓宽冲压发动机工作速域、提升叶轮机械通流能力、提高热力循环效率的变革性技术，已经取得了显著进展，亟待大力发展。轻质高强材料与结构的设计和制造，是决定高超声速航空发动机重量和寿命的重要因素，需要在新颖热力循环的牵引下适度超前发展。

高超声速航空发动机技术的关键科学问题是：宽工作速域、长寿命使用、高推力重量比约束条件下的热力循环、流动燃烧组织、热质传递、轻质高温材料、制造形性调控、结构损伤演化、一体化控制机理。高超声速航空发动机研发的关键技术问题是，如何将宽域高效热力循环构想变成高推力重量比、长寿命使用的发动机，涉及气动热力设计、热防护、预冷、材料、制造、试验等多个技术门类，涉及涡轮冲压组合发动机、涡轮/火箭基组合循环发动机、空气涡轮火箭发动机、强预冷高超声速航空发动机等多种形式，是一个复杂的系统工程。

高超声速航空发动机技术的发展思路是：统一领导，统筹规划，协调推进，畅通管理链路，建立科学、合理、高效的全要素资源配置机制；强化目标牵引，加强基础研究，注重自主创新，需求牵引和技术推动相结合，通过高超声速飞机目标图像牵引高超声速航空发动机技术发展，强化顶层设计和发展规划；加强试验条件、自主软件和数字仿真能力建设，调动优势资源，以企业为产品研发与创新主体，高等院校、科研院所为技术支撑，创新链、产业链有序协同，基础研究、关键技术与工程研制一体化推进；通过自主创新突破关键科学与技术难题，攻克高超声速航空发动机设计、材料、制造、试验与保障关键技术，从而加快高超声速航空发动机的研发进程，研制一流的高超声速航空发动机产品并构建先进的研发制造体系。

高超声速航空发动机技术的发展目标是：揭示高超声速航空发动机热力

循环、气动燃烧优化与控制，高效预冷、热防护与能量管理，轻质高温材料制造与结构强度一体化等机理，提出高超声速航空发动机的中国方案，突破涡轮冲压组合发动机、涡轮/火箭基组合循环发动机、空气涡轮火箭发动机、强预冷发动机等关键技术，形成先进配套的设计、制造、试验和仿真能力，提升我国高超声速航空发动机的原始创新与工程研发能力，满足高超声速飞机、空天飞机等装备的发展需求，支撑航空航天强国和世界科技强国建设。

第二节　展　　望

　　为加快推进我国高超声速航空发动机技术的发展，本书建议：建立高超声速航空发动机研发的新型举国体制，对基础科学研究、应用基础研究、关键技术攻关、型号研发进行系统布局，对工业部门、中国科学院、高校的研发定位进行统筹指导，强化高超声速航空发动机的创新链和产业链协同、军民用协同，做到全国"一盘棋"，引领创新生态和产业体系的良性发展；设立高超声速航空发动机基础研究计划，围绕我国学者提出的宽速域一体化循环高超声速航空发动机等创新构想开展系统深入的基础研究，提出高超声速航空发动机的中国方案，提升我国高超声速航空发动机的原始创新能力，催生交叉学科的新方向，厚植基础研究创新潜力，为相关重大科技专项的后续发展和创新超越提供重要基础支撑；设立高超声速航空发动机技术预研计划，围绕热力循环分析设计与流动燃烧调控，材料、结构与热防护，工艺、制造与检测，试验与测试，重复使用与可靠性技术等进行持续攻关，为型号研发提供技术支撑；设立空天动力国家实验室；建设空天动力结构服役安全试验重大科技基础设施；加强高超声速航空发动机数字孪生、数值仿真和支撑软件建设；建立知识产权保护共享机制。

参 考 文 献

柏乃坚，张荣春，郭志辉，等.2020.两级旋流器参数对燃烧室燃烧性能影响的数值研究 [C].
  第六届爆震与新型推进学术研讨会，婺源.

蔡尊，朱家健，孙明波，等.2019.基于主动喷注方式的后缘突扩凹腔激光诱导等离子体点
  火实验研究 [J].推进技术，40(1): 115-122.

曹杰.2017.超临界碳氢燃料流动及凹陷强化传热数值研究 [D].哈尔滨：哈尔滨工业大学.

陈兵，龚春林，唐硕，等.2019.一种火箭基组合循环动力空天飞行器总体设计分析 [J].载人
  航天，25(3): 378-383.

陈博，桂丰，李茜，等.2019.国外并联式涡轮基组合循环发动机技术发展途径浅析 [J].燃气
  涡轮试验与研究，32(1): 57-62.

陈健，王振国.2007.火箭基组合循环（RBCC）推进系统研究进展 [J].飞航导弹，(3): 36-
  44, 53.

陈一鸣，邹正平，黄振宇，等.2021.高超声速强预冷发动机强预冷器试验平台建设及高温
  性能验证试验 [C].第七届爆震与新型推进学术研讨会，漳州.

邓帆，谭慧俊，董昊，等.2018.预冷组合动力高超声速空天飞机关键技术研究进展 [J].推进
  技术，39(1): 1-13.

丰硕.2017.宽速域冲压发动机几何可调燃烧室性能影响规律研究 [D].哈尔滨：哈尔滨工业
  大学.

郭峰，桂丰，尤延铖，等.2019.一种涡轮基组合动力的整机低速风洞试验研究 [J].推进技术，
  40(11): 2436-2443.

郭峰，朱剑锋，尤延铖，等 . 2021. 涡轮基组合动力与火箭的耦合特性分析及匹配优化设计 [J].
　　航空学报 , 42(7): 295-307.

计自飞，张会强，谢峤峰，等 . 2018. 连续旋转爆震涡轮发动机热力过程与性能分析 [J]. 清华
　　大学学报 (自然科学版), 58(10): 899-905.

李飞，余西龙，顾洪斌，等 . 2012. 超声速气流中煤油射流的等离子体点火实验 [J]. 航空动力
　　学报 , 27(4): 824-831.

李辉，付超，邹正平 . 2019. 预冷器精细化设计方法 [C]. 第十二届全国高超声速科技学术会
　　议，绵阳 .

李平，柳长安，何国强，等 . 2011. 基于 ATR 动力的飞行器性能分析 [J]. 弹箭与制导学报 ,
　　31(6): 3.

李帅 . 2018. 旋转爆震燃烧室工作特性及其与涡轮匹配性研究 [D]. 南京 : 南京理工大学 .

林阿强，郑群，吴锋，等 . 2020. 航空涡轮发动机射流预冷技术研究 [J]. 推进技术 , 41(4):
　　721-728.

林左鸣 . 2012. 世界航空发动机手册 [M]. 北京 : 航空工业出版社 .

刘红霞，梁春华，孙明霞 . 2017. 美国高超声速涡轮基组合循环发动机的进展及分析 [J]. 航
　　空发动机 , 43(4): 96-102.

刘世杰 . 2012. 连续旋转爆震波结构、传播模态及自持机理研究 [D]. 长沙 : 国防科学技术
　　大学 .

闵浩，孙波，李嘉新，等 . 2018. 一种内并联内转进气道通道间干扰特性研究 [J]. 航空动力学
　　报 , 39(12): 2695-2701.

莫建伟，徐惊雷，全志斌 . 2012. 截短单边膨胀喷管的试验和数值研究 [J]. 推进技术 , 33(6):
　　940-945.

南英，肖业伦 . 1997. 空天飞机最优轨迹 / 推进性能研究 [J]. 飞行力学 , 15(2): 27-32.

潘鑫峰 . 2018. 旋转爆震波逆向压力传导特性研究 [D]. 南京 : 南京航空航天大学 .

彭磊，王栋，李飞，等 . 2016. 点火方式对旋转爆震发动机工作特性的影响 [J]. 推进技术 ,
　　37(11): 2193-2200.

全志斌，徐惊雷，莫建伟 . 2012. 单边膨胀喷管膨胀型面的非线性缩短设计 [J]. 推进技术 ,
　　33(6): 951-955.

汝卓霖，邹正平，陈一鸣，等 . 2021. 超临界压力甲烷水平微细圆管内的对流换热实验 [C].
　　第七届爆震与新型推进学术研讨会，漳州 .

芮长胜，张超，越冬峰 . 2015. 射流预冷涡轮发动机技术研究及发展 [J]. 航空科学技术 ,

26(10): 53-59.

尚守堂，田方超，扈鹏飞 . 2018. 涡轮发动机射流预冷关键技术分析 [J]. 航空科学技术，
　　29(1): 1-3.

石磊，刘晓伟，何国强，等 . 2015. 西北工业大学 RBCC 进气道研究进展 [C]. 第八届全国高
　　超声速科技学术会议，哈尔滨 .

时文 . 2019. 宽域冲压发动机流道一体化调节特性研究 [D]. 哈尔滨：哈尔滨工业大学 .

苏芳，孟宪红 . 2006. 三种典型热防护系统发展概况 [J]. 飞航导弹，(10): 57-60.

谭慧俊，卜焕先，张启帆，等 . 2014. 高超声速进气道不起动问题的研究进展 [J]. 南京航空航
　　天大学学报，46(4): 501-508.

唐丽君 . 2014. 超临界压力下低温甲烷在肋片冷却圆管中的强化传热的数值模拟研究 [D]. 杭
　　州：浙江大学 .

唐新猛，王健平，邵业涛 . 2013. 连续旋转爆轰波在无内柱圆筒内的数值模拟 [J]. 航空动力
　　学报，28(4): 792-799.

汪元，王振国 . 2016. 空气预冷发动机及微小通道流动传热研究综述 [J]. 宇航学报，37(1):
　　11-20.

王昌盛，额日其太，丁文豪 . 2020. 高超声速轴对称进气道多目标优化设计 [J]. 航空动力学
　　报，35(7): 1392-1401.

王超 . 2016. 吸气式连续旋转爆震波自持传播机制研究 [D]. 长沙：国防科学技术大学 .

王超，刘卫东，刘世杰，等 . 2016. 高总温来流下的连续旋转爆震验证试验 [J]. 推进技术，
　　37(3): 578-584.

王晨曦，谭慧俊，张启帆，等 . 2017. 高超声速进气道低马赫数不起动和再起动试验 [J]. 航空
　　学报，38(11): 43-54.

王德鹏 . 2014. 一种 TBCC 变几何进气道的设计与仿真研究 [D]. 南京：南京航空航天大学 .

王德鹏，庄逸，谭慧俊，等 . 2015. 一种双流路变几何涡轮基组合循环进气道的设计与仿真 [J].
　　航空动力学报，30(11): 2695-2704.

王巍巍，李茜，郑天慧，等 . 2016. 航空动力学科进展研究 [M]. 北京：中国科学技术出版社 .

韦宝禧，凌文辉，江强，等 . 2017. TRRE 发动机关键技术分析及推进性能探索研究 [J]. 推进
　　技术，38(2): 298-305.

韦宝禧，欧东，闫明磊，等 . 2012. 超燃燃烧室等离子体点火和火焰稳定性能 [J]. 北京航空航
　　天大学学报，28(12): 1572-1576.

邬凤林 . 2017. 宽范围可调内转进气道设计方法研究 [D]. 南京：南京航空航天大学 .

夏镇娟, 马虎, 葛高杨, 等. 2020. 当量比对圆盘结构下旋转爆震波传播的影响 [J]. 气体物理, 5(1): 24-33.

肖翔, 赵晓路, 徐建中. 2008. 高压比旋转冲压叶轮研究 [J]. 工程热物理学报, 29(5): 759-762.

谢凯利. 2015. 小尺度矩形通道内碳氢燃料流动及强化传热研究 [D]. 哈尔滨: 哈尔滨工业大学.

杨庆春. 2015. 几何可调超声速燃烧室模态转换过程研究 [D]. 哈尔滨: 哈尔滨工业大学.

姚照辉. 2010. 考虑飞/推耦合特性的超燃冲压发动机控制方法研究 [D]. 哈尔滨: 哈尔滨工业大学.

张华军, 郭荣伟, 谢旅荣. 2012a. 内并联型 TBCC 进气道方案设计及验证 [J]. 航空动力学报, 27(11): 2475-2483.

张华军, 郭荣伟, 谢旅荣. 2012b. TBCC 进气道变几何泄流腔研究 [J]. 航空动力学报, 27(12): 2714-2723.

张仁涛. 2020. 旋转爆震发动机进气道流动特性分析 [D]. 南京: 南京航空航天大学.

赵兵兵, 何立明, 兰宇丹, 等. 2013. 等离子体射流点火器点火特性的实验研究 [J]. 高电压技术, 39(7): 1687-1691.

赵强, 徐惊雷, 范志鹏. 2014. 基于推阻平衡的喷管型面截短方法研究及试验验证 [J]. 推进技术, 35(2): 151-156

赵庆军, 周小勇, 赵巍, 等. 2020. 对转压气机内部流动机理及设计方法研究 [J]. 中国科学: 技术科学, 50(10): 17.

郑权, 李宝星, 翁春生, 等. 2018. 燃烧室长度对液态燃料旋转爆轰发动机性能影响实验研究 [J]. 推进技术, (12): 2764-2771.

周胜兵, 马虎, 李帅, 等. 2018. 旋转爆震燃烧室与涡轮导向器组合实验研究 [J]. 气体物理, 3(1): 28-33.

朱伟, 王霄, 华正旭, 等. 2019. 宽速域组合动力 TBCC 新型三维内转式进气道设计分析 [J]. 飞机设计, 39(3): 13-17.

邹正平, 王一帆, 额日其太, 等. 2021. 高超声速强预冷航空发动机技术研究进展 [J]. 航空发动机, 47(4): 8-21.

左婧滢. 2020. 超燃冲压发动机碳氢燃料气膜的冷却和减阻特性研究 [D]. 哈尔滨: 哈尔滨工业大学.

Albertson C W, Emami S, Trexle C A. 2006. Mach4 test results of a dual-flow path, turbine based combined cycle inlet[C]. 14 th AIAA/AHI Space Planes and Hypersonic Systems and Technologies Conference, Canberra.

Andrus I Q, King P, Polanka M D, et al. 2016. Experimentation of a premixed rotating detonation engine utilizing a variable slot feed plenum[C]. 54 th AIAA Aerospace Sciences Meeting, San Diego.

Arnodoa C, Oriolb S, Feast S, et al. 2020. Architecture and ground operations concept for a two stage to orbit using SABRE engines and launched from the CSG European spaceport[C]. 71 st International Astronautical Congress, Dubai.

Auslender A H, Suder K, Thomas S R. 2009. An overview of the NASA FAP hypersonic project airbreathing propulsion research[C]. 16th AIAA/DLR/DGLR International Space Planes and Hypersonic Confer-ence, Bremen.

Balepin V. 2001. Method and apparatus for reducing the temperature of air entering a compressor of a turbojet engine by variably injecting fluid into the incoming Air[P]. United States Patent: 6, 202, 404, 2001.

Balepin V, Bruno C, Ingenito A. 2003. Evaluation of the com-bustion process in the MIPCC engine[C]. ISABE, 1127.

Balepin V, Czysz P, Moszee R. 2001. Combined engine for reusable launch vehicle (KLIN cycle) [J]. Journal of Propulsion and Power, 17(6): 1239-1246.

Balepin V, Liston G. 2001. The SteamJet^{TM}: Mach 6+ Turbine engine with inlet air conditioning[C]. 37th Joint Propulsion Conference and Exhibit, Salt Lake City.

Barth J, Bauer C, Varvill R, et al. 2016. Progress on the development and testing of the SABRE air intake[C]. Proceedings of the 3 AF Space Propulsion 2016 Conference, Rome.

Barth J E , Webber H .2016. SABRE Technology Development[C].International astronautical congress.Guadalajara.

Betti B, Nasuti F, Martell I E. 2014. Numerical evaluation of heat transfer enhancement in rocket thrust chambers by wall ribs[J]. Numerical Heat Transfer Part A Applications, 66(5): 488-508.

Bouchez M, Beyer S. 2009. PTAH-SOCAR fuel-cooled composite materials structure for dual-mode ramjet and liquid rocket engines-2009 status[C]. 6 th AIAA/DLR/DGLR International Space Planes and Hypersonic Systems and Technologies Conference, Capua.

Brevault L, Balesdent M, Wuilbercq R, et al. 2019. Conceptual design of a two-stage-to-orbit vehicle using SABRE engines[C]. 8 th European Conference for Aeronautics and Aerospace

Sciences, Madrid.

Bulman M, Siebenhaar A . 2011. Combined cycle propulsion: aerojet innovations for practical hypersonic vehicles [C]. 17 th AIAA International Space Planes and Hypersonic Systems and Technologies Conference, San Francisco.

Bykovskii F A, Zhdan S A, Vedernikov E F. 2006. Continuous spin detonations[J]. Journal of Propulsion and Power, 22(6): 1204-1216.

Calvo W C, Christensen K, Fedun M H. 1986. Solid fuel gas generator ATR. [C]. 22 nd Joint Propulsion Conference, Huntsville.

Cao R F, Chang J T, Tang J F, et al. 2015. Switching control of thrust regulation and inlet unstart protection for scramjet engine based on min strategy[J]. Aerospace Science and Technology, 40: 96-103.

Carter P, Balepin V. 2002. Mass injection and precompressorcooling engines analyses[C]. 38th AIAA/ASME/SAE/ASEE Joint Propulsion Conference & Exhibit, Indianapolis.

Carter P, Balepin V, Spath T, et al. 2003. MIPCC technology development[C]. 12th AIAA International Space Planes and Hypersonic System and Technologies, Norfolk.

Chen Y, Zou Z, Fu C. 2019. A study on the similarity method for helium compressors[J]. Aerospace Science and Technology, (90): 115-126.

Chung J, Tully L, Kim J H, et al. 2013. Evaluation of open cell foam heat transfer enhancement for liquid rocket engines[C]. AIAA/ASME/SAE/ASEE Joint Propulsion Conference & Exhibit, Sacramento.

Clough J A, Lewis M J. 2003. Comparison of turbine-based combined-cycle engine flowpaths [C]. 12 th AIAA International Space Planes and Hypersonic Systems and Technologies, Norfolk.

Corda S, Moes T R, Mizukami M, et al. 2000. The SR-71 test bed aircraft: a facility for high-speed flight research[R]. Edwards: The NASA STI Program Office.

Curran E T. 2001. Scramjet engines: the first forty years[J]. Journal of Propulsion & Power, 17(6): 1138-1148.

Debonis J R, Yungster S . 1996. Rocket-based combined cycle engine technology development: inlet CFD validation and application [C]. 32 nd Joint Propulsion Conference and Exhibit, Lake Buena Vista.

Ding W, Eri Q, Kong B, et al. 2020. Numerical investigation of a compact tube heat exchanger for hypersonic pre-cooled aero-engine[J]. Applied Thermal Engineering, (170): 114977.

Do H, Cappelli M A, Mungal M G. 2010a. Plasma assisted cavity flame ignition in supersonic flows[J]. Combustion & Flame, 157(9): 1783-1794.

Do H, ImR K, Cappelli M A, et al. 2010b. Plasma assisted flame ignition of supersonic flows over a flat wall[J]. Combustion and Flame, 157(12): 2298-2305.

Driscoll R, Aghasi P, St G A, et al. 2016. Three-dimensional, numerical investigation of reactant injection variation in a H2/air rotating detonation engine[J]. International Journal of Hydrogen Energy, 41(9): 5162-5175.

Dumitrescu L Z. 1975. Minimum length axisymmetric laval nozzles[J]. AIAA Journal, 13 (4); 520-531.

Escher W . 1995. Motive power for next generation space transports: combined airbreathing rocket propulsion[C]. AIAA/AAAF/DGLR/JSASS/RAeS 6th International Aerospace Planes and Hypersonics Technologies Conference, Chattanooga.

Escher W J D, Roddy J E, Hyde E H . 2000. Marquardt's Mach 4.5 Supercharged Ejector Ramjet (SERJ) high-performance aircraft engine project [C]. 36 th AIAA/ASME/SAE/ASEE Joint Propulsion Conference and Exhibit, Huntsville.

Feast S. 2020. The synergetic air-breathing rocket engine (SABRE) development status update[J]. Proceedings of the International Astronautical Congress, 2020: 1-12.

Feng G. 2006. A Survey on analysis and design of model-based fuzzy control systems[J]. IEEE Transactions on Fuzzy Systems, 14(5): 676-697.

Feng R, Huang Y, Zhu J, et al. 2021b. Ignition and combustion enhancement in a cavity-based supersonic combustor by a multi-channel gliding ARC plasma[J]. Experimental Thermal and Fluid Science, 120: 110248.

Feng R, Li J, Wu Y, et al, 2018. Experimental investigation on gliding ARC discharge plasma ignition and flame stabilization in scramjet combustor [J]. Aerospace Science and Technology, 79 : 145–153.

Feng R, Zhu J, Wang Z, et al. 2020. Dynamic characteristics of a gliding ARC plasma-assisted ignition in a cavity-based scramjet combustor[J]. Acta Astronaut, 171: 238-244 .

Feng R , Zhu J, Wang Z, et al. 2021a. Ignition modes of a cavity-based scramjet combustor by a gliding ARC plasma[J]. Energy, 214 : 118875 .

Feng S, Chang J T, Yang Q C, et al. 2016. Simulation study on modeling for design parameters analysis of free-piston tunnels[J]. Proceedings of the Institution of Mechanical Engineers, Part G:

Journal of Aerospace Engineering, 230(12): 2330-2342.

Feng S, Chang J T, Zhang C L, et al. 2017a. Experimental and numerical investigation on hysteresis characteristics and formation mechanism for a variable geometry dual mode combustor [J]. Aerospace Science and Technology, 67: 96-104.

Feng S, Chang J T, Zhang J L, et al. 2017b. Numerical and experimental investigation of improving combustion performance of variable geometry dual-mode combustor[J]. Aerospace Science and Technology, 64: 213-222.

Fernandez V V, Paniagua G, Steelant J. 2014. Installed performance valuation of an air turbo-rocket expander engine[J]. Aerospace Science and Technology, 35(1): 63-79.

Fotia M, Hoke J, Schauer F. 2015. Experimental ignition characteristics of a rotating detonation engine under backpressured conditions[C]. 53 rd AIAA Aerospace Sciences Meeting, Kissimmee.

Frolov S M, Zvegintsev V I, Ivanov V S, et al. 2017. Wind tunnel tests of a hydrogen-fueled detonation ramjet model at approach air stream Mach numbers from 4 to 8[J]. International Journal of Hydrogen Energy, 42(40): 25401-25413.

Frolov S M, Zvegintsev V I, Ivanov V S, et al. 2018. Hydrogen-fueled detonation ramjet model: wind tunnel tests at approach air stream Mach number 5.7 and stagnation temperature 1500 K[J]. International Journal of Hydrogen Energy, 43(15): 7515-7524.

Fu C, Zou Z, Liu H, et al. 2017. Experimental study on the flow and heat transfer mechanism of the pre-cooler in the hypersonic aeroengine[C]. 21st AIAA International Space Planes and Hypersonics Technologies Conference, Xiamen.

Glass D E. 2008. Ceramic matrix composite (CMC) thermal protection systems (TPS) and hot structures for hypersonic vehicles[C]. 15 th AIAA Space Planes and Hypersonic Systems and Technologies Conference, Dayton.

Goeing M. 1990. Nozzle design optimization by method of characteristics[C]. 26th Joint Propulsion Conference, Orlando.

Gong J S, Zhang Y N, Pan H, et al. 2017. Experimental investigation on initiation of oblique detonation waves[C]. 21 st AIAA International Space Planes and Hypersonics Systems and Technology Conference, Xiamen.

Goto K, Kato Y, Ishihara K, et al. 2016. Experimental study of effects of injector configurations on rotating detonation engine performance[C]. 52 nd AIAA/SAE/ASEE Joint Propulsion Conference, Salt Lake City.

Goto K, Nishimura J, Higashi J, et al. 2018. Preliminary experiments on rotating detonation rocket engine for flight demonstration using sounding rocket[C]. 2018 AIAA Aerospace Sciences Meeting, Kissimmee.

Han Z, Zhou W, Zhao X, et al. 2021. Thermal oxidation deposition characteristics of RP-3 kerosene in serpentine tubes under supercritical pressure[J]. Fuel, 310: 122369.

Hasegawa H, Shimada Y, Kashikawa I, et al. 2001. Experimental study of compact ram combustor with double-staged flameholders for ATR engine [C]. 37 th AIAA/ASME/SAE/ASEE Joint Propulsion Conference & Exhibit, Salt Lake City.

Hellman B, Bradford J, Germain B, et al. 2016. Two stage to orbit conceptual vehicle designs using the SABRE engine[C]. AIAA SPACE, Long Beach.

Hempsell M. 2013. Progress on skylon and SABRE[J]. Proceedings of the International Astronautical Congress, 11: 8427-8440.

Henneberry H, Snyder C. 1993. Analyses of gas turbine engines using water and oxygen injection to achieve high Mach numbers and high thrust[R]. National Aeronautics and Space Administration Lewis Research Center.

Hideyuki T, Hisao F, Ryoji Y, et al. 2001. Analytical study of pre-cooled turbojet engine for TSTO spaceplane[C]. 10 th AIAA/NAL-NASDA-ISAS International Space Planes and Hypersonic Systems and Technologies Conference, Kyoto.

Hideyuki T, Kenya H, Hiroaki K, et al. 2009. Firing test of a hypersonic turbojet engine installed on a flight test vehicle[C]. 16 th AIAA/DLR/DGLR International Space Planes and Hypersonic Systems and Technologies Conference, Bremen.

Hideyuki T, Kenya H, Hiroaki K, et al. 2014. Mach 4 wind tunnel experiment of hypersonic pre-cooled turbojet engine [C]. 19 th AIAA International Space Planes and Hypersonic Systems and Technologies Conference, Atlanta.

Hiroaki K, Hideyuki T, Takayuki K, et al. 2012. Performance analysis of Mach 5 hypersonic turbojet developed in JAXA[C]. 18 th AIAA/3 of International Space Planes and Hypersonic Systems and Technologies Conference Tours.

Hiroaki K, Nobuhiro T. 2001a. Optimization method on TSTO spaceplane system powered by airbreather[C]. 37 th Joint Propulsion Conference and Exhibit: American Institute of Aeronautics and Astronautics, Salt Lake City.

Hiroaki K, Shujiro S, Hideyuki T, et al. 2008. Hypersonic turbojet engine design of a balloonbased flight testing vehicle[C]. 15 th AIAA International Space Planes and Hypersonic Systems and Technologies Conference, Dayton.

Hiroaki K, Tetsuya S, Nobuhiro T. 2001b. Optimization of airbreathing propulsion system for the TSTO spaceplane[C]. 10 th AIAA/NAL-NASDA-ISAS International Space Planes and Hypersonic Systems and Technologies Conference, Kyoto.

Hoffman J D. 1987. Design of compressed truncated perfect nozzles[J]. Journal of Propulsion and Power, 3 (2): 150-156.

Hood M, Francis M, Langridge S, et al. 2018. SABRE TF1-development of the SABRE demonstrator test facility[C]. Space Propulsion 2018, Seville.

Hu X, Gao H, Karimi H, et al. 2011. Fuzzy reliable tracking control for flexible airbreathing hypersonic vehicles[J]. International Journal of Fuzzy Systems, 13(4): 1-9.

Huang H X, Tan H J, Cai J, et al. 2021. Restart processes of rectangular hypersonic inlets with different internal contraction ratios[J]. AIAA Journal, 59(7): 2427-2439.

Huang S, Wu Y, Song H, et al. 2018. Experimental investigation of multichannel plasma igniter in a supersonic model combustor[J]. Experimental Thermal and Fluid Science, 99: 315-323.

Huang S, Wu Y, Zhang K, et al. 2021. Experimental investigation of spray characteristics of gliding arc plasma airblast fuel injector[J]. Fuel, 293: 120382.

Huang S, Wu Y, Zhang K, et al. 2022. Experimental investigation on spray and ignition characteristics of plasma actuated bluff body flameholder[J]. Fuel, 309: 122215.

Huang W, Wang Z G, Ingham D B, et al. 2013. Design exploration for a single expansion ramp nozzle (SERN) using data mining [J]. Acta Astronautica, (83): 10-17.

Hui Y, Jun M, Man Y, et al. 2017. Numerical simulation of variable-geometry inlet for TRRE combined cycle engine[C]. 21 st AIAA International Space Planes and Hypersonics Technologies Conference, Xiamen.

Ishihara K, Nishimura J, Goto K, et al,. 2017. Study on a long-time operation towards rotating detonation rocket engine flight demonstration [C]. 55 th AIAA Aerospace Sciences Meeting, Grapevine.

Ji Z, Zhang H, Wang B. 2019. Performance analysis of dual-duct rotating detonation aero-turbine engine[J]. Aerospace Science and Technology, 92: 806-819.

Ji Z, Zhang H, Wang B, et al. 2020. Comprehensive performance analysis of the turbofan with a multi-annular rotating detonation duct burner[J]. Journal of Engineering for Gas Turbines and

Power, 142(2).

Jiang R P, Liu G Z, Zhang X W. 2013. Thermal cracking of hydrocarbon aviation fuels in regenerative cooling microchannels[J]. Energy & Fuels, 27(5): 2563-2577.

Jin Y, Sun S, Tan H J, et al. 2021. Flow response hysteresis of throat regulation process of a two-dimensional mixed-compression supersonic inlet[J]. Chinese Journal of Aeronautics, 6: 13.

Jivraj F, Varvill R, Bond A, et al. 2007. The scimitar precooled Mach 5 engine[C]. 2nd European Conference for Aerospace Sciences, Brussels.

Ju Y G, Sun W T. 2015. Plasma assisted combustion: dynamics and chemistry[J]. Progress in Energy & Combustion Science, 48: 21-83.

Kaemming T A, Fotia M L, Hoke J, et al. 2020. Quantification of the loss mechanisms of a RAM rotating detonation engine[C]. AIAA SciTech 2020 Forum, Orlando.

Kanda T, Masuya G, Ono F, et al. 1994. Effect of film cooling/regenerative cooling on scramjet engine performances[J]. Journal of Propulsion and Power, 10(5): 618-624.

Katta V R, Cho K Y, Hoke J L, et al. 2019. Effect of increasing channel width on the structure of rotating detonation wave[J]. Proceedings of the Combustion Institute, 37(3): 3575-3583.

Kawasaki A, Kim J H, Yokoo R, et al. 2019. An experimental study of in-space rotating detonation engine with cylindrical configuration[C]. AIAA Propulsion and Energy 2019 Forum, Indianapolis.

King L D. 1961. Design and testing of a pre-compressor cooling system for a high speed aircraft[R]. ShaseVought Corporation, Vought Aeronautics Division.

King P G, Nygaard R C. 1958. Mechanical operating experience with three J-57-P-11 turbojet engines during a pre-compressor spray cooling test in an altitude test chamber[R]. AEDC-TN-57-70.

Langener T, Steelant J, Roncioni P, et al. 2012. Preliminary performance analysis of the LAPCAT-MR2 by means of nose-to-tail computations[C]. 18 th AIAA/3 AF International Space Planes and Hypersonic Systems and Technologies Conference, Tours.

Lee H, Ma S, Chen Y, et al. 2017. Experimental study on compact heat exchanger for hypersonic aero-engine[C]. 21st AIAA International Space Planes and Hypersonics Technologies Conference, Xiamen.

Leonov S B, Kochetov I V, Napartovich A P, et al. 2011. Plasma-induced ethylene ignition and flame-holding in confined supersonic air flow at low temperatures[J]. IEEE Transactions on

Plasma Science, 39(2): 781-787.

Lepelletier M, Zendron R, Bellande P, et al. 1995. Comparison of different propulsive systems, for air-breathing launcher[C]. International Aerospace Planes and Hypersonics Technologies, Chattanooga.

Li C H, Tan H J. 2015. Influence of secondary flow injection angle on a fluidic shock control technique[J]. Journal of Propulsion and Power, 31(2): 674-684.

Li J P, Song W Y, Xing Y, et al. 2008. Influences of geometric parameters upon nozzle performance in scramjet[J]. Chinese Journal of Aeronautics, 21: 506-511.

Li X, Qin J, Zhang S L, et al. 2018. Effects of micro-ribs on the thermal behavior of transcritical n-decane in asymmetric heated rectangular mini-channels under near critical pressure[J]. Journal of Heat and Transfer, 140: 122402.

Li X, Zhang S L, Ye M, et al. 2020. Effect of enhanced heat transfer structures on the chemical recuperation process of advanced aero-engine[J]. Energy, 211(1): 118580.

Li Z, Li Y, Zhang X, et al. 2022. Coupling of pyrolysis and heat transfer of supercritical hydrocarbon fuel in rectangular minichannels[J]. Chemical Engineering Science, 247: 116924.

Li Z, Liu G, Zhang R. 2021. Heat transfer to supercritical hydrocarbon fuel in horizontal tube: effects of near-wall pyrolysis at high heat flux[J]. Chemical Engineering Science, 229: 115994.

Li Z, Wang H, Jing K, et al. 2019. Kinetics and modeling of supercritical pyrolysis of endothermic hydrocarbon fuels in regenerative cooling channels[J]. Chemical Engineering Science, 207: 202-214.

Lin B X, Wu Y, Zhang Z B. 2017. Multi-channel nanosecond discharge plasma ignition of premixed propane/air under normal and sub-atmospheric pressures[J]. Combustion and Flame, 182: 102-113.

Liu S, Liu W, Wang Y, et al. 2017. Free jet test of continuous rotating detonation ramjet engine[C]. 21 st AIAA International Space Planes and Hypersonics Technologies Conference, Xiamen.

Liu Y J, Gong S Y, Wang H Y, et al. 2020. Pyrolysis of C8-C16 hydrocarbons with different molecular structures using high-pressure micro-reactor with GC-MS/FID [J]. Journal of Analytical and Applied Pyrolysis, 149: 104864.

Liu Z, Gong S, Wang L, et al. 2021b. Experimental investigation and modeling of thermal oxidation deposition of RP-3 jet fuel under high Reynolds number[J]. Fuel, 311: 122553.

Liu Z, Tang S, Li Z, et al. 2019. An improved kinetic model for deposition by thermal oxidation of aviation hydrocarbon fuels[J]. Fuel, 258: 116139.

Liu Z, Yuan S, Gong S, et al. 2021a. Long-term thermal oxidative deposition of RP-3 jet fuels: mechanism and modeling[J]. Fuel, 303: 121250.

Lu X, Yue L J, Xiao Y B, et al. 2009. Design of scramjet nozzle employing streamline tracing technique [C]. 16th AIAA/DLR/DGLR International Space Planes and Hypersonic Systems and Technologies Conference, Bremen.

Marrison C I, Stengel R F. 1998. Design of robust control systems for a hypersonic aircraft[J]. Journal of Guidance Control and Dynamics, 21(1): 58-63.

Maru Y, Tanatsugu N, Sato T, et al. 2004. Multi-row disk arrangement concept for spike of axisymmetric air inlet[C]. 40th AIAA/ASME/SAE/ASEE Joint Propulsion Conference and Exhibit, Fort Lauderdale .

McConnaughey P K, Femminineo M G, Koelfgen S J, et al. 2012. NASA's launch propulsion systems technology Roadmap[C]. Space Propulsion 2012, Bordeaux.

Mehta U, Bowles J, Melton J. 2015. Water injection pre-compressor cooling assist space access[J]. The Aeronautical Journal, 119: 145-171.

Meng B, Wan M, Zhao R, et al. 2020. Micromanufacturing technologies of compact heat exchangers for hypersonic precooled airbreathing propulsion: a review[J]. Chinese Journal of Aeronautics, 3: 28.

Miki Y, Togawa M, Tokunaga T, et al. 1991. Advanced SCRAM-LACE system concept for single-stage-to-orbit space plane[C]. Montreal International Astronautical Federation Congress, Montreal.

Minato R, Mizobata K, Higashino K, et al. 2013. Characteristics of bio-ethanol fueled GG-cycle air turbo ramjet engine for supersonic UAV along flight trajectory[C]. 49 th AIAA/ASME/SAE/ASEE Joint Propulsion Conference, San Jose.

Mizobata K, Kimura H, Sugiyama H. 2003. Conceptual design of flight demonstrator vehicles for the ATREX engine[C]. 12 th AIAA International Space Planes and Hypersonic Systems and Technologies, Norfolk.

Mo J W, Xu J L, Gu R, et al. 2014. Design of an asymmetric scramjet nozzle with circular to rectangular SFAPE transition [J]. Journal of Propulsion and Power, 30 (3): 812-819.

Mo J W, Xu J L, Quan Z B, et al. 2015. Design and cold flow test of a scramjet nozzle with nonuniform inflow[J]. Acta Astronautica, (108): 92-105.

Murray J J, Hempsell C M, Bond A. 2001. An experimental precooler for airbreathing rocket engines [J]. Journal of the British Interplanetary Society, 54(516): 199-209.

Neely J, Ward T R. 1959. Maximum power performance of aJ57 and a YJ75 turbojet engine with pre-compressor water evaporative cooling [R]. AEDC-TR-58-18.

Nehemiah J W. 2010. A performance analysis of a rocket based combined cycle propulsion system for single-stage-to-orbit vehicle applications[D]. Tennessee : The University of Tennessee.

Noh J H, Choi J Y, Byun J R, et al. 2010. DARPA's hypersonic vehicle and TBCC engine programs[J]. Journal of the Korean Society of Propulsion Engineers, 14(1): 65-78.

Novelli P H, Koschel W. 2001. Progress of the JAPHAR cooperation between ONERA and DLR on hypersonic airbreathing propulsion[C]. 10th AIAA/NAL-NASDA-ISAS International Space Planes and Hypersonic Systems and Technologies Conference, Kyoto.

Okai K, Taguch I, Kojima T. 2003. Numerical analysis of variable intake and nozzle for hypersonic engines[C]. 12th AIAA International Space Planes and Hypersonic Systems and Technologies, Norfolk.

Powell T, Glickstein M. 1988. Precooled turbojet engine cycle for high Mach number applications [C]. 24 th Joint Propulsion Conference, Boston.

Rankin B A, Richardson D R, Caswell A W, et. al. 2017. Chemiluminescence imaging of an optically accessible non-premixed rotating detonation engine[J]. Combustion and Flame, 176: 12-22.

Robert J P, James L H, Dennis H P, et al. 1993. Design of a hypersonic waverider-derived airplane[C]. 31st AIAA Aerospace Sciences Meeting, Reno.

Rodriguez-Miranda I, Fernandez-Villace V, Paniagua G. 2012. Modeling, analysis, and optimization of the air-turborocket expander engine[J]. Journal of Propulsion and Power, 29(6): 1266-1273.

Roncioni P, Natale P, Marini M, et al. 2013. Numerical simulation of the LAPCAT MR-2 vehicle scramjet engine in 21 st international symposium air breathing engine[C]. International Society for Air Breathing Engines Conference, Busan.

Rothmund C, Scherrer D, Levy F, et al. 1996. Propulsion system for airbreathing launcher in the French PREPHA program[C]. Space Plane and Hypersonic Systems and Technology Conference, Norfolk.

Rudakov A, Balepin V. 1991. Propulsion systems with air precooling for aerospaceplane [R]. SAE

Technical Paper Series.

Sato T, Taguchi H, Kobayashi H, et al. 2007. Development study of precooled-cycle hypersonic turbojet engine for flight demonstration[J]. Acta Astronautica, 61(1-6): 367-375.

Sato T, Taguchi H, Kobayashi H, et al. 2010. Development study of a precooled turbojet engine[J]. Acta Astronautica, 66 (7-8): 1169-1176.

Saunders D, Slater J, Dippold V, et al. 2007. TBCC inlet experiments and analysis [C]. FAP , New Orleans Annual Meeting.

Schwer D, Kailasanath K. 2011. Numerical investigation of the physics of rotating-detonation-engines[J]. Proceedings of the Combustion Institute, 33: 2195-2202.

Seebass A R. 1998. Review and Evaluation of the Air Force Hypersonic Technology Program [R]. National Research Council.

Shao Y T, Wang J P. 2010. Change in continuous detonation wave propagation mode from rotating detonation to standing detonation[J]. Chinese Physics Letters, 27(3): 034705.

Shi X P, Li H J, Song Z Y, et al. 2017. Quantitative composition-property relationship of aviation hydrocarbon fuel based on comprehensive two-dimensional gas chromatography with mass spectrometry and flame ionization detector [J]. Fuel, 200: 395-406.

Siebenhaar A, Bogar T. 2009. Integration and vehicle performance assessment of the aerojet "TriJet" combined-cycle engine[C]. 16 th AIAA/DLR/DGLR International Space Planes & Hypersonic Systems & Technologies Conference, Bremen.

Sohn R L. 1956. Theoretical and experimental studies of pre-compressor evaporative cooling for application to the turbojet engine in high altitude supersonic flight[J]. WADC-TR-56-477.

Song F L, Wu Y, Xu S D, et al. 2019. Pre-combustion cracking characteristics of kerosene[J]. Chemical Physics Letters, 737: 136812.

Song F L, Wu Y, Xu S D, et al. 2020. The impact of fuel ratio and refueling mode on pre-combustion cracking properties of RP-3 kerosene[J]. International Journal of Hydrogen Energy, 7: 229.

Starikovskiy A, Aleksandrov N. 2013. Plasma-assisted ignition and combustion[J]. Progress in Energy & Combustion Science, 39(1): 61-110.

Steelant J. 2009. Sustained hypersonic flight in europe: technology drivers for LAPCAT II[C]. 16 th AIAA/DLR/DGLR International Space Planes and Hypersonic Systems and Technologies Conference, Bremen.

Stevens C A, Fotia M, Hoke J, et al. 2018. Quasi steady heat transfer measurements in an RDE[C]. 2018 AIAA Aerospace Sciences Meeting, Kissimmee.

Taguch I, Yanagi R. 1998. A study on precooled turbojet scramjet rocket combined engines[C]. 34th AIAA/ASME/SAE/ASEE Joint Propulsion Conference and Exhibit.

Taguchi H, Futamura H, Shimodaira K. et al. 2003. Design study on hypersonic engine components for TBCC space planes[C]. 12 th AIAA International Space Planes and Hypersonic Systems and Technologies, Norfolk.

Taguchi H, Kobayashi H, Kojima T, et al. 2015. Performance evaluation of hypersonic precooled turbojet engine [C]. 20 th AIAA International Space Planes and Hypersonic Systems and Technologies Conference, Glasgow.

Taguchi H, Maita M, Yatsuyanagi N. 1999. Air-breather/rocket combined propulsion system research for Japanese SSTO space plane [C]. 9 th International Space Planes and Technologies Conference, Norfolk.

Tan H J, Li C H, Zhang H. 2010. Investigation of a fluidic shock control method for hypersonic inlets [J]. Journal of Propulsion and Power, 26(5): 1072-1083.

Tan H J, Li L G, Wen Y F, et al. 2011. Experimental investigation of the unstart process of a generic hypersonic inlet[J]. AIAA Journal, 49(2): 279-288.

Tanatsugu N, Naruo Y, Rokutanda I. 1994. Test results of the air turbo ramjet for a future space plane[J]. Acta Astronautica, 32(12): 785-796.

Tanatsugu N, Sato T, Balepin V, et al. 1996. Development study on ATREX engine [C]. Space Plane and Hypersonic Systems and Technology Conference, Norfolk.

Tancredi U, Grassi M. 2007. Approximate trajectories for thermal protection system flight tests mission design [J]. Journal of Spacecraft and Rockets, 44(5): 1003-1011.

Taylor N V, Hempsell C M, Macfarlane J, et al. 2010. Experimental investigation of the evacuation effect in expansion deflection nozzles[J]. Acta Astronautica, 66(3-4): 550-562.

Theuerkauf S W, Schauer F, Anthony R, et al. 2015. Experimental characterization of high-frequency heat flux in a rotating detonation engine[C]. 53 rd AIAA Aerospace Sciences Meeting, Kissimmee.

Thomas M E, Bossard J A, Ostrander M J. 2000. Addressing emerging tactical missile propulsion challenges with the solid propellant air-turbo-rocket. [C]. 36 th AIAA/ASME/SAE/ASEE Joint Propulsion Conference and Exhibit , Huntsville.

Tsuboi N, Eto S, Hayashi A K, et al. 2017. Front cellular structure and thrust performance on hydrogen-oxygen rotating detonation engine[J]. Journal of Propulsion and Power, 33(1): 100-111.

Tsuboi N, Jourdaine N H, Watanabe T, et al. 2018. Three-dimensional numerical simulation on hydrogen-oxygen rotating detonation engine with unchoked aerospike nozzle[C]. AIAA Aerospace Sciences Meeting, Kissimmee.

Tsuboi N, Watanabe Y, Kojima T, et al. 2015. Numerical estimation of the thrust performance on a rotating detonation engine for a hydrogen-oxygen mixture[J]. Proceedings of the Combustion Institute, 35(2): 2005-2013.

Varvill R, Bond A. 2003. A comparison of propulsion concepts for SSTO reusable launchers[J]. JBIS, 56: 108-117.

Varvill R, Bond A. 2008. The SKYLON spaceplane: progress to realisation[J]. JBIS, (46): 412-418.

Varvill R, Paniagua G, Kato H, et al. 2009. Design and testing of the contra-rotating turbine for the Scimitar precooled Mach 5 cruise engine[J]. Journal of the British Interplanetary Society, 82(6): 225-234.

Villace V F, Paniagua G. 2010. Simulation of a combined cycle for high speed propulsion[C], 48 th AIAA Aerospace Sciences Meeting Including the New Horizons Forum and Aerospace Exposition, Orlando.

Voitsekhovskii B V. 1959. Stationary detonation[J]. Doklady Akademii Nauk SSSR, 129(6): 1254-1256.

Voland R T, Auslender A H, Smart M K. 1999. CIAM/NASA Mach 6. 5 scramjet flight and ground test[C]. 9th International Space Planes and Hypersonic Systems and Technologies Conference, Norfolk.

Walker S, Rodgers F, Paull A, et al. 2008. HyCAUSE flight test program[C]. 15th AIAA International Space Planes and Hypersonic Systems and Technologies Conference, Dayton.

Wang Z G, Wang Y, Zhang J Q, et al. 2014. Overview of the key technologies of combined cycle engine precooling systems and the advanced applications of micro-channel heat transfer[J]. Aerospace Science and Technology, 39: 31-39.

Webber H, Bond A, Hempsell M. 2006. Sensitivity of pre-cooled air-breathing engine performance to heat exchanger design parameters[C]. 57th International Astronautical Congress, Valencia.

Webber H, Feast S, Bond A.2009.Heat exchanger design in combined cycle engines[J]. Journal of the British Interplanetary Society，62: 122-130.

Webber H, Taylor N.2010. Local heat transfer measurements inside a compact heat exchanger[C]. Aiaa/asme Joint Thermophysics & Heat Transfer Conference, Chicago.

Weir L J, Sanders B W, Vachon J. 2002. A new design concept for supersonic axisymmetric inlets[C]. 38th AIAA/ASME/SAE/ASEE Joint Propulsion Conference & Exhibit, Indianapolis.

Wilcox E C, Trout A M. 1951. Analysis of thrust augmentation of turbojet engines by water injection at compressor inlet including charts for calculating compression processes with water injection [R]. AIAA-2009-5184.

Willard C, Giel D, Raffoul C. Scramjet. 2009. Ramjet design and integration trade studies using SRHEAT[C]. 45th AIAA/ASME/SAE/ASEE Joint Propulsion Conference & Exhibit, Denver.

Willens D. 1955. Liquid injection on turbojet engines for high speed aircraft[R]. Propulsion Research Report R-139.

Wolański P. 2011. Detonation engines[J]. Journal of KONES, 18: 515-521.

Wolański P. 2013. Detonative propulsion[J]. Proceedings of the combustion Institute, 34(1): 125-158.

Wu H N, Feng S, Liu Z Y, et al. 2017. Disturbance observer based robust mixed H2/H$_\infty$ fuzzy tracking control for hypersonic vehicles[J]. Fuzzy Sets and Systems, 306: 118-136.

Wu HN, Liu Z Y, Guo L. 2014. Robust L$_\infty$-gain fuzzy disturbance observer-based control design with adaptive bounding for a hypersonic vehicle[J]. IEEE Transactions on Fuzzy Systems, 22(6): 1401-1412.

Xie Q F, Wen H C, Li W H, et. al. 2018. Analysis of operating diagram for H2/Air rotating detonation combustors under lean fuel condition[J]. Energy, 151(15): 408-419.

Xing X Q, Damodaran M. 2004. Design of three-dimensional nozzle SFAPE using NURBS, CFD and hybrid optimization strategies [C]. 10th AIAA/ISSMO Multidisciplinary Analysis and Optimization Conference, Albany.

Xu B. 2015. Robust adaptive neural control of flexible hypersonic flight vehicle with dead-zone input nonlinearity[J]. Nonlinear Dynamics, 80 (3): 1509-1520.

Xu B, Yang C G, Pan Y P. 2015a. Global neural dynamic surface tracking control of strict-feedback systems with application to hypersonic flight vehicle[J]. IEEE Transactions on Neural Networks and Learning Systems, 26(10): 2563-2575.

Xu H J, Mirmirani M D, Ioannou P A. 2004. Adaptive sliding mode control design for a hypersonic flight vehicle[J]. Journal of Guidance Control and Dynamics, 27(5): 829-838.

Xu K K, Tang L J, Meng H. 2015b. Numerical study of supercritical-pressure fluid flows and heat transfer of methane in ribbed cooling tubes[J]. International Journal of Heat & Mass Transfer, 84: 346-358.

Yamanaka T, Ohkoshi H, Maita M, et al. 1999. Airbreather/rocket combined cycle (ARCC) engine for spaceplanes [C]. 9 th International Space Planes and Hypersonic Systems and Technologies Conference, Norfolk.

Zebbiche T, Toubi Z, Mayer P. 2006. Supersonic two-dimensional minimum length nozzle design at high temperature. application for air [J]. AIAA Paper, 20(1): 29-39.

Zhang B F, Tian Y J, Chen D L, et al. 2020b. Selective steam reforming of n-dodecane over stable subnanometric NIPT clusters encapsulated in Silicalite-1 zeolite[J]. AICHE Journal, 66(5): e16917.

Zhang H C, Xiao Z R, Yang M, et al. 2020c. Catalytic steam reforming of JP-10 over Ni/SBA-15[J]. International Journal of Hydrogen Energy, 45(7): 4284-4296.

Zhang Q F, Tan H J, Chen H, et al. 2016b. Unstart process of a rectangular hypersonic inlet at different Mach numbers[J]. AIAA Journal, 54(12): 3681-3691.

Zhang S L, Li X, Zuo J Y, et al. 2020a. Research progress on active thermal protection for hypersonic vehicles [J] Progress in Aerospace Sciences, 119: 100646.

Zhang Y, Tan H J, Chen H, et al. 2018c. Shock control method for hypersonic inlets based on forebody secondary flow recirculation[J]. AIAA Journal, 56(6): 2124-2130.

Zhang Y, Tan H J, Li J, et al. 2018b. Ramp shock regulation of supersonic inlet with shape memory alloy plate [J]. AIAA Journal, 56(4): 1696-1702.

Zhang Y, Tan H J, Sun S, et al. 2017. Experimental and numerical investigation of a fluidically variable hypersonic inlet [J]. AIAA Journal, 55(8): 2597-2606.

Zhang Y, Tan H J, Zhuang Y, et al. 2015. Morphing supersonic inlet with deforming air cell [J]. Journal of Propulsion and Power, 31(2): 583-591.

Zhang Y N, Gong J S, Wang T. 2016a. Numerical study on initiation of oblique detonations in hydrogen-air mixtures with various equivalence ratios[J]. Aerospace Science and Technology, 49: 130-134.

Zhang Y N, Yang P F, Teng H H, et al. 2018a. Transition between different initiation structures of wedge-induced oblique detonations[J]. AIAA Journal, 56: 1-8.

Zhong Y P, Wu Y, Jin D, et al. 2019a. Effect of channel and oxidizer injection slot width on the rotating detonation fueled by pre-combustion cracked kerosene [J]. Acta Astronautica, 165: 365-372.

Zhong Y P, Wu Y, Jin D, et al. 2019b. Investigation of rotating detonation fueled by the pre-combustion cracked kerosene[J]. Aerospace Science and Technology, 95: 105480.

Zhou S B, Ma H, Li S, et al. 2017. Effects of a turbine guide vane on hydrogen-air rotating detonation wave propagation characteristics[J]. International Journal of Hydrogen Energy, 42(31): 20297-20305.

Zhu C X, Zhang H F, Hu Z C, et al. 2019. Analysis on the low speed performance of an inward-turning multiduct inlet for turbine-based combined cycle engines[J]. International Journal of Aerospace Engineering, (2): 1-10.

Zou Z P, Ding C. 2018. A new similarity method for turbomachinery with different working media[J]. Applied Thermal Engineering, 133: 170-178.

Zuo J Y, Zhang S, Qin J, et al. 2018. Performance evaluation of regenerative cooling/film cooling for hydrocarbon fueled scramjet engine[J] . Acta Astronautica, 148: 57-68.

关键词索引